教育部高等学校电子信息类专业教学指导委员会规划教材
高等学校电子信息类专业系列教材

Digital Circuits and Logic Design, Second Edition

数字电路与逻辑设计

（第2版）

邬春明　雷宇凌　李蕾　编著
Wu Chunming　　Lei Yuling　　Li Lei

清华大学出版社
北京

内 容 简 介

本书是教育部高等学校电子信息类专业教学指导委员会规划教材,参照教育部学科专业调整方案、相关专业本科指导性专业规范及电子信息类专业教学质量国家标准,按照数字电路与逻辑设计的教学基本要求编写而成。书中系统介绍了数字电路与逻辑设计的基本理论和方法,包括绪论、数字逻辑基础、集成逻辑门电路、组合逻辑电路、触发器、时序逻辑电路、半导体存储器与可编程逻辑器件、脉冲波形的产生和整形电路、数/模和模/数转换电路。每章最后均给出了相关内容的 Multisim 仿真分析,并对常用的基本逻辑电路进行了 VHDL 设计,以便读者巩固和理解相关理论知识。每章均安排有小结和习题,并在书后提供了部分习题的参考答案。

本书注重基本概念、基本原理及基本分析设计方法的介绍,强调实际应用,内容叙述力求简明扼要,通俗易懂,可以作为普通高等院校电气信息类、电子信息类、自动化类、计算机类等专业以及其他相近专业的"数字电路与逻辑设计""数字电子技术"等课程的本科生教材,也可以供相关工程技术人员参考。

图书在版编目(CIP)数据

数字电路与逻辑设计/邬春明,雷宇凌,李蕾编著. —2 版. —北京:清华大学出版社,2019(2021.10重印)
(高等学校电子信息类专业系列教材)
ISBN 978-7-302-52594-3

Ⅰ. ①数… Ⅱ. ①邬… ②雷… ③李… Ⅲ. ①数字电路-逻辑设计-高等学校-教材 Ⅳ. ①TN79

中国版本图书馆 CIP 数据核字(2019)第 044617 号

责任编辑:盛东亮　钟志芳
封面设计:李召霞
责任校对:时翠兰
责任印制:杨 艳

出版发行:清华大学出版社
　　　　网　　　址:http://www.tup.com.cn,http://www.wqbook.com
　　　　地　　　址:北京清华大学学研大厦 A 座　　　　　　邮　　编:100084
　　　　社　总　机:010-62770175　　　　　　　　　　　　邮　　购:010-83470235
　　　　投稿与读者服务:010-62776969,c-service@tup.tsinghua.edu.cn
　　　　质量反馈:010-62772015,zhiliang@tup.tsinghua.edu.cn
　　　　课件下载:http://www.tup.com.cn,010-83470236
印　装　者:北京鑫海金澳胶印有限公司
经　　销:全国新华书店
开　　本:185mm×260mm　　　印　　张:19.75　　　　字　　数:473 千字
版　　次:2015 年 8 月第 1 版　2019 年 9 月第 2 版　　印　　次:2021 年 10 月第 5 次印刷
定　　价:59.00 元

产品编号:079471-01

高等学校电子信息类专业系列教材

序
FOREWORD

我国电子信息产业销售收入总规模在 2013 年已经突破 12 万亿元,行业收入占工业总体比重已经超过 9%。电子信息产业在工业经济中的支撑作用凸显,更加促进了信息化和工业化的高层次深度融合。随着移动互联网、云计算、物联网、大数据和石墨烯等新兴产业的爆发式增长,电子信息产业的发展呈现了新的特点,电子信息产业的人才培养面临着新的挑战。

(1) 随着控制、通信、人机交互和网络互联等新兴电子信息技术的不断发展,传统工业设备融合了大量最新的电子信息技术,它们一起构成了庞大而复杂的系统,派生出大量新兴的电子信息技术应用需求。这些"系统级"的应用需求,迫切要求具有系统级设计能力的电子信息技术人才。

(2) 电子信息系统设备的功能越来越复杂,系统的集成度越来越高。因此,要求未来的设计者应该具备更扎实的理论基础知识和更宽广的专业视野。未来电子信息系统的设计越来越要求软件和硬件的协同规划、协同设计和协同调试。

(3) 新兴电子信息技术的发展依赖于半导体产业的不断推动,半导体厂商为设计者提供了越来越丰富的生态资源,系统集成厂商的全方位配合又加速了这种生态资源的进一步完善。半导体厂商和系统集成厂商所建立的这种生态系统,为未来的设计者提供了更加便捷却又必须依赖的设计资源。

教育部 2012 年颁布了新版《高等学校本科专业目录》,将电子信息类专业进行了整合,为各高校建立系统化的人才培养体系,培养具有扎实理论基础和宽广专业技能的、兼顾"基础"和"系统"的高层次电子信息人才给出了指引。

传统的电子信息学科专业课程体系呈现"自底向上"的特点,这种课程体系偏重对底层元器件的分析与设计,较少涉及系统级的集成与设计。近年来,国内很多高校对电子信息类专业课程体系进行了大力度的改革,这些改革顺应时代潮流,从系统集成的角度,更加科学合理地构建了课程体系。

为了进一步提高普通高校电子信息类专业教育与教学质量,贯彻落实《国家中长期教育改革和发展规划纲要(2010—2020 年)》和《教育部关于全面提高高等教育质量若干意见》(教高【2012】4 号)的精神,教育部高等学校电子信息类专业教学指导委员会开展了"高等学校电子信息类专业课程体系"的立项研究工作,并于 2014 年 5 月启动了《高等学校电子信息类专业系列教材》(教育部高等学校电子信息类专业教学指导委员会规划教材)的建设工作。其目的是为推进高等教育内涵式发展,提高教学水平,满足高等学校对电子信息类专业人才培养、教学改革与课程改革的需要。

本系列教材定位于高等学校电子信息类专业的专业课程,适用于电子信息类的电子信息工程、电子科学与技术、通信工程、微电子科学与工程、光电信息科学与工程、信息工程及其相近专业。经过编审委员会与众多高校多次沟通,初步拟定分批次(2014—2017年)建设约100门课程教材。本系列教材将力求在保证基础的前提下,突出技术的先进性和科学的前沿性,体现创新教学和工程实践教学;将重视系统集成思想在教学中的体现,鼓励推陈出新,采用"自顶向下"的方法编写教材;将注重反映优秀的教学改革成果,推广优秀的教学经验与理念。

为了保证本系列教材的科学性、系统性及编写质量,本系列教材设立顾问委员会及编审委员会。顾问委员会由教指委高级顾问、特约高级顾问和国家级教学名师担任,编审委员会由教育部高等学校电子信息类专业教学指导委员会委员和一线教学名师组成。同时,清华大学出版社为本系列教材配置优秀的编辑团队,力求高水准出版。本系列教材的建设,不仅有众多高校教师参与,也有大量知名的电子信息类企业支持。在此,谨向参与本系列教材策划、组织、编写与出版的广大教师、企业代表及出版人员致以诚挚的感谢,并殷切希望本系列教材在我国高等学校电子信息类专业人才培养与课程体系建设中发挥切实的作用。

吕志伟 教授

第2版前言
PREFACE

本书是在第 1 版的基础上,参照教育部高等学校电子信息类专业教学指导委员会最新的《电子电气基础课程教学基本要求》重新修订而成的。

本次修订基本保持了第 1 版的理论体系,主要的修改有:为提高讲授效率,删除了个别知识点重复的例题;在主要章节增加了利用 VHDL(硬件描述语言)设计基本逻辑电路的内容,以加强学生对理论知识的理解,也在习题中增加了相应的练习题目;对部分章节的习题也作了调整。

本书共分 8 章,内容包括数字逻辑基础、集成门电路、组合逻辑电路、触发器、时序逻辑电路、半导体存储器与可编程逻辑器件、脉冲波形的产生和整形电路、数/模和模/数转换电路。书后提供了部分习题的参考答案。

本书需要 50~70 学时,书中标注"﹡"的内容可供教师根据专业特点取舍。

本次修订由邬春明完成,雷宇凌和李蕾对本书主要章节给出的 VHDL 设计内容进行了验证。

本书可以作为普通高等院校电气信息类、电子信息类、自动化类、计算机类等专业以及其他相近专业的本科生教材,也可以供相关工程技术人员参考。

在本书的修订过程中,得到了清华大学出版社的热情帮助和支持,在此表示衷心感谢。

限于作者的水平,教材中难免有疏漏之处,敬请广大读者批评指正。

编 者
2019 年 5 月

第1版前言

PREFACE

伴随着晶体管、集成电路等半导体器件工艺的发展，数字集成器件已经从小规模集成电路、中规模集成电路、大规模集成电路，发展到超大规模集成电路。数字电路及数字系统的设计方法及手段也在不断演变和发展，这对"数字电路与逻辑设计"课程的教学内容、教学方法及教材编写都提出了更高的要求。

本书参照教育部相关教学指导委员会制定的《电子电气基础课程教学基本要求》(2011年)、《电子信息科学与工程类本科指导性专业规范》(2010年)、《电子科学与技术本科指导性专业规范》(2009年)、《光电信息科学与工程类专业指导性专业规范》(2010年)及相关课程的教学大纲编写而成。为适应当前电子技术的发展及教学改革的要求，压缩了一些过于高深的内容，精简了一些繁杂的内部电路，在强调基本概念、基本原理的基础上，重点突出分析和设计方法，力求叙述简明扼要、通俗易懂。书中设置了提示、小结和习题等内容，便于学生学习。每章章首设置了"兴趣阅读"材料，通过数字领域的趣闻轶事，激发学生的学习兴趣，拓展学生的知识内容。

另外，本书在讲解理论分析与设计之后，充分利用计算机仿真这一现代技术手段，各章均给出了 Multisim 仿真分析实例，将理论知识与实际系统有机地融为一体，培养学生的实验能力、实践能力和创新意识。经过多年的教学实践，证明这种教学方法、手段和模式是可行的、有效的。

全书共分 8 章，包括数字逻辑基础、集成逻辑门电路、组合逻辑电路、触发器、时序逻辑电路、半导体存储器与可编程逻辑器件、脉冲波形的产生和整形电路、数/模与模/数转换电路等内容。书后提供了部分习题的参考答案。

讲授本书内容需要 50～70 学时，书中标注"＊"的内容可供教师根据专业特点取舍。

本书由邬春明、雷宇凌、李蕾编写，其中绪论、第 1、2、3、8 章由邬春明编写；第 4、5、6、7 章由雷宇凌编写；李蕾对教材中的仿真内容进行了验证。全书由邬春明统稿。

本书可以作为普通高等院校电气信息类、电子信息类、自动化类、计算机类各专业以及其他相近专业的本科生教材，也可以供相关工程技术人员参考。

本书在编写过程中，得到了清华大学出版社的热情帮助和支持，在此表示衷心的感谢。

限于编者的水平，书中难免有疏漏之处，敬请广大读者批评指正。

编　者

2015 年 2 月

目 录
CONTENTS

绪 论

　　数字电子技术是研究数字电路及其在各学科领域应用的一门学科,是当前发展最快的学科之一。就电子器件而言,已经从 20 世纪 40 年代的电子管、20 世纪 50 年代的晶体管、20 世纪 60 年代的小规模集成电路,到中规模集成电路、大规模集成电路,至今已发展到了超大规模集成电路。近几年又出现了可编程逻辑器件,为数字电路设计提供了更加完善、方便的器件,其设计过程和方法也在不断演变和发展。半导体技术的大力发展推动了计算机等电子设备的广泛使用,数字电子技术作为电子时代的支撑技术,在全球电子信息化的进程中起着巨大的推动作用。

　　数字化是电子技术的必由之路,这已经成为当代的共识。我国的电子技术研究者经过多次探索和实验,使得数字化的历程在不断进行着一系列的重大变革。当代所应用的电子产品由于技术的不断革新,正在以前所未有的速度进行更新换代,而这种革新又主要表现在大规模可编程逻辑器件的广泛应用之中。特别是在当今这个时代,半导体的工艺水平经过不断开发,已经达到了深亚微米,芯片的集成度也达到千兆位,时钟频率也正在向千兆赫兹以上发展,数据传输位数甚至达到了每秒几十亿次。这些技术在之前是难以想象的,这就注定 SoC(System on a Chip)片上系统必将成为未来集成电路技术的发展趋势。

1. 数字信号和数字电路

　　电子系统中的信号可以分为两大类,即模拟信号和数字信号。在时间和幅值上都连续的信号叫作模拟信号。其特点是模拟信号的幅值可以在一定动态范围内任意取值。自然界中的许多物理量均可以通过相应的传感器转换为时间连续、幅值连续的电压或电流,例如声音、温度等。模拟广播电视传送和处理的音频信号和视频信号是模拟信号。图 0-1(a)所示为一个随时间变化的模拟电压信号。具有对模拟信号进行放大、滤波、调制、解调、传输等处理能力的电路叫模拟电路。

　　数字信号和模拟信号不同,它是在时间和幅值上均离散的信号,如电子表给出的时间信号、生产流水线上记录零件个数的计数信号等。数字信号的特点是其幅值只可以取有限个值。计算机、局域网与城域网中均使用二进制数字信号,目前在计算机广域网中实际传送的既有二进制数字信号,也有由数字信号转换而成的模拟信号。但是两者相比,更具应用发展前景的是数字信号。图 0-1(b)所示为数字信号。

　　数字电路是对数字信号进行产生、存储、传输、变换、运算及处理的电子电路。数字电路主要研究输出信号与输入信号之间的对应逻辑关系,其分析的主要工具是逻辑代数,因此数字电路又称为"逻辑电路"。

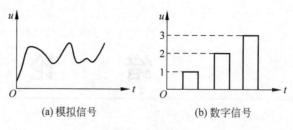

(a) 模拟信号　　　　　　　(b) 数字信号

图 0-1　模拟信号和数字信号示意图

【提示】 "数字逻辑"是数字电路逻辑设计的简称,其内容是应用数字电路进行数字系统逻辑设计。

2. 数字电路的分类

数字电路的分类方法较多,主要有以下几种。

(1) 按电路内部结构的不同,数字电路分为分立元件电路和集成电路。分立元件电路是将晶体管、电阻和电容等元器件用导线在线路板上连接而成的电路。集成电路(如图 0-2 所示)是采用一定工艺,把电路中所需的晶体管、电阻、电容和电感等元件及布线互连在一起,制作在一小块或几小块半导体晶片或介质基片上,然后封装在一个管壳内,成为具有所需电路功能的微型结构。所有元件在结构上组成一个整体,使电子元件向着微、小型化和低功耗、高可靠性方面迈进了一大步。集成电路在电路中用字母 IC(Integrated Circuit)表示。当今半导体工业大多数应用的是基于硅的集成电路。

图 0-2　集成电路

集成电路具有体积小、重量轻、引出线和焊接点少、寿命长、可靠性高、性能好等优点,同时成本低,便于大规模生产。它不仅在收录机、电视机、计算机等工业和其他民用电子设备方面得到广泛的应用,同时在军事、通信、遥控等方面的应用也很普遍。用集成电路来装配电子设备,其装配密度比晶体管可提高几十倍至几千倍,设备的稳定工作时间也可以大大提高。

根据集成度的不同,集成电路分为 4 类,如表 0-1 所示。这里的集成度是指组成集成电路的逻辑门或元件个数。

表 0-1　集成电路分类

类　型	集　成　度	电路规模与范围
小规模集成电路 (Small Scale Integration,SSI)	1～10 个门/片或 10～100 个元件/片	逻辑单元电路、逻辑门电路及集成触发器等
中规模集成电路 (Medium Scale Integration,MSI)	10～100 个门/片或 100～1000 个元件/片	逻辑部件、译码器、计数器及比较器等
大规模集成电路 (Large Scale Integration,LSI)	100～1000 个门/片或 1000～10 000 个元件/片	数字逻辑系统、控制器、存储器及接口电路等
超大规模集成电路 (Very Large Scale Integration,VSI)	大于 1000 个门/片或 大于 1 万个元件/片	高集成数字逻辑系统及单片机等

（2）按集成元件的不同，数字电路分为双极型和单极型两种。

（3）按电路工作原理的不同，数字电路分为组合逻辑电路和时序逻辑电路两种。关于这两种电路的特点和具体电路，将在后面的章节中详细介绍。

3. 数字电路的特点及应用

与模拟电路相比，数字电路具有如下特点。

（1）便于高度集成化。由于数字电路采用二进制数据，凡具有两个状态的电路都可以用来表示 **0** 和 **1** 两个数。电路对元器件的参数和精度要求不高，允许有较大的分散性，因此基本单元电路的结构简化对实现数字电路的集成化十分有利。

（2）工作可靠性高、抗干扰能力强。数字信号用 **1** 和 **0** 来表示信号的有和无，数字电路辨别信号的有和无是很容易做到的，从而大大提高了电路的工作可靠性。同时，只要外界干扰在电路的噪声容限范围内，电路都能正常工作，因此抗干扰能力强。

（3）便于长期保存。比如，可以将数字信息存入磁盘、光盘等介质中长期保存。

（4）产品系列多、通用性强且成本低。可以采用标准的逻辑部件和可编程逻辑器件来实现各种各样的数字电路和系统，使用灵活。

（5）保密性好。可以采用多种编码技术加密数字信息，使其不易被窃取。

（6）具有"逻辑思维"能力。数字电路不仅具有算术运算能力，而且还能按照人们设计的规则进行逻辑推理和逻辑判断。

由于数字电路具有上述特点，其发展十分迅速，已广泛应用于计算机、自动化装置、医疗仪器与设备、交通（如交通灯等）、电信（如卫星通信等）、文娱活动等几乎所有的生产生活领域中，可以毫不夸张地说，几乎每人每天都在与数字电路打交道。

然而，数字电路的应用也具有它的局限性。因为被控制和被测量的对象往往是一些模拟信号，而模拟信号不能直接为数字电路所接收，这就给数字电路的使用带来很大的不便。为了用数字电路处理这些模拟信号，必须通过专门的电路将它们转换为数字信号（模/数转换）；而经数字电路分析、处理输出的数字量往往还要通过专门的电路转换成相应的模拟信号（数/模转换）才能为执行机构所接收。这样一来，不但导致了整个设备的复杂化，而且也使信号的精度受到影响，数字电路本身可以达到的高精度也失去了意义。因此，在使用数字电路时，应具体情况具体分析，以便于操作和提高生产效率。

4. Multisim 13.0 电子电路仿真软件简介

随着计算机技术的飞速发展，电路分析与设计可以通过计算机辅助分析和仿真技术来完成。Multisim 软件是美国 NI(National Instruments)公司下属的 Electronics Workbench Group 在 20 世纪末推出的基于 Windows 的电路仿真软件，是一个专门用于电子电路仿真与设计的 EDA 工具软件，是广泛应用的电子工作台(Electronics Workbench，EWB)的升级版。作为 Windows 下运行的个人桌面电子设计工具，Multisim 是一个完整的集成化设计环境，具有以下一些特点。

（1）具有直观的图形界面创建电路。Multisim 软件可以在计算机屏幕上模仿真实的实验室工作台，绘制电路图需要的元器件、电路仿真需要的测试仪器均可以直接从屏幕上选取。

（2）仪器的控制面板外形和操作方式都与实物相似，可以实时显示测量结果。

（3）软件带有丰富的电路元件库，提供多种强大的电路分析方法。

(4) 作为设计工具,它可以同其他流行的电路分析、设计和制板软件交换数据。

本书采用 Multisim 13.0 版软件作为仿真工具,利用它提供的虚拟仪器可以用比实验室中更灵活的方式进行电路实验,观察仿真电路的实际运行情况,熟悉常用电子仪器的使用方法。

打开 Multisim 13.0 后,其主界面如图 0-3 所示。Multisim 13.0 的主界面主要包括菜单栏、标准工具栏、视图工具栏、主工具栏、仿真开关、元件工具栏、虚拟仪器工具栏、设计工具栏、电路工作区、电路表格视窗和状态栏等。

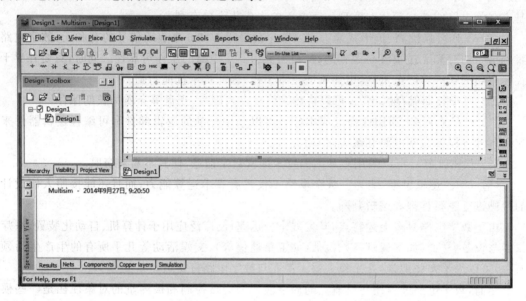

图 0-3　Multisim 13.0 主界面

1) 菜单栏

和其他应用软件一样,菜单栏中分类集中了软件的所有功能命令,包含 12 个菜单,分别为文件(File)菜单、编辑(Edit)菜单、视图(View)菜单、放置(Place)菜单、MCU 菜单、仿真(Simulate)菜单、文件输出(Transfer)菜单、工具(Tools)菜单、报告(Reports)菜单、选项(Options)菜单、窗口(Windows)菜单和帮助(Help)菜单。以上每个菜单下都有一系列菜单项,用户可以在相应的菜单下寻找需要的命令。Windows 菜单和 Help 菜单与 Word 相应的菜单功能类似,这里不再介绍。

(1) File 菜单。该菜单主要用于管理所创建的电路文件,对电路文件进行打开、保存等操作,其中大多数命令和一般 Windows 应用软件基本相同。

(2) Edit 菜单。该菜单下的命令主要用于在绘制电路图的过程中,对电路和元件进行各种编辑操作。一些常用操作,如复制、粘贴等,和一般 Windows 应用程序基本相同,这里不再赘述。

(3) View 菜单。用于确定仿真界面上显示的内容以及电路图的缩放和元件的查找。

(4) Place 菜单。提供在电路窗口内放置元件、连接点、总线和文字等命令。

(5) MCU 菜单。提供在电路工作窗口内 MCU(微控制器)的调试操作命令。

(6) Simulate 菜单。提供电路仿真设置与操作命令。

(7) Transfer 菜单。提供仿真结果传递给其他软件处理的命令。

（8）Tools 菜单。主要用于编辑或管理元器件和元件库。

（9）Reports 菜单。用于产生指定元件存储在数据库中的所有信息和当前电路工作区中所有元件的详细参数报告。

（10）Options 菜单。用于定制电路的界面和电路某些功能的设定。

2）标准工具栏

标准工具栏位于主界面的左上方，主要提供一些常用的文件操作功能，按钮从左到右的功能分别为新建文件、打开文件、打开设计实例、文件保存、打印电路、打印预览、剪切、复制、粘贴、撤销和恢复。

3）主工具栏

主工具栏位于主界面的右上方，集中了 Multisim 13.0 的核心操作，从而使电路设计更加方便。该工具栏中的按钮从左到右分别为显示或隐藏设计工具栏、显示或隐藏电子表格视窗、spice 网表视窗、图形和仿真列表、对仿真结果进行后处理、切换到总电路、元件向导、打开数据库管理窗口、使用中的元件列表、ERC 电路规则检测、将 Ultiboard 电路的改变反标到 Multisim 电路文件中、将 Multisim 原理图文件的变化标注到存在的 Ultiboard 13.0 文件中、查找范例、帮助。

4）元件工具栏

元件工具栏包括 20 种元件分类库，每个元件库放置同一类型的元件，元件工具栏还包括放置层次电路和总线的命令。元件工具栏从左到右的模块分别为电源库、基本元件库、二极管库、晶体管库、模拟器件库、TTL 器件库、CMOS 元件库、杂合类数字元件库、混合元件库、指示器元件库、功率元件库、杂合类元件库、高级外围元件库、RF 射频元件库、机电类元件库、NI 元件库、连接器元件库、微处理模块元件库、层次化模块和总线模块。其中，层次化模块是将已有的电路作为一个子模块加到当前电路中。

5）设计工具栏

设计工具栏位于主界面的左半部分，用来管理原理图的不同组成元素。它由 3 个不同的选项卡组成，分别为层次化（Hierarchy）选项卡、可视化（Visibility）选项卡和工程视图（Project View）选项卡。

6）电路工作区

电路工作区位于主界面的中间部分，在电路工作区中可进行电路的绘制、仿真分析及波形数据显示等操作，如果有需要，还可以在电路工作区内添加说明文字及标题框等。

5. VHDL 基础

VHDL 是超高速集成电路硬件描述语言（Very High Speed Integrated Circuit Hardware Description Language）的缩写，于 1985 年在美国国防部的支持下正式推出，是目前标准化程度最高的硬件描述语言，主要用于描述数字系统的结构、行为、功能和接口。VHDL 除了含有许多具有硬件特征的语句外，其语言形式和描述风格与一般的计算机高级语言十分类似。

一个完整的 VHDL 程序（设计实体）基本结构如图 0-4 所示，包括库及程序包使用说明、实体、结构体、配置语句 4 个基本组成部分。其中，库及程序包使用说明用于打开（调用）设计实体将要用到的库、程序包。实体用于描述设计实体与外界的接口信号，是可视信号。结构体用于描述设计实体内部工作的逻辑关系，是不可视部分。在一个实体中，可以含有一个或一个以上的结构体,而在每一个结构体中又可以包含一个或多个进程以及其他语句。根据需要,实体还可以有配置语句。配置语句主要用于以层次化方式对特定的设计实体进行元件例化,或为实体选定某个特定的结构体。下面对实体和结构体做简要介绍。

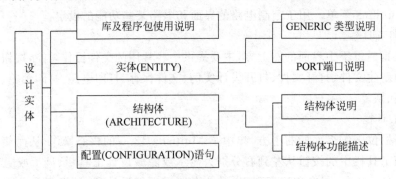

图 0-4　VHDL 程序基本结构

1) 实体

实体(ENTITY)是一个设计实体的表层设计单元,其功能是对这个设计实体与外部电路进行接口描述。它规定了设计单元的输入输出接口信号或引脚,是设计实体经封装后对外界的一个通信界面。实体常用的语句结构为

```
ENTITY 实体名 IS
[GENERIC(类属表); ]
[PORT(端口表); ]
END     ENTITY 实体名;
```

实体必须以语句"ENTITY"实体名 IS 开始,以语句"END ENTITY 实体名;"结束,其中的实体名由设计者自由命名,用来表示被设计电路的名称,也可以作为其他设计调用该设计实体时的名称。中间在方括号内的语句描述,在特定的情况下并非都是必需的。结束语句中关键词"ENTITY"可以省略。

类属(GENERIC)参量是一种端口界面常数,常以一种说明的形式放在实体或结构体前的说明部分,类属为设计实体和其他外部环境通信的静态信息提供通道,特别是规定端口的大小、实体中子元件的数目、实体中定时特性等。类属的值可以由设计实体外部提供。因此,设计者可以从外部通过类属参量的重新设定很容易地改变一个设计实体或一个元件的内部电路结构和规模。

由 PORT 引导的端口说明语句是对一个设计实体界面的说明。端口为设计实体和外部环境的动态通信提供通道,端口说明的一般书写格式为

```
PORT(端口名: 端口模式 数据类型;
     端口名: 端口模式 数据类型);
```

端口名是设计者为实体的每一个输入/输出端所取的名字;端口模式是指数据流动方式,如输入或输出等;数据类型是指端口上流动的数据的表达式。VHDL 是一种强类型语言,对语句中所有操作数的数据类型都有严格规定。一个实体通常有一个或多个端口。常用的端口模式有输入(IN)、输出(OUT)、双向(INOUT)及缓冲(BUFFER)4 种。

作为一种强类型语言,对数据对象(信号、变量、常数)必须限定其取值范围,即对其数据

类型作明确的界定。在 VHDL 中，预定义好的数据类型有多种，如整数数据类型（INTEGER）、布尔数据类型（BOOLEAN）、标准逻辑位数据类型（STD_LOGIC）和位数据类型（BIT）等。

2）结构体

结构体（ARCHITECTURE）用来描述设计实体的内部结构和实体端口间的逻辑关系，在电路上相当于器件的内部电路结构。结构体由结构体说明部分和结构体功能描述部分组成。结构体说明部分用于结构体内部使用的信号名称及信号类型的声明；功能描述部分用来描述实体的逻辑行为。结构体的基本组成如图 0-5 所示。

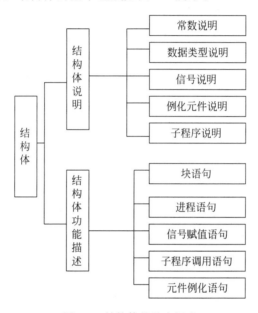

图 0-5　结构体的基本组成

结构体的语句格式为

```
ARCHITECTURE 结构体 OF 实体名 IS
    [说明语句]
BEGIN
    [功能描述语句]
EDN  ARCHITECTURE 结构体;
```

其中，实体名必须是所在设计实体的名字，而结构体名可以由设计者自己选择，但当一个实体具有多个结构体时，结构体名不可重复。结构体中的说明语句是对结构体的功能描述语句中将要用到的信号、数据类型、常数、函数和过程等加以说明的语句。但在一个结构体中说明和定义的数据类型、常数、函数和过程只能用于这个结构体中。

功能描述语句有 5 种不同类型，以并行方式工作。在每一个结构体的内部可能含有并行运行或顺序运行的逻辑描述语句。

（1）块语句是由一系列并行执行语句构成的组合体，其功能是将结构体中的并行语句组成一个或多个模块。

（2）进程语句用于将从外部获得的信号值，或内部的运算数据向其他的信号进行赋值。

（3）信号赋值语句将设计实体内的处理结果向定义的信号或界面端口进行赋值。

（4）子程序调用语句用于调用一个已设计好的子程序。

（5）元件例化语句对其他的设计实体做元件调用说明,并将此元件的端口与其他的元件、信号或高层次实体的界面端口进行连接。

VHDL 的程序设计可以在 EDA 工具软件平台上进行编辑、编译、综合、仿真、适配、配置、下载和硬件调试等技术操作。VHDL 设计的最终目标是实现硬件系统,而 EDA 工具正是实现这一目标的必要条件。

第1章

数字逻辑基础

兴趣阅读——逻辑代数的起源与发展

逻辑代数又称布尔代数，正是以它的创立者——英国数学家乔治·布尔（George Boole）而命名。从20岁起，布尔对数学产生了浓厚兴趣，广泛涉猎著名数学家牛顿、拉普拉斯、拉格朗日等人的数学名著，并写下大量笔记。他在1847年出版的第一部著作《逻辑的数学分析》中，提出了用数学分析的方法表示命题陈述的逻辑结构，并在1854年出版的著作《思维规律的研究——逻辑与概率的数学理论基础》中，成功地将形式逻辑归结为一种代数演算。以这两部著作为基础，布尔建立了一门新的数学学科。

在布尔代数里，布尔构思出一个关于0和1的代数系统，用基础的逻辑符号系统描述物体和概念。这种代数不仅广泛用于概率和统计等领域，更重要的是，它为今后数字计算机开关电路设计提供了最重要的数学方法。

约一百年后的1938年，美国数学家、信息论的创始人克劳德·艾尔伍德·香农（Claude Elwood Shannon）发表了著名的论文《继电器和开关电路的符号分析》，首次用布尔代数进行开关电路分析，并证明布尔代数的逻辑运算可以通过继电器电路来实现，明确给出了实现加、减、乘、除等运算的电子电路的设计方法。这篇论文标志着开关电路理论的开端。

今天，布尔代数已成为人们生活中的一部分，因为汽车、音响、电视和其他用具中都有计算机技术，它几乎无处不在，无所不能。图1-1所示照片是值得后人纪念的科学家布尔和香农。

图 1-1　布尔和香农

本章讲述数制和编码的基础理论以及逻辑代数的相关知识,这些基础知识是分析和设计数字电路的基础。首先介绍了数字系统中常用的数制和编码,然后介绍逻辑代数的概念和逻辑运算的规则、逻辑函数及其表示方法等内容,重点介绍逻辑函数的化简方法,最后给出用 Multisim 分析逻辑函数的实例。本章学习要求如下:

(1) 熟悉常用的数制和编码;

(2) 掌握各种逻辑运算的规则;

(3) 熟悉逻辑代数中的基本定理、定律和常用公式;

(4) 掌握逻辑函数的表示方法及其相互转换方法;

(5) 熟悉逻辑函数的代数化简法;

(6) 熟练掌握逻辑函数的卡诺图化简法;

(7) 了解用 Multisim 分析逻辑函数的方法。

1.1　概述

数字电路处理的是数字信号,数字信号通常用数码形式给出。用数字量描述物理量的大小或多少时,一位数码通常不能满足要求,人们采用进位计数的方法组成多位数码,称为进位计数制,简称数制。数字电路中经常使用的数制除了十进制以外,更多的是使用二进制和十六进制,有时也用到八进制。

当数码表示数量大小时,可以进行数量间的加、减、乘、除等运算。这种运算称为算术运算。目前,数字电路中的算术运算最终都是以二进制运算进行的。

数码不仅可以表示数量的大小,还可以表示不同事物或事物的不同状态。在表示不同事物时,数码只是不同事物的代号,没有数量大小的概念,称为代码。为了便于记忆和查找,在编制代码时要遵循一定的规则,称为码制。

在数字电路中,用 1 位二进制数码表示一个事物的两种不同逻辑状态。例如,可以用 1 和 0 分别表示一件事情的真和假、是和非、有和无等对立的两个状态,或表示电路的通和断、门的开和关等。当两个二进制数码表示不同的逻辑状态时,它们之间可以按指定的某种因果关系进行推理运算,称为逻辑运算。

1.2　常用的数制和编码

1.2.1　常用的数制

数制是数的按“值”表示法。组成数制的两个基本要素是数位基数与数位权值,简称基数与权。

基数是指一个数位上可能出现的基本数码的个数,记为 R。例如二进制一个数位上包含 0、1 两个数码,基数 $R=2$。十进制有十个数码,则基数 $R=10$。

权是基数的幂,记为 R^i,它与数码在数中的位置有关。例如,十进制数 $726=7\times10^2+2\times10^1+6\times10^0$,其中 10^2、10^1、10^0 分别为最高位、中间位和最低位的权。

【提示】　同一个数字,数制不同,代表的数值大小也不同。

1. 十进制

十进制的基数 $R=10$,有 $0\sim9$ 十个数码,进位规则是"逢十进一",各数位的权值为 10 的幂。

任意一个十进制数 $(D)_{10}$(括号外边的脚注表示不同的进制),可以表示为

$$(D)_{10}=k_{n-1}10^{n-1}+k_{n-2}10^{n-2}+\cdots+k_0 10^0+k_{-1}10^{-1}+k_{-2}10^{-2}+\cdots+k_{-m}10^{-m}$$
$$=\sum k_i\times10^i \tag{1-1}$$

其中,k_i 为第 i 位的系数,取 $0\sim9$ 十个数码中的任意一个;m、n 为正整数;10 为十进制的基数,10^i 为第 i 位的权。

例如,$(2014.75)_{10}=2\times10^3+0\times10^2+1\times10^1+4\times10^0+7\times10^{-1}+5\times10^{-2}$。

【提示】　十进制是人们最熟悉、最常使用的数制,但不适合在数字系统内部的数据处理中应用。

2. 二进制

二进制的基数 $R=2$,有 **0**、**1** 两个数码,进位规则是"逢二进一",各数位的权值是 2 的幂。

任意一个二进制数 $(D)_2$,都可表示为

$$(D)_2=k_{n-1}2^{n-1}+k_{n-2}2^{n-2}+\cdots+k_0 2^0+k_{-1}2^{-1}+k_{-2}2^{-2}+\cdots+k_{-m}2^{-m}$$
$$=\sum k_i\times2^i \tag{1-2}$$

其中,k_i 为第 i 位的系数,可以取 **0** 或 **1**;m、n 为正整数;2 为二进制的基数,2^i 为第 i 位的权。

例如,$(\mathbf{1101.101})_2=\mathbf{1}\times2^3+\mathbf{1}\times2^2+\mathbf{0}\times2^1+\mathbf{1}\times2^0+\mathbf{1}\times2^{-1}+\mathbf{0}\times2^{-2}+\mathbf{1}\times2^{-3}$。

二进制计数规则简单,存储、传输方便,被广泛应用于数字系统。但对于较大的数值,需要较多位数去表示,数码串太长,使用起来不够方便。

3. 八进制

八进制的基数 $R=8$,有 $0\sim7$ 八个数码,进位规则是"逢八进一",各数位的权值是 8 的幂。

任意一个八进制数 $(D)_8$,都可表示为

$$(D)_8=k_{n-1}8^{n-1}+k_{n-2}8^{n-2}+\cdots+k_0 8^0+k_{-1}8^{-1}+k_{-2}8^{-2}+\cdots+k_{-m}8^{-m}$$
$$=\sum k_i\times8^i \tag{1-3}$$

其中,k_i 为第 i 位的系数,可取 $0\sim7$ 八个数码中的任意一个;m、n 为正整数;8 为八进制的基数,8^i 为第 i 位的权。

例如,$(57.432)_8=5\times8^1+7\times8^0+4\times8^{-1}+3\times8^{-2}+2\times8^{-3}$。

【提示】　由于 $2^3=8$,所以 3 位二进制数可用 1 位八进制数表示。

4. 十六进制

十六进制数的基数 $R=16$,有 $0\sim9$、$A\sim F$ 十六个数码,进位规则是"逢十六进一",各数位的权值是 16 的幂。

任意一个十六进制数 $(D)_{16}$,都可表示为

$$(D)_{16}=k_{n-1}16^{n-1}+k_{n-2}16^{n-2}+\cdots+k_0 16^0+k_{-1}16^{-1}+k_{-2}16^{-2}+\cdots+k_{-m}16^{-m}$$
$$=\sum k_i\times16^i \tag{1-4}$$

其中,k_i 为第 i 位的系数,可以取 $0\sim9$、$A\sim F$ 十六个数码中的任意一个;m、n 为正整数;16 为十六进制的基数,16^i 为第 i 位的权。

例如,$(2AE4.BC)_{16}=2\times16^3+10\times16^2+14\times16^1+4\times16^0+11\times16^{-1}+12\times16^{-2}$。

【提示】 由于 $2^4=16$,所以 4 位二进制数可用 1 位十六进制数表示。

表示十进制、二进制、八进制、十六进制时,除了用数字脚注表示外,还可以用英文字头脚注表示,即十进制 D(Decimal)、二进制 B(Binary)、八进制 O(Octal)、十六进制 H(Hexadecimal)。

5. 任意进制

任意进制(R 进制)的基数为 r,有 $0\sim(r-1)$ 个数码,一般表示为

$$(D)_r=k_{n-1}r^{n-1}+k_{n-2}r^{n-2}+\cdots+k_0r^0+k_{-1}r^{-1}+\cdots+k_{-m}r^{-m}$$
$$=\sum k_i\times r^i \tag{1-5}$$

其中,k_i 为第 i 位的系数,可以取 r 个数码中的任意一个;m、n 为正整数;r 为 R 进制的基数,r^i 为相应位的权。

【提示】 在计算机等数字系统中,二进制主要用于机器内部的数据处理。八进制和十六进制主要用于书写程序。十进制主要用于最终运算结果的输出。

为了便于对照,将常用的几种数制之间的关系列于表 1-1 中。

表 1-1　几种常用数制及其对应关系

类　别	十　进　制	二　进　制	八　进　制	十　六　进　制
表示数码	$0,1,\cdots,9$	**0,1**	$0,1,\cdots,7$	$0,1,\cdots,9,A,B,\cdots,F$
进位规则	逢十进一	逢二进一	逢八进一	逢十六进一
第 i 位权值	10^i	2^i	8^i	16^i
对应关系	0	**0**	0	0
	1	**1**	1	1
	2	**10**	2	2
	3	**11**	3	3
	4	**100**	4	4
	5	**101**	5	5
	6	**110**	6	6
	7	**111**	7	7
	8	**1000**	10	8
	9	**1001**	11	9
	10	**1010**	12	A
	11	**1011**	13	B
	12	**1100**	14	C
	13	**1101**	15	D
	14	**1110**	16	E
	15	**1111**	17	F
	16	**10000**	20	10

1.2.2　数制之间的转换

数字系统常用的数制为十进制和二进制。十进制是人们最熟悉的数制,但机器实现起

来困难。二进制是机器唯一认识的数制,但二进制数码位数过多,因此引入八进制和十六进制。各数制都有自己的应用场合,因此数制间经常需要相互转换。

1. 非十进制数转换为十进制数

如果将非十进制数转换为等值的十进制数,只需要将非十进制数按位权展开,再按十进制运算的规则运算即可得到对应的十进制数。

【例1-1】 将二进制数$(1101.01)_2$转换成等值的十进制数。

解:在十进制中按权展开得

$$(1101.01)_2 = 1 \times 2^3 + 1 \times 2^2 + 0 \times 2^1 + 1 \times 2^0 + 0 \times 2^{-1} + 1 \times 2^{-2}$$
$$= 8 + 4 + 0 + 1 + 0 + 0.25$$
$$= (13.25)_{10}$$

【例1-2】 将八进制数$(64.51)_8$转换成等值的十进制数。

解:在十进制中按权展开得

$$(64.51)_8 = 6 \times 8^1 + 4 \times 8^0 + 5 \times 8^{-1} + 1 \times 8^{-2}$$
$$= 48 + 4 + 0.625 + 0.015625$$
$$= (52.640625)_{10}$$

【例1-3】 将十六进制数$(F3D.48)_{16}$转换成等值的十进制数。

解:在十进制中按权展开得

$$(F3D.48)_{16} = 15 \times 16^2 + 3 \times 16^1 + 13 \times 16^0 + 4 \times 16^{-1} + 8 \times 16^{-2}$$
$$= 3840 + 48 + 13 + 0.25 + 0.03125$$
$$= (3901.28125)_{10}$$

2. 十进制数转换为非十进制数

十进制数转换为非十进制数时,需将十进制数的整数部分和小数部分分别转换,然后将转换结果合并起来。

1) 整数部分的转换

将十进制整数转换为非十进制数时,采用"除基取余"的方法,先得到的余数为低位,后得到的余数为高位。具体步骤如下:

(1) 先将十进制整数除以基数,得到的余数是非十进制数的最低位;

(2) 将步骤(1)所得的商再次除以基数,得到的余数是非十进制数的次低位;

(3) 重复步骤(2),直到最后所得到的商为0,这时的余数是非十进制数的最高位。

【例1-4】 将$(29)_{10}$转换成等值的二进制数。

解:按照"除基取余"的方法,即除以2,取余数。转换过程如下:

转换结果为：$(29)_{10}=(\mathbf{11101})_2$。

【例 1-5】 将$(208)_{10}$转换成等值的八进制数。

解：按照"除基取余"的方法，即除以 8，取余数。转换过程如下：

$$
\begin{array}{r|l}
8 & 208 \\
8 & 26 \\
8 & 3 \\
& 0
\end{array}
\quad
\begin{array}{l}
\text{余数} \\
0 \\
2 \\
3
\end{array}
\quad
\begin{array}{l}
\text{第一个余数为八进制数的最低位} \\
\\
\text{最后一个余数为八进制数的最高位}
\end{array}
$$

转换结果为：$(208)_{10}=(320)_8$。

【例 1-6】 将$(254)_{10}$转换为等值的十六进制数。

解：按照"除基取余"的方法，即除以 16，取余数。转换过程如下：

$$
\begin{array}{r|l}
16 & 254 \\
16 & 15 \\
& 0
\end{array}
\quad
\begin{array}{l}
\text{余数} \\
14 \\
15
\end{array}
\quad
\begin{array}{l}
\text{第一个余数为十六进制数的最低位} \\
\text{最后一个余数为十六进制数的最高位}
\end{array}
$$

转换结果为：$(254)_{10}=(\text{FE})_{16}$。

2）小数部分的转换

将十进制小数转换为非十进制数时，采用"乘基取整"的方法，先得到的整数为高位，后得到的整数为低位。具体步骤如下：

(1) 先将十进制小数乘以基数，得到的乘积的整数部分是非十进制数的最高位；

(2) 将步骤(1)所得乘积的小数部分再次乘以基数，得到的乘积的整数部分是非十进制数的次高位；

(3) 重复步骤(2)，直到最后所得到的乘积为 0 或满足一定的精度要求。

【例 1-7】 将$(0.625)_{10}$转换成等值的二进制数。

解：按照"乘基取整"的方法，即乘以 2，取整数，转换过程如下：

$$0.625 \times 2 = 1.250 \quad \text{取出整数 1} \quad \text{最高位}$$
$$0.250 \times 2 = 0.500 \quad \text{取出整数 0}$$
$$0.500 \times 2 = 1.000 \quad \text{取出整数 1} \quad \text{最低位}$$

此时乘积的小数部分为 0，转换结束，故$(0.625)_{10}=(\mathbf{0.101})_2$。

【例 1-8】 将$(0.5)_{10}$转换成等值的八进制数。

解：按照"乘基取整"的方法，即乘以 8，取整数，转换过程如下：

$$0.500 \times 8 = 4.000$$

取出整数 4，乘积的小数部分为 0，转换结束。可得$(0.5)_{10}=(0.4)_8$。

【例 1-9】 将$(0.3584)_{10}$转换为等值的十六进制数，结果保留 3 位小数。

解：按照"乘基取整"的方法，即乘以 16，取整数，转换过程如下：

$$0.3584 \times 16 = 5.7344 \quad \text{取出整数 5} \quad \text{最高位}$$
$$0.7344 \times 16 = 11.7504 \quad \text{取出整数 11}$$
$$0.7504 \times 16 = 12.0064 \quad \text{取出整数 12} \quad \text{最低位}$$

转换结果为：$(0.3584)_{10}=(0.5\text{BC})_{16}$。

3. 二进制数与八进制数、十六进制数相互转换

因为八进制数、十六进制数的基数分别为 $2^3=8$，$2^4=16$，所以二进制数转换成八进制

(或十六进制)数时,每 3 位(或 4 位)二进制数相当于 1 位八进制(或十六进制)数,其转换方法如下:

从小数点算起,向左或向右每 3 位(或 4 位)分成一组,最后不足 3 位(或 4 位)用 0 补齐(例题中带方框的 0 为补位的 0),每组用 1 位等值的八进制(或十六进制)数表示,即得到要转换的八进制(或十六进制)数。

【例 1-10】 将 $(10101011.01101)_2$ 转换成等值的八进制数和十六进制数。

解: 从小数点开始,分别向左、右将二进制数每 3 位分成 1 组,然后写出每组对应的八进制数,即

$$
\begin{array}{ccccc}
\text{二进制} & \boxed{0}10 & 101 & 011 & . & 011 & 01\boxed{0} \\
& \downarrow & \downarrow & \downarrow & & \downarrow & \downarrow \\
\text{八进制} & 2 & 5 & 3 & . & 3 & 2
\end{array}
$$

所以 $(10101011.01101)_2 = (253.32)_8$。

从小数点开始,分别向左、右将二进制数每 4 位分成 1 组,然后写出每组对应的十六进制数,即

$$
\begin{array}{ccccc}
\text{二进制} & 1010 & 1011 & . & 0110 & 1\boxed{000} \\
& \downarrow & \downarrow & & \downarrow & \downarrow \\
\text{十六进制} & A & B & . & 6 & 8
\end{array}
$$

所以 $(10101011.01101)_2 = (AB.68)_{16}$。

反之,八(或十六)进制数转换成二进制数时,只要将每位八(或十六)进制数分别写成相应的 3(或 4)位二进制数,按原来的顺序排列起来即可。

利用八进制数和十六进制数与二进制数之间的这种关系,可以进行八进制数与十六进制数之间的相互转换。

【例 1-11】 分别将 $(75.46)_8$ 和 $(78.A5)_{16}$ 转换成等值的二进制数。

解: 对每位八进制数和十六进制数,分别写出对应的 3 位和 4 位二进制数,即

$$
\begin{array}{cccc cccc}
(7 & 5 & . & 4 & 6)_8 & (7 & 8 & . & A & 5)_{16} \\
\downarrow & \downarrow & & \downarrow & \downarrow & \downarrow & \downarrow & & \downarrow & \downarrow
\end{array}
$$
$$
\text{二进制 } 111101.100110 \qquad 01111000.10100101
$$

所以 $(75.46)_8 = (111101.100110)_2$, $(78.A5)_{16} = (01111000.10100101)_2$。

【例 1-12】 将 $(75.46)_8$ 转换成等值的十六进制数。

解: 先将八进制数转换为二进制数,再将二进制数转换为十六进制数,即

$$
\begin{array}{ccccc}
(7 & 5 & . & 4 & 6)_8 \\
\downarrow & \downarrow & & \downarrow & \downarrow \\
\text{二进制} & \boxed{00}11 & 1101 & . & 1001 & 10\boxed{00} \\
& \downarrow & \downarrow & & \downarrow & \downarrow \\
\text{十六进制} & 3 & D & . & 9 & 8
\end{array}
$$

所以 $(75.46)_8 = (3D.98)_{16}$。

1.2.3 二进制数的原码、反码及补码表示

数有正、负之分,通常用符号"＋"表示正,用符号"－"表示负。将这种带有"＋""－"号的二进制数称为真值。数字电路中采用高、低电平来表示二进制数 1 和 0,采用在二进制数前面增加符号位的方法来表示数的正、负,比如用 0 表示正,用 1 表示负,这种数称为机器数。机器数有原码、反码和补码三种表示方法。

1. 原码表示法

原码表示法是机器数的一种简单的表示法。其符号位用 0 表示正号,用 1 表示负号,数值一般用二进制形式表示。设有一个数为 X,则原码表示可记作$[X]_原$。

例如,$X_1 = +1010111$；$X_2 = -1101010$,其原码记作:

$$[X_1]_原 = [+1010111]_原 = 01010111$$
$$[X_2]_原 = [-1101010]_原 = 11101010$$

原码表示数的范围与二进制位数有关。当用 8 位二进制数来表示小数原码时,其表示范围的最大值为 0.1111111,最小值为 1.1111111。当用 8 位二进制来表示整数原码时,其表示范围的最大值为 01111111,最小值为 11111111。在原码表示法中,对 0 有两种表示形式:

$$[+0]_原 = 00000000$$
$$[-0]_原 = 10000000$$

2. 反码表示法

机器数的反码可以由原码得到。如果机器数是正数,则该机器数的反码与原码一样;如果机器数是负数,则该机器数的反码是对它的原码(符号位除外)各位取反而得到的。设有一个数 X,则 X 的反码表示记作$[X]_反$。

例如：$X_1 = +1010110$, $X_2 = -1001010$,则

$$[X_1]_原 = 01010110, [X_1]_反 = [X_1]_原 = 01010110$$
$$[X_2]_原 = 11001010, [X_2]_反 = 10110101$$

反码通常作为求补过程的中间形式,即在一个负数的反码的末位上加 1,就得到了该负数的补码。

在反码表示法中,对 0 有两种表示形式:

$$[+0]_反 = 00000000$$
$$[-0]_反 = 11111111$$

3. 补码表示法

机器数的补码可由原码得到。如果机器数是正数,则该机器数的补码与原码一样;如果机器数是负数,则该机器数的补码是对它的原码(除符号位外)各位取反,并在末位加 1 而得到的。设有一个数 X,则 X 的补码表示记作$[X]_补$。

例如,$X_1 = +1010110$, $X_2 = -1001010$,则

$$[X_1]_原 = 01010110；[X_1]_补 = 01010110,即[X_1]_原 = [X_1]_补 = 01010110$$
$$[X_2]_原 = 11001010；[X_2]_补 = 10110101 + 1 = 10110110$$

补码表示数的范围与二进制位数有关。当采用 8 位二进制表示时,小数补码的表示范围的最大值为 0.1111111,最小值为 1.0000000。整数补码的表示范围的最大值为 01111111,最小值为 10000000。在补码表示法中,0 只有一种表示形式:

$$[+0]_{补} = 00000000$$

$$[-0]_{补} = 11111111 + 1 = 00000000$$

所以有$[+0]_{补} = [-0]_{补} = 00000000$。

表 1-2 列出了带符号的 3 位二进制数原码、反码、补码对应关系。

表 1-2 3 位二进制数的原码、反码、补码对照表

十进制数	二进制原码	二进制反码	二进制补码
+7	0111	0111	0111
+6	0110	0110	0110
+5	0101	0101	0101
+4	0100	0100	0100
+3	0011	0011	0011
+2	0010	0010	0010
+1	0001	0001	0001
+0	0000	0000	0000
−1	1001	1110	1111
−2	1010	1101	1110
−3	1011	1100	1101
−4	1100	1011	1100
−5	1101	1010	1011
−6	1110	1001	1010
−7	1111	1000	1001

【例 1-13】 用二进制补码计算 $15+11$、$15-11$、$-15+11$、$-15-11$。

解：由于题中所给数字的运算结果的绝对值最大为 26,需要用 5 位二进制数才能表示, 再加上 1 位符号位,则每个数字需要用 6 位补码表示。

$$
\begin{array}{rl} +15 & 0\ 01111 \\ +11 & 0\ 01011 \\ \hline +26 & 0\ 11010 \end{array}
\qquad
\begin{array}{rl} +15 & 0\ 01111 \\ -11 & 1\ 10101 \\ \hline +4\ (1)0 & 00100 \end{array}
$$

$$
\begin{array}{rl} -15 & 1\ 10001 \\ +11 & 0\ 01011 \\ \hline -4 & 1\ 11100 \end{array}
\qquad
\begin{array}{rl} -15 & 1\ 10001 \\ -11 & 1\ 10101 \\ \hline -26(1)1 & 00110 \end{array}
$$

由上面的计算可以看出,补码运算能简化运算过程,可以把减法变成加法。

【提示】 补码运算结果的符号位是由两个加数的符号位和来自最高有效数字位的进位相加(舍弃进位)得到的。

1.2.4 常用的编码

数字系统中的信息有两种:数值信息和符号信息。用按一定规律排列的多位二进制数码表示某种数值、字母、符号信息,称为编码。编码的规律法则称为码制。编码是数的按"形"表示法。

在计算机等数字系统中,二进制代码是由 0、1 的不同组合构成的。这里的"二进制"并无"进位"的含义,只是强调采用的是二进制的数码符号而已。n 位二进制数可以有 2^n 种不同的组合,即可以代表 2^n 种不同的信息。下面介绍几种数字系统中常用的编码。

1. BCD 码

用 4 位二进制数码表示 1 位十进制数的代码,称为二-十进制码,简称 BCD(Binary Coded Decimal)码。4 位二进制数码共有 16 种组合,而 1 位十进制数只需要 10 种组合,因此,用 4 位二进制码表示 1 位十进制数的组合方案有许多种,表 1-3 列出了几种常用的 BCD 码。

表 1-3 几种常用的 BCD 码

十进制数	编码种类			
	8421 码	余 3 码	2421 码	5421 码
0	0000	0011	0000	0000
1	0001	0100	0001	0001
2	0010	0101	0010	0010
3	0011	0110	0011	0011
4	0100	0111	0100	0100
5	0101	1000	1011	1000
6	0110	1001	1100	1001
7	0111	1010	1101	1010
8	1000	1011	1110	1011
9	1001	1100	1111	1100
权	8 4 2 1	无权	2 4 2 1	5 4 2 1

【提示】 8421 码、2421 码、5421 码都属于有权码,而余 3 码属于无权码。

1) 8421 码

8421 码是最常用的一种 BCD 码,和自然二进制数码的组成相似,4 位代码的权值从高位到低位依次是 8、4、2、1。但不同的是,它只选取了 4 位自然二进制数码 16 个组合中的前 10 个组合,即 **0000~1001** 这 10 个十进制数,称为有效码。剩余的 6 个组合 **1010~1111** 没有采用,称为无效码。

8421 码是一种有权码,因而根据代码的组成便可知道它所代表的值。设 8421 码的各位为 $a_3a_2a_1a_0$,则它所代表的值为

$$N = 8a_3 + 4a_2 + 2a_1 + 1a_0 \tag{1-6}$$

式(1-6)是 8421 码的编码规则。可见 8421 码编码简单直观,只要直接按位转换就能很容易实现十进制数的代码转换。例如:

$$(509.31)_{10} = (0101 \quad 0000 \quad 1001. \quad 0011 \quad 0001)_{8421}$$

2) 2421 码

2421 码也是有权代码,4 位代码的权值从高位到低位依次是 2、4、2、1。设 2421 码的各位为 $a_3a_2a_1a_0$,则它所代表的值为

$$N = 2a_3 + 4a_2 + 2a_1 + 1a_0 \tag{1-7}$$

式(1-7)是 2421 码的编码规则,与 8421 码不同的是,2421 码的编码方案有多种,表 1-3 所示的是其中一种编码方案,它取 4 位自然二进制数码的前 5 种组合和后 5 种组合。

表 1-3 中的 2421 码是一种自反代码,或称为对 9 自补代码。只要把这种代码的各位取反,就得到另一种 2421 码。例如,2421 码 **0011** 代表十进制数 3,将其各位取反得 **1100**,它代表十进制数的 6,而 3+6=9,恰好是 3 对 9 的补码。

3) 余 3 码

余 3 码由 8421 码加 3(**0011**)得到。或者说是选取了 4 位自然二进制数码 16 个组合中的中间 10 个,而舍弃头、尾各 3 个组合。因此,余 3 码所代表的十进制数可由下式得到。

$$N = 8a_3 + 4a_2 + 2a_1 + 1a_0 - 3 \qquad (1\text{-}8)$$

式中,a_3, a_2, a_1, a_0 为余 3 码的各位数码(**0** 或 **1**)。

余 3 码是一种无权代码,该代码中的各位 **1** 不表示一个固定值,因而不直观,且容易搞错。余 3 码也是一种自补代码。例如,5 的余 3 码为 **1000**,将它的各位取反得 **0111**,即 4 的余 3 码,而 4 与 5 对 9 互补。

余 3 码也常用于 BCD 码的运算电路中。若将两个余 3 码相加,其和将比所表示的十进制数及所对应的二进制数多 6。当和为 10 时,正好等于二进制数的 16,于是便从高位自动产生进位信号。一个十进制数用余 3 码表示时,只要按位表示成余 3 码即可。例如:

$$(14.25)_{10} = (\textbf{0100 0111.0101 1000})_{\text{余}3}$$

2. 可靠性编码

代码在产生和传输过程中,难免发生错误。为减少错误的发生,或者在发生错误时能迅速地发现和纠正,在工程应用中普遍采用了可靠性编码。格雷码和奇偶校验码是其中最常用的两种。

1) 格雷码

格雷(Gray)码有多种编码形式,但所有格雷码都有两个显著的特点:一是相邻性;二是循环性。相邻性是指任意两个相邻的代码间仅有 1 位状态不同;循环性是指首尾的两个代码也具有相邻性。因此,格雷码也称循环码。表 1-4 列出了两种十进制数 0~9 的格雷码编码方案,可见格雷码的编码方案并不是唯一的。

格雷码不仅能对十进制数编码,也能对任意二进制数编码,表 1-5 列出了典型的 4 位二进制数与 4 位格雷码的对应关系。

表 1-4 十进制数的两种格雷码编码方案

十进制数	格雷码(方案 1)	格雷码(方案 2)
0	0000	0000
1	0001	0001
2	0011	0011
3	0010	0010
4	0110	0110
5	1110	0111
6	1010	0101
7	1011	0100
8	1001	1100
9	1000	1000

表 1-5 4 位格雷码与 4 位二进制数的对应关系

编码顺序	二进制数	格雷码
0	0000	0000
1	0001	0001
2	0010	0011
3	0011	0010
4	0100	0110
5	0101	0111
6	0110	0101
7	0111	0100
8	1000	1100
9	1001	1101
10	1010	1111
11	1011	1110
12	1100	1010
13	1101	1011
14	1110	1001
15	1111	1000

【**提示**】 格雷码是无权码,很难识别单个代码所代表的数值。

时序电路中采用格雷码编码时,能防止波形出现"毛刺",并可提高工作速度。这是因为其他编码方法表示的数码,在递增或递减过程中可能发生多位数码的变换。例如,8421 码表示的十进制数,7(**0111**)递增到 8(**1000**)时,4 位数码均发生了变化。但事实上,数字电路(如计数器)的各位输出不可能完全同时变化,这样在变化过程中就可能出现其他代码(中间结果输出),造成严重错误。比如可能出现下列情况:

$$7 \qquad 6 \qquad 4 \qquad 0 \qquad 8$$
$$0111 \rightarrow 0110 \rightarrow 0100 \rightarrow 0000 \rightarrow 1000$$

可见,中间的转换结果如果输出,就会造成转换错误。而格雷码由于其任何两个相邻代码(包括首尾两个)之间仅有 1 位状态不同,所以用格雷码表示的数在递增或递减过程中不易产生差错。

2) 奇偶校验码

数码在传输、处理过程中,有时会把 **1** 错成 **0**,**0** 错成 **1**。奇偶校验码是一种能够检验出这种差错的可靠性编码。其编码方法是在信息码字外增加 1 位监督码元。增加监督码元后,使得整个码字中 **1** 的数目为奇数或者为偶数。若为奇数,称为奇校验码;若为偶数,称为偶校验码。以 4 位二进制码为例,采用奇偶校验码时,其编码表列于表 1-6 中,校验码的最后一位为监督码元。

表 1-6　4 位二进制奇偶校验码

信 息 码	奇 校 验 码	偶 校 验 码
0000	00001	00000
0001	00010	00011
0010	00100	00101
0011	00111	00110
0100	01000	01001
0101	01011	01010
0110	01101	01100
0111	01110	01111
1000	10000	10001
1001	10011	10010
1010	10101	10100
1011	10110	10111
1100	11001	11000
1101	11010	11011
1110	11100	11101
1111	11111	11110

奇偶校验码具有发现一位错的能力。假如事先约定计算机中的代码都以偶检验码存入存储器,当代码从存储器中取出时,若检验出某个代码中 **1** 的个数不是偶数,则说明代码发生了错误。

1.3　逻辑代数及其运算规则

逻辑代数是分析和设计数字电路的数学工具,是由逻辑变量集、常量 0 和 1,以及逻辑运算符构成的代数系统。本节从实用的角度出发,首先介绍各种逻辑运算,然后介绍逻辑代数中的基本定理、定律和常用公式,以使读者能较系统地了解和掌握逻辑代数及其运算规则。

1.3.1　逻辑变量与基本逻辑运算

逻辑代数中的变量称为逻辑变量,可以用任何字母表示。逻辑变量分为两类:输入逻辑变量和输出逻辑变量。逻辑变量的取值只有两种:0 和 1。这里的 0 和 1 并没有数的含义,表示两种完全对立的逻辑状态。例如,若用 1 表示开关闭合,则 0 表示开关断开;1 表示电灯亮,则 0 表示电灯灭;1 表示高电平,则 0 表示低电平等。

逻辑代数中的基本逻辑运算有"与"逻辑运算(逻辑乘)、"或"逻辑运算(逻辑加)和"非"逻辑运算(逻辑反)三种。

1.　"与"(AND)逻辑运算

当决定某个事件的全部条件都具备时,才发生该事件,这种因果关系称为"与"逻辑关系。"与"逻辑最为常见的实际应用是串联开关照明电路(如图 1-2 所示)。

在图 1-2 中,开关 A、B(输入变量)的状态(闭合或断开)与电灯 Y(输出变量)的状态(亮和灭)之间存在确定的因果关系。显然,只有当串联的两个开关都闭合时,灯才能亮。如果规定开关闭合及灯亮为逻辑 1 状态,开关断开及灯灭为逻辑 0 状态,则开关 A 和 B 的全部状态组合与灯 Y 状态之间的关系如表 1-7 所示,这种图表叫作逻辑真值表,简称为真值表,这是逻辑关系的一种描述方法。

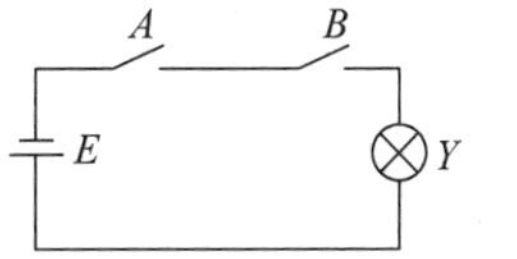

表 1-7　"与"逻辑的真值表

图 1-2　串联开关照明电路

A	B	Y	输出特点
0	**0**	**0**	有 **0** 出 **0**
0	**1**	**0**	
1	**0**	**0**	
1	**1**	**1**	全 **1** 出 **1**

"与"逻辑关系可以用表达式表示为

$$Y = A \cdot B \tag{1-9}$$

多变量的"与"逻辑关系可以用表达式表示为

$$Y = A \cdot B \cdot C \cdots \tag{1-10}$$

式(1-9)和式(1-10)中的"·"符号表示逻辑乘,又称为"与"逻辑运算符,在不需要强调的地方,"·"符号可以省略。

在数字电路中,将能实现逻辑运算的电路称为门电路(简称门),"与"门能实现"与"逻辑运算功能,其图形符号如图 1-3 所示,图中列举了三种符号,分别是国家标准符号、国内常用符号和国外常用符号。

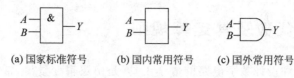

(a) 国家标准符号   (b) 国内常用符号   (c) 国外常用符号

图 1-3 "与"逻辑的图形符号

2. "或"(OR)逻辑运算

当决定某个事件的全部条件中有一个或一个以上条件具备时,才发生该事件,这种因果关系称为"或"逻辑关系。

"或"逻辑最为常见的实际应用是并联开关照明电路,如图 1-4 所示。只要并联的两个开关 A、B 有一个或全部闭合时,灯 Y 就会亮。只有两个开关都断开时,灯 Y 才会灭。

"或"逻辑的真值表如表 1-8 所示。

表 1-8 "或"逻辑的真值表

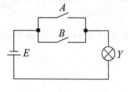

图 1-4 并联开关照明电路

A	B	Y	输出特点
0	0	0	全 0 出 0
0	1	1	有 1 出 1
1	0	1	
1	1	1	

"或"逻辑关系可以用表达式表示为

$$Y = A + B \tag{1-11}$$

多变量的"或"逻辑关系可以用表达式表示为

$$Y = A + B + C + \cdots \tag{1-12}$$

式(1-11)和(1-12)中的"+"符号表示逻辑加,又称为"或"逻辑运算符。

"或"门能实现"或"逻辑运算功能,其图形符号如图 1-5 所示。

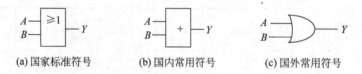

(a) 国家标准符号   (b) 国内常用符号   (c) 国外常用符号

图 1-5 "或"逻辑的图形符号

3. "非"(NOT)逻辑运算

"非"逻辑运算也称为逻辑反。数字电路中实现"非"逻辑的反相器,在实际应用中经常使用。

决定某一事件的条件满足时,该事件不会发生;反之事件会发生,这种因果关系称为"非"逻辑关系。

"非"逻辑的实际应用是开关与负载并联的控制电路,如图 1-6 所示。当开关 A 闭合时,灯 Y 被开关 A 短路而熄灭。当开关 A 断开时,灯 Y 才有电流通过,会点亮。

"非"逻辑的真值表如表 1-9 所示。

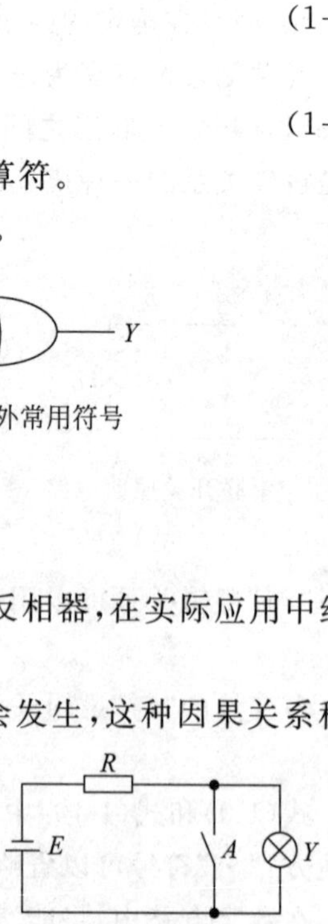

图 1-6 开关与负载并联的控制电路

表 1-9 "非"逻辑的真值表

A	Y	输 出 特 点
0	1	有 0 出 1
1	0	有 1 出 0

"非"逻辑的表达式为

$$Y = \overline{A} \tag{1-13}$$

【提示】 在符号上方的"—"号表示"非",$\overline{A}$ 读作"A 非"或"A 反"。显然,A 和 $\overline{A}$ 是互反的变量。

能实现"非"逻辑运算功能的电路称为"非"门,其图形符号如图 1-7 所示。

(a)国家标准符号   (b)国内常用符号   (c)国外常用符号

图 1-7 "非"逻辑的图形符号

1.3.2 复合逻辑运算

"与""或""非"是三种基本逻辑运算,实际的逻辑问题往往比"与""或""非"复杂得多。不过这些复杂的逻辑运算都可以通过三种基本的逻辑运算组合而成,称为复合逻辑运算。最常见的复合逻辑运算有:"与非"运算、"或非"运算、"异或"运算、"同或"运算以及"与或非"运算等。其表达式、真值表、图形符号及逻辑功能特征如表 1-10 和表 1-11 所示。

表 1-10 几种常见的复合逻辑运算

逻辑关系	与非	或非	异或	同或	与或非
表达式	$Y = \overline{A \cdot B}$	$Y = \overline{A + B}$	$Y = \overline{A}B + A\overline{B}$ $= A \oplus B$	$Y = \overline{A}\overline{B} + AB$ $= A \odot B$	$Y = \overline{AB + CD}$
图形符号	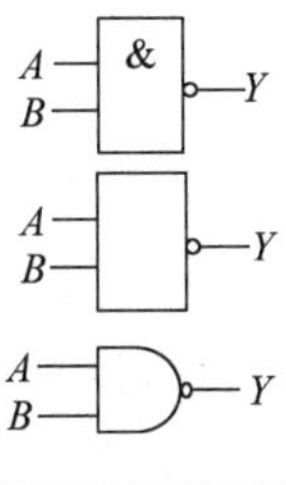	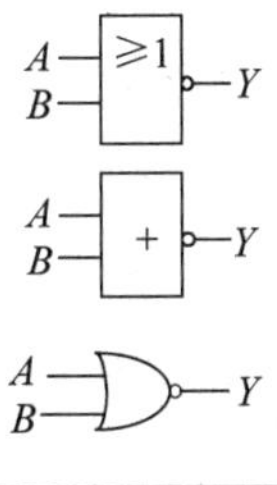	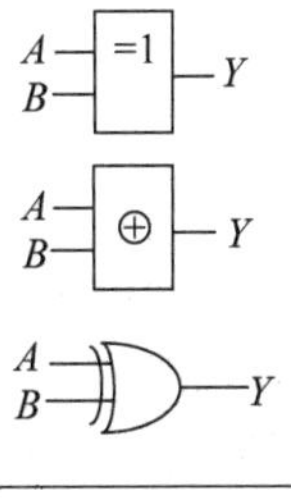	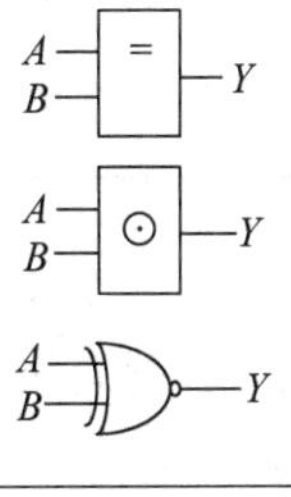	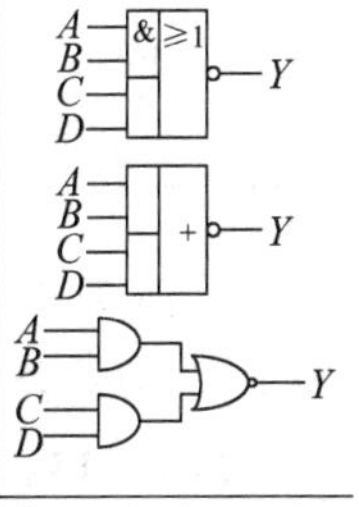
功能特征	输入全 1 时,输出为 0	输入全 0 时,输出为 1	输入相异时,输出为 1	输入相同时,输出为 1	与项全为 0 时,输出为 1

真值表	A	B	Y	Y	Y	Y	
	0	0	1	1	0	1	见表 1-11
	0	1	1	0	1	0	
	1	0	1	0	1	0	
	1	1	0	0	0	1	

表 1-11 "与或非"运算的真值表

$ABCD$	Y	$ABCD$	Y
0 0 0 0	1	1 0 0 0	1
0 0 0 1	1	1 0 0 1	1
0 0 1 0	1	1 0 1 0	1
0 0 1 1	0	1 0 1 1	0
0 1 0 0	1	1 1 0 0	0
0 1 0 1	1	1 1 0 1	0
0 1 1 0	1	1 1 1 0	0
0 1 1 1	0	1 1 1 1	0

1.3.3 逻辑代数的基本公式

依据逻辑变量的取值只有 **0** 和 **1**,基本逻辑运算只有 3 种的情况,容易推出逻辑代数的基本公式,如表 1-12 所示,又称为逻辑代数的公理、布尔恒等式。

表 1-12 逻辑代数的基本公式

名　称	公　式	
0-1 律	$\overline{0}=1$	$\overline{1}=0$
	$0 \cdot A=0$	$1+A=1$
	$1 \cdot A=A$	$0+A=A$
交换律	$A \cdot B=B \cdot A$	$A+B=B+A$
结合律	$A \cdot (B \cdot C)=(A \cdot B) \cdot C$	$A+(B+C)=(A+B)+C$
分配律	$A \cdot (B+C)=A \cdot B+A \cdot C$	$A+B \cdot C=(A+B) \cdot (A+C)$
吸收律	$A \cdot (A+B)=A$	$A+A \cdot B=A$
重复律	$A \cdot A=A$	$A+A=A$
互补律	$A \cdot \overline{A}=0$	$A+\overline{A}=1$
还原律	$\overline{\overline{A}}=A$	
反演律	$\overline{A \cdot B}=\overline{A}+\overline{B}$	$\overline{A+B}=\overline{A} \cdot \overline{B}$

反演律又称为德·摩根(De Morgan)定律,在逻辑函数的化简及变换中经常用到。表 1-12 中的公式可以通过列真值表的方法、归纳的方法或公式法来证明。

【例 1-14】 证明表 1-12 中的分配律 $A+B \cdot C=(A+B) \cdot (A+C)$。

解: 假设分配律以前的公式成立,则有

$$A+B \cdot C = A(1+B+C)+BC$$
$$= A+AB+AC+BC$$
$$= AA+AB+AC+BC$$
$$= (AA+AC)+(AB+BC)$$
$$= A(A+C)+B(A+C)$$
$$= (A+B) \cdot (A+C)$$

表 1-12 中,某些公式与普通代数中的公式相同,但有些公式是逻辑代数中特有的,如例 1-14 中证明的加对乘的分配律就是逻辑代数中特有的公式。

【例 1-15】 用真值表法证明德·摩根定律。

解:将 A、B 的所有取值组合代入德·摩根定律表达式的两边,将取值对应列成如表 1-13 所示的真值表。

表 1-13 证明德·摩根定律的真值表

A B	$\overline{A \cdot B}$	$\overline{A} + \overline{B}$	$\overline{A + B}$	$\overline{A} \cdot \overline{B}$
0 0	1	1	1	1
0 1	1	1	0	0
1 0	1	1	0	0
1 1	0	0	0	0

由表 1-13 可知,等式两边的真值表相同,故有等式 $\overline{A \cdot B} = \overline{A} + \overline{B}$ 和 $\overline{A + B} = \overline{A} \cdot \overline{B}$ 成立。

1.3.4 逻辑代数的基本定理

逻辑代数中的主要定理有代入定理、反演定理、对偶定理等,本节主要介绍这些定理的内容及应用。

1. 代入定理

在一个逻辑等式中,若将等式两边出现的某变量 A 都用同一个逻辑式替代,则替代后等式仍然成立,这个规则称为"代入定理"。

代入定理的正确性是由逻辑变量的二值性保证的,因为逻辑变量只有 0 和 1 两种取值,无论 $A = 0$ 还是 $A = 1$,代入逻辑等式后,等式一定成立。

代入定理在推导公式中有很大用途,将已知等式中的某一个变量用任意一个等式代替后,得到一个新的等式,扩大了等式的应用范围。

【例 1-16】 已知 $\overline{A \cdot B} = \overline{A} + \overline{B}$,试证明 $\overline{A \cdot B \cdot C} = \overline{A} + \overline{B} + \overline{C}$。

证明:将等式 $\overline{A \cdot B} = \overline{A} + \overline{B}$ 中两边的变量 B 都用同一个等式 $M = B \cdot C$ 替代

$$\overline{A \cdot M} = \overline{A} + \overline{M}$$

$$\overline{A \cdot M} = \overline{A \cdot (B \cdot C)} = \overline{A} + \overline{B \cdot C}$$

$$\overline{A \cdot B \cdot C} = \overline{A} + \overline{B \cdot C} = \overline{A} + \overline{B} + \overline{C}$$

这个例子证明了德·摩根定律的一个推广等式,另一个等式可以用类似的方法证明。

2. 反演定理

对任何一个逻辑式 Y,如果将式中所有的"·"换成"+","+"换成"·",0 换成 1,1 换成 0,原变量换成反变量,反变量换成原变量,则可以得到原逻辑式 Y 的反逻辑式 $\overline{Y}$,这种变换规则称为"反演定理"。

在应用反演定理变换时,必须注意下面的问题:

(1)变换后的运算顺序要保持变换前的运算优先顺序,必要时可以加括号表明运算的顺序。

(2)反变量换成原变量只对单个变量有效,而"与非"及"或非"等运算的长非号则保持不变。

【例 1-17】 已知逻辑式 $Y=A \cdot \overline{B+C}+CD$，试用反演定理求其反逻辑式 $\overline{Y}$。

解：根据反演定理可以得到

$$\overline{Y}=\overline{A \cdot \overline{B+C}+CD}$$
$$=(\overline{A}+\overline{\overline{B} \cdot \overline{C}})(\overline{C}+\overline{D})$$
$$=(\overline{A}+B+C)(\overline{C}+\overline{D})$$
$$=\overline{A}\overline{C}+\overline{A}\overline{D}+B\overline{C}+B\overline{D}+C\overline{D}$$

反演定理的意义在于，利用它可以比较容易地求出一个逻辑式的反逻辑式。

利用德·摩根定律也可以求一个逻辑式的反逻辑式，它只是反演定理的一个特例，只需要对原逻辑式的两边同时求反，然后用德·摩根定律变换即可。

【例 1-18】 用德·摩根定律求 $Y=\overline{A} \cdot \overline{B}+C \cdot D$ 的反逻辑式 $\overline{Y}$。

解：由德·摩根定律得

$$\overline{Y}=\overline{\overline{A} \cdot \overline{B}+C \cdot D}$$
$$=\overline{\overline{A} \cdot \overline{B}} \cdot \overline{C \cdot D}$$
$$=(A+B) \cdot (\overline{C}+\overline{D})$$
$$=A\overline{C}+A\overline{D}+B\overline{C}+B\overline{D}$$

可见，若用反演定理，则可以很容易地写出 Y 的反逻辑式。

3. 对偶定理

对任何一个逻辑式 Y，如果将式中所有的"·"换成"+"，"+"换成"·"，"0"换成"1"，"1"换成"0"，这样得到一个新的逻辑式 Y'。Y 和 Y' 互为对偶式，这种变换规则称为"对偶定理"。

进行对偶变换时，要注意保持变换前运算的优先顺序不变。

【例 1-19】 已知逻辑式 $Y_1=\overline{\overline{A}+\overline{B}+\overline{C}}$，$Y_2=\overline{\overline{A} \cdot \overline{B} \cdot \overline{C}}$，分别求它们的对偶式。

解：根据对偶定理可得

$$Y_1'=\overline{\overline{A} \cdot \overline{B} \cdot \overline{C}} \qquad Y_2'=\overline{\overline{A}+\overline{B}+\overline{C}}$$

对偶定理的意义在于，若两个逻辑式相等，则其对偶式也一定相等。

利用对偶定理，可以把逻辑代数的基本公式扩展一倍，如表 1-12 中对应的两列公式就是互为对偶式。

【例 1-20】 求逻辑式 $Y=(A+\overline{C})\overline{B}+A(\overline{B}+\overline{C})$ 的对偶式 Y'。

解：根据对偶定理可得

$$Y'=(A \cdot \overline{C}+\overline{B}) \cdot (A+\overline{B} \cdot \overline{C})$$
$$=(A+\overline{B})(\overline{C}+\overline{B})(A+\overline{B})(A+\overline{C})$$
$$=(A+\overline{B})(\overline{C}+\overline{B})(A+\overline{C})$$
$$=(A+\overline{C})\overline{B}+A(\overline{B}+\overline{C})$$
$$=Y$$

由计算结果可知，逻辑式 $Y=Y'$，称其为自对偶逻辑式。

【提示】 Y 的对偶式 Y' 和反逻辑式 $\overline{Y}$ 是不同的，求对偶式时不需要将原变量、反变量互换。

1.3.5 逻辑代数的常用公式

利用表 1-12 中的基本公式以及基本定理,可以得到更多的常用公式,熟练掌握和使用这些公式将对化简逻辑函数带来很大方便。

公式 1

$$A + \overline{A}B = A + B \tag{1-14}$$

证明:由表 1-12 中的加对乘的分配律公式可得

$$A + \overline{A}B = (A + \overline{A})(A + B) = A + B$$

公式 1 的含义:两个乘积项相加时,如果一项取反后是另一项的因子,则此因子是多余的,可以消去。

根据对偶定理,将式(1-14)的等号两边求对偶可得

$$A(\overline{A} + B) = AB \tag{1-15}$$

公式 2

$$AB + A\overline{B} = A \tag{1-16}$$

证明:由表 1-12 中的乘对加的分配律公式可得

$$AB + A\overline{B} = A(B + \overline{B}) = A$$

公式 2 的含义:在"与或"表达式中,若两个"与"项中分别包含了一个变量的原变量和反变量,而其余因子又相同,则这两个"与"项可以合并成一项,保留其相同的因子。

根据对偶定理,将式(1-16)的等号两边求对偶可得

$$(A + B)(A + \overline{B}) = A \tag{1-17}$$

公式 3

$$AB + \overline{A}C + BC = AB + \overline{A}C \tag{1-18}$$

证明:由互补律公式可得

$$\begin{aligned}
AB + \overline{A}C + BC &= AB + \overline{A}C + BC(A + \overline{A}) \\
&= AB + \overline{A}C + ABC + \overline{A}CB \\
&= AB + \overline{A}C
\end{aligned}$$

推论:

$$AB + \overline{A}C + BCD\cdots = AB + \overline{A}C \tag{1-19}$$

证明:由式(1-18)可得

$$\begin{aligned}
AB + \overline{A}C + BCD\cdots &= AB + \overline{A}C + BC + BCD\cdots \\
&= AB + \overline{A}C + BC \\
&= AB + \overline{A}C
\end{aligned}$$

公式 3 的含义:在一个"与或"表达式中,一个"与"项包含了一个变量的原变量,而另一个"与"项包含了这个变量的反变量,则这两个"与"项中其余因子的乘积构成的第三项是多余的,可以消去。因此,有时也将这两个公式称为冗余律。

根据对偶定理,将式(1-18)的等号两边求对偶可得

$$(A + B) \cdot (\overline{A} + C) \cdot (B + C) = (A + B)(\overline{A} + C) \tag{1-20}$$

公式 4

$$\overline{\overline{A}B + A\overline{B}} = \overline{A}B + AB \tag{1-21}$$

证明：由反演律得

$$\overline{\overline{A}B + A\overline{B}} = (\overline{\overline{A}B}) \cdot (\overline{A\overline{B}})$$
$$= (A + \overline{B})(\overline{A} + B)$$
$$= A\overline{A} + AB + \overline{A}\,\overline{B} + B\overline{B}$$
$$= \overline{A}\,\overline{B} + AB$$

由于 $A \oplus B = \overline{A}B + A\overline{B}$，$A \odot B = \overline{A}\,\overline{B} + AB$，所以式(1-21)可以写为

$$\overline{A \oplus B} = A \odot B \tag{1-22}$$

利用基本公式和基本定理还可以导出更多的公式，这里不再赘述。

1.4 逻辑函数及其表示方法

1.4.1 逻辑函数的定义

在研究事件的因果关系时，决定事件变化的因素称为逻辑自变量，对应事件的结果称为逻辑因变量，也叫逻辑结果。以某种形式表示逻辑自变量与逻辑结果之间的函数关系称为逻辑函数。例如，当逻辑自变量 A、B、C、D、… 的取值确定后，逻辑因变量 Y 的取值也就唯一确定了，则称 Y 是 A、B、C、D、… 的逻辑函数，记作 $Y = f(A, B, C, D, \cdots)$。

任何一种因果关系都可以用逻辑函数来描述。例如前面基本逻辑运算中图 1-2 所示的串联开关照明电路，它实现的功能是当开关 A 和 B 同时闭合时灯亮，有一个或两个开关断开时灯灭。这个因果关系可以用逻辑函数来描述，即灯 Y 的亮灭状态是开关 A 和 B 开关状态的逻辑函数，记为 $Y = f(A, B) = A \cdot B$。

1.4.2 逻辑函数的表示方法

逻辑函数常用的表示方法有逻辑真值表(简称真值表)、逻辑表达式(也称逻辑式或函数式)、卡诺图、逻辑图、波形图等。下面结合实例介绍这些表示方法。

1. 真值表

将输入变量所有的取值下对应的输出逻辑函数值找出来，列成表格，即可得到真值表。每一个输入变量有 0、1 两个取值，对于一个逻辑电路，若有 n 个输入变量，则 n 个变量各种可能取值的组合有 2^n 种，其对应的逻辑函数值就有 2^n 个，如前面各种逻辑运算的真值表。真值表可以直观地反映出逻辑函数的输出与输入之间的因果关系。

【例 1-21】 试用真值表法描述一个逻辑函数，以判断输入的三个变量中是否有奇数个 1。

解：设输入的三个变量为 A、B、C，输出变量为 Y。当输入的三个变量中有奇数个 1 时，Y 为 1，否则 Y 为 0。描述这一函数的真值表如表 1-14 所示。

2. 逻辑表达式

用"与""或""非"等逻辑运算的组合形式表示输入、输出逻辑变量之间关系的逻辑代数式称为逻辑表达式。逻辑表达式表示方法简洁，也便于利用代数法对逻辑函数进行化简。例如，描述串联开关照明电路的逻辑函数可以用逻辑表达式 $Y = A \cdot B$ 来表示。

逻辑表达式有"与或"式和"或与"式之分。"与或"式由若干乘积项之和构成；"或与"式由若干和项之积构成。

表 1-14 例 1-21 的逻辑函数真值表

A	B	C	Y
0	0	0	0
0	0	1	1
0	1	0	1
0	1	1	0
1	0	0	1
1	0	1	0
1	1	0	0
1	1	1	1

一个逻辑函数的表达式不是唯一的,可以有多种形式,并且能相互变换。这种变换在逻辑电路的分析和设计中经常用到。常见的逻辑表达式主要有"与或"式、"与或非"式、"或与"式、"与非-与非"式和"或非-或非"式等。

【例 1-22】 将逻辑函数与或表达式 $Y=\overline{A}C+B\overline{C}$ 分别变换为"与非-与非"式、"与或非"式、"或与"式及"或非-或非"式。

解:(1)对给定的"与或"式两次求反,上面的反号不动,下面的反号用德·摩根定律,就可以得到其"与非-与非"式。

$$Y = \overline{A}C + B\overline{C} = \overline{\overline{\overline{A}C + B\overline{C}}} = \overline{\overline{\overline{A}C} \cdot \overline{B\overline{C}}}$$

(2)用反演定理求 $\overline{Y}$ 的"与或"式,再对 $\overline{Y}$ 求反,就可以得到"与或非"式。

$$\overline{Y} = \overline{\overline{A}C + B\overline{C}} = (A + \overline{C})(\overline{B} + C) = A\overline{B} + AC + \overline{C}\,\overline{B} + \overline{C}C = AC + \overline{BC}$$

$$Y = \overline{\overline{Y}} = \overline{AC + \overline{BC}}$$

(3)对"与或非"式两次用德·摩根定律,可以得到"或与"式。

$$Y = \overline{AC + \overline{B}\overline{C}} = \overline{AC}\ \overline{\overline{B}\overline{C}} = (\overline{A} + \overline{C})(B + C)$$

(4)对"或与"式两次求反,上面的反号不动,下面的反号用德·摩根定律,可以得到"或非-或非"式。

$$Y = (\overline{A} + \overline{C})(B + C) = \overline{\overline{(\overline{A} + \overline{C})(B + C)}} = \overline{\overline{\overline{A} + \overline{C}} + \overline{B + C}}$$

3. 卡诺图

卡诺图是美国工程师卡诺(Karnaugh)首先提出的,是一种逻辑函数的图形表示方法。卡诺图是由表示逻辑变量的所有可能取值组合的小方格构成的图形,图 1-8 所示的是二至四变量的卡诺图。

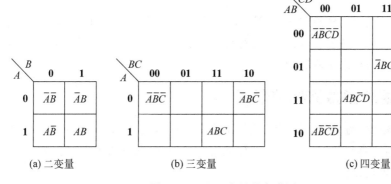

(a) 二变量 (b) 三变量 (c) 四变量

图 1-8 二至四变量的卡诺图

卡诺图的左上角是所有变量的集中表示,而边框外标注的数码表示对应变量是原变量还是反变量,标注的数码 **1** 表示原变量,数码 **0** 表示反变量。例如图 1-8(a)所示两个变量的卡诺图中,第一行表示 $\overline{A}$,第二行表示 A;第一列表示 $\overline{B}$,第二列表示 B。若变量数为 n,则卡诺图中小方格的个数为 2^n,正好表示 n 个变量的 2^n 个可能的取值组合。卡诺图可以看成是真值表的变形,真值表的一行对应卡诺图的一个小方格。图 1-8 中的卡诺图每个小方格中所填内容为这个小方格表示的变量组合,实际绘制逻辑函数的卡诺图时,小方格中应当填写该小方格对应的逻辑值(通常只填逻辑值为 1 的小方格)。例如,逻辑函数 $Y = A \cdot B$ 的卡诺图如图 1-9 所示(逻辑值 **0** 可省略,所以这里用( )标注)。

图 1-9 函数 $Y = A \cdot B$ 的卡诺图

【提示】 卡诺图边框外标注的数码按格雷码的顺序排列,其目的是使几何相邻的小方格之间只差一个变量不同(称为逻辑相邻),便于化简逻辑函数。

4. 逻辑图

逻辑图是指将逻辑表达式中的"与""或""非"等逻辑关系用对应的逻辑符号表示得到的图形。逻辑图和逻辑表达式之间有着严格的一一对应关系,它们之间的互相转换比较方便,这在后面的小节中会举例说明。但是逻辑图和逻辑真值表一样,也不能直接运用公式和定理进行运算和变换。逻辑图是电路设计结果的表现形式。图 1-10 所示的是逻辑函数 $Y = \overline{A(B+C)}$ 的逻辑图。

5. 波形图

逻辑函数还可以用输入输出的波形图来表示,图 1-11 是函数 $Y = A \cdot B$ 的波形图。

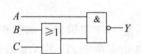

图 1-10 逻辑函数 $Y = \overline{A(B+C)}$ 的逻辑图

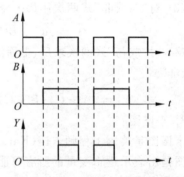

图 1-11 函数 $Y = A \cdot B$ 的波形图

从图 1-11 中可看出,任意时刻的输出 Y 都是输入变量 A 和 B 相"与"的结果。

逻辑函数除上述 5 种表示方法外,还有其他表示方法,如阵列图、硬件描述语言等方法,读者可以参考其他教材来了解有关内容。

1.4.3　逻辑函数的标准形式

一个逻辑函数的"与或"式和"或与"式可以有多种形式,有的简单,有的复杂。但这些"与或"表达式或者"或与"表达式中,有一种最规范的形式,称为标准形式,分别称作最小项表达式和最大项表达式。

1. 逻辑函数的最小项表达式

1）最小项

如果 P 是由 n 个变量组成的一个"与"项,在 P 中每个变量都以原变量或反变量作为一个因子出现一次且仅出现一次,则称 P 为这 n 个变量的一个最小项。显然,n 个变量一共有 2^n 个最小项。

根据上述定义,以三个变量 A、B、C 为例,它们共有 $2^3 = 8$ 种取值组合:000、001、010、011、100、101、110 和 111。其对应的"与"项为

$$\overline{A}\,\overline{B}\,\overline{C}、\overline{A}\,\overline{B}C、\overline{A}B\overline{C}、\overline{A}BC、A\overline{B}\,\overline{C}、A\overline{B}C、AB\overline{C}、ABC$$

这些"与"项的共同特点是:每个"与"项都有三个因子;在每个"与"项中,A、B、C 每个变量都以原变量或反变量的形式出现且仅出现一次。称这 8 个"与"项为三个变量 A、B、C 的 8 个最小项。

2）最小项的编号

为了书写和使用方便,对最小项采用编号的形式,记作 m_i。编号的方法是将最小项所对应的取值组合看成二进制数,原变量为 1,反变量为 0,然后将二进制数转换成十进制数,该十进制数就是这个最小项的项号,即下标 i。

例如,三个变量 A、B、C 的一个最小项 $\overline{A}\,\overline{B}C$ 对应的变量取值组合为 001,将 001 看成二进制数,所对应的十进制数是 1,即 $(001)_2 = (1)_{10}$,所以 $\overline{A}\,\overline{B}C$ 的编号是 1,记作 m_1。

3）最小项的性质

最小项具有如下性质:

(1) 任何一个最小项都对应一组变量取值组合,有且只有一组变量取值组合使它的值为 1。例如,在三变量 A、B、C 的最小项中,当 $A=1$,$B=0$,$C=1$时,$A\overline{B}C = m_5 = 1$。同样的道理,在三变量 A、B、C 的最小项中,当 $A=1$,$B=1$,$C=1$时,$ABC = m_7 = 1$。

(2) 任何两个最小项的乘积为 0。例如,$\overline{A}\,\overline{B}\,\overline{C} \cdot \overline{A}\,\overline{B}C = m_0 \cdot m_3 = 0$。这个性质可由性质(1)来证明。

(3) 全部最小项的和为 1。这个性质可由性质(1)来证明。

(4) 具有逻辑相邻性的两个最小项之和可以合并成一项并消去一对因子。例如,三变量的最小项 $\overline{A}B\overline{C}$ 和 $\overline{A}BC$ 只有一个变量不同,它们在逻辑上相邻,则 $\overline{A}B\overline{C} + \overline{A}BC = \overline{A}B$。

4）最小项表达式

由给定函数的最小项之和所组成的逻辑表达式称为最小项表达式,又叫标准"与或"式。为书写和使用方便,可以用"$\sum$"表示累计"或"运算,用圆括号内的十进制数表示参与"或"运算的各最小项的项号。

【提示】 任何一个逻辑函数都有唯一的最小项表达式。

求取最小项表达式的一般方法是:对给定的"与或"表达式中所有非最小项的"与"项乘以其所缺变量的原变量、反变量之和(因为原变量、反变量之和总是 1,即 $A + \overline{A} = 1$),这样就可以把非最小项所缺的变量补齐,成为最小项。

除上述方法外,还可以采用列函数真值表的方法,将逻辑值为 1 的变量取值组合对应的最小项累加,就是该函数的最小项表达式,相关方法在 1.4.4 节"逻辑函数表示方法间的转

换"中详细讨论。

【例 1-23】 已知逻辑函数 $Y = AB + BC$，求 Y 的最小项表达式。

解：利用公式 $A + \overline{A} = 1$，补齐非最小项所缺的变量，即

$$Y = AB + BC = AB(C + \overline{C}) + BC(A + \overline{A})$$
$$= ABC + AB\overline{C} + ABC + \overline{A}BC$$
$$= ABC + AB\overline{C} + \overline{A}BC$$
$$= m_3 + m_6 + m_7$$
$$= \sum(3, 6, 7)$$

最小项表达式有如下性质，这些性质的证明较复杂，这里不再给出，读者可通过实例验证这些性质。

（1）若 m_i 是某个逻辑函数的最小项表达式中的一个最小项，则使 $m_i = 1$ 的一组变量取值必使该逻辑函数值为 **1**。

（2）反函数的最小项表达式由原函数的最小项表达式所包含的最小项之外的所有最小项组成。

2. 逻辑函数的最大项表达式

1）最大项

最大项的定义可以仿照最小项的定义：如果 P 是由 n 个变量组成的一个"或"项，在 P 中每个变量都以原变量或反变量出现一次且仅出现一次，则称 P 为 n 个变量的一个最大项。显然，n 个变量一共有 2^n 个最大项。

三个变量 A、B、C 的 8 个最大项为

$$\overline{A} + \overline{B} + \overline{C}, \overline{A} + \overline{B} + C, \overline{A} + B + \overline{C}, \overline{A} + B + C, A + \overline{B} + \overline{C}, A + \overline{B} + C, A + B + \overline{C}, A + B + C$$

与最小项类似，最大项用 M_i 表示。编号的方法与最小项相反，即用 **0** 代表原变量，**1** 代表反变量，依此确定最大项所对应的编号，如最大项 $\overline{A} + \overline{B} + C$ 记为 M_6。

将四变量的最小项和最大项列于表 1-15 中，以使读者能更清楚地了解最小项和最大项的定义。

表 1-15　四变量的最小项和最大项

$ABCD$ 取值组合	对应的 最小项 m_i	对应的 最大项 M_i	$ABCD$ 取值组合	对应的 最小项 m_i	对应的 最大项 M_i
0000	$\overline{A}\,\overline{B}\,\overline{C}\,\overline{D} = m_0$	$A + B + C + D = M_0$	1000	$A\overline{B}\,\overline{C}\,\overline{D} = m_8$	$\overline{A} + B + C + D = M_8$
0001	$\overline{A}\,\overline{B}\,\overline{C}D = m_1$	$A + B + C + \overline{D} = M_1$	1001	$A\overline{B}\,\overline{C}D = m_9$	$\overline{A} + B + C + \overline{D} = M_9$
0010	$\overline{A}\,\overline{B}C\overline{D} = m_2$	$A + B + \overline{C} + D = M_2$	1010	$A\overline{B}C\overline{D} = m_{10}$	$\overline{A} + B + \overline{C} + D = M_{10}$
0011	$\overline{A}\,\overline{B}CD = m_3$	$A + B + \overline{C} + \overline{D} = M_3$	1011	$A\overline{B}CD = m_{11}$	$\overline{A} + B + \overline{C} + \overline{D} = M_{11}$
0100	$\overline{A}B\overline{C}\,\overline{D} = m_4$	$A + \overline{B} + C + D = M_4$	1100	$AB\overline{C}\,\overline{D} = m_{12}$	$\overline{A} + \overline{B} + C + D = M_{12}$
0101	$\overline{A}B\overline{C}D = m_5$	$A + \overline{B} + C + \overline{D} = M_5$	1101	$AB\overline{C}D = m_{13}$	$\overline{A} + \overline{B} + C + \overline{D} = M_{13}$
0110	$\overline{A}BC\overline{D} = m_6$	$A + \overline{B} + \overline{C} + D = M_6$	1110	$ABC\overline{D} = m_{14}$	$\overline{A} + \overline{B} + \overline{C} + D = M_{14}$
0111	$\overline{A}BCD = m_7$	$A + \overline{B} + \overline{C} + \overline{D} = M_7$	1111	$ABCD = m_{15}$	$\overline{A} + \overline{B} + \overline{C} + \overline{D} = M_{15}$

2）最大项的性质

这里不加证明地给出最大项的性质：

（1）任何一个最大项都对应一组变量取值组合，有且只有一组变量取值组合使它的值

为 **0**。

（2）任何两个不同最大项的和为 **1**。

（3）全部最大项的积为 **0**。

（4）只有一个变量不同的两个最大项的乘积等于各相同变量之和。

3）最大项表达式

由给定逻辑函数的最大项之积所组成的逻辑表达式称为逻辑函数的最大项表达式，又叫标准"或与"式，可以用"$\prod$"表示累计"与"运算，用圆括号内的十进制数表示参与"与"运算的各最大项的项号。

【提示】　任何一个逻辑函数都有唯一的最大项表达式。

最大项表达式的求取方法：对给定的"或与"表达式中所有非最大项的"或"项加上其所缺变量的原变量、反变量之积（因原变量、反变量之积总为 **0**，即 $A\overline{A}=0$），补齐所缺变量。

【例 1-24】　已知逻辑函数 $Y=(A+B)(B+C)$，求 Y 的最大项表达式。

解：利用公式 $A\overline{A}=0$，对所缺变量补齐，则得

$$Y=(A+B)(B+C)$$
$$=(A+B+C\overline{C})(A\overline{A}+B+C)$$
$$=(A+B+C)(A+B+\overline{C})(A+B+C)(\overline{A}+B+C)$$
$$=(A+B+C)(A+B+\overline{C})(\overline{A}+B+C)$$
$$=M_0 \cdot M_1 \cdot M_4$$
$$=\prod(0,1,4)$$

3. 最小项和最大项的关系

这里以三变量的最小项和最大项为例，通过求最小项的反式和对偶式来探讨它们之间的关系，如表 1-16 所示。

表 1-16　三变量的最小项和最大项关系

m_i	$\overline{m}_i$	m_i'
$m_0=\overline{A}\,\overline{B}\,\overline{C}$	$\overline{m}_0=A+B+C=M_0$	$m_0'=\overline{A}+\overline{B}+\overline{C}=M_7$
$m_1=\overline{A}\,\overline{B}C$	$\overline{m}_1=A+B+\overline{C}=M_1$	$m_1'=\overline{A}+\overline{B}+C=M_6$
$m_2=\overline{A}B\overline{C}$	$\overline{m}_2=A+\overline{B}+C=M_2$	$m_2'=\overline{A}+B+\overline{C}=M_5$
$m_3=\overline{A}BC$	$\overline{m}_3=A+\overline{B}+\overline{C}=M_3$	$m_3'=\overline{A}+B+C=M_4$
$m_4=A\overline{B}\,\overline{C}$	$\overline{m}_4=\overline{A}+B+C=M_4$	$m_4'=A+\overline{B}+\overline{C}=M_3$
$m_5=A\overline{B}C$	$\overline{m}_5=\overline{A}+B+\overline{C}=M_5$	$m_5'=A+\overline{B}+C=M_2$
$m_6=AB\overline{C}$	$\overline{m}_6=\overline{A}+\overline{B}+C=M_6$	$m_6'=A+B+\overline{C}=M_1$
$m_7=ABC$	$\overline{m}_7=\overline{A}+\overline{B}+\overline{C}=M_7$	$m_7'=A+B+C=M_0$

由表 1-16 可知，最小项取反即为最大项，最大项取反即为最小项，即

$$\overline{m}_i=M_i \quad 或 \quad \overline{M}_i=m_i$$

所以，变量数相同的最小项和最大项之和等于 **1**，即成互补关系：$m_i+M_i=1$。

最小项的对偶式与最大项的关系为

$$m_i'=M_j \text{ 且 } i+j=2^n-1 \quad (n \text{ 为变量数})$$

【例 1-25】 已知逻辑函数 $Y=\overline{A}B+B\overline{C}+A\overline{B}C$,求 $Y,\overline{Y}$ 和 Y' 的最小项表达式及最大项表达式。

解：先求 Y 的最小项表达式,依据公式 $A+\overline{A}=1$,补齐所缺变量,则得

$$Y=\overline{A}B+B\overline{C}+A\overline{B}C$$
$$=\overline{A}B(C+\overline{C})+(A+\overline{A})B\overline{C}+A\overline{B}C$$
$$=\overline{A}BC+\overline{A}B\overline{C}+AB\overline{C}+\overline{A}B\overline{C}+A\overline{B}C$$
$$=\overline{A}BC+\overline{A}B\overline{C}+AB\overline{C}+A\overline{B}C$$
$$=\sum(2,3,5,6)$$

根据最小项表达式的性质(2),可以写出逻辑函数 Y 的反函数 $\overline{Y}$ 的最小项表达式,它由 Y 包含的最小项以外的全部最小项组成,即

$$\overline{Y}=\sum(0,1,4,7)$$

对反函数 $\overline{Y}$ 求反,可以得到原函数 Y 的最大项表达式

$$Y=\overline{\overline{Y}}=\overline{\sum(0,1,4,7)}$$
$$=\overline{m_0+m_1+m_4+m_7}$$
$$=\overline{m}_0\cdot\overline{m}_1\cdot\overline{m}_4\cdot\overline{m}_7$$
$$=M_0\cdot M_1\cdot M_4\cdot M_7$$
$$=\prod(0,1,4,7)$$

利用反演定律,结合最小项和最大项之间的关系,可以求出 $\overline{Y}$ 的最大项表达式

$$\overline{Y}=\overline{\sum(2,3,5,6)}$$
$$=\overline{m_2+m_3+m_5+m_6}$$
$$=\overline{m}_2\cdot\overline{m}_3\cdot\overline{m}_5\cdot\overline{m}_6$$
$$=M_2\cdot M_3\cdot M_5\cdot M_6$$
$$=\prod(2,3,5,6)$$

对 Y 的最小项表达式求对偶,可以得到对偶函数的最大项表达式

$$Y'=(m_2+m_3+m_5+m_6)'$$
$$=m_2'\cdot m_3'\cdot m_5'\cdot m_6'$$
$$=M_5\cdot M_4\cdot M_2\cdot M_1$$
$$=\prod(1,2,4,5)$$

对 Y 的最大项表达式求对偶,可以得到对偶函数的最小项表达式

$$Y'=(M_0\cdot M_1\cdot M_4\cdot M_7)'$$
$$=M_0'+M_1'+M_4'+M_7'$$
$$=m_7+m_6+m_3+m_0$$
$$=\sum(0,3,6,7)$$

1.4.4 逻辑函数表示方法间的转换

同一个逻辑函数可以用不同的方法来表示,显然不同表示方法之间可以相互转换。

1. 已知真值表或卡诺图求逻辑表达式

由真值表求逻辑表达式的一般方法：

(1) 找出使逻辑函数 $Y=1$ 的行，每一行的输入变量取值组合用一个乘积项表示，其中变量取值为 **1** 时用原变量表示，变量取值为 **0** 时用反变量表示。

(2) 将所有的乘积项进行"或"运算，即可以得到 Y 的逻辑表达式（最小项表达式）。

也可将真值表中逻辑值为 **1** 的行中输入变量组合所对应的十进制数作为最小项的项号直接写出最小项表达式。

在讲述由卡诺图求表达式之前，回顾一下图 1-8，可以发现，卡诺图中的每个小方格都对应着逻辑函数的一个最小项。所以卡诺图中的小方格可以用最小项的项号来编号，如图 1-12 所示，这些编号等于卡诺图边框外按变量顺序所组成的二进制数的值。

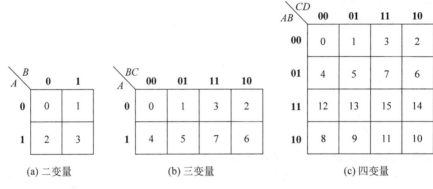

(a) 二变量　　　　　　(b) 三变量　　　　　　(c) 四变量

图 1-12　卡诺图的画法

【提示】　卡诺图是真值表的变形，卡诺图中每个小方格都对应真值表中的一行。

由真值表画卡诺图的方法很简单，只要将真值表中逻辑值为 **1** 的变量取值组合找出，在卡诺图中相同变量取值组合的小方格中填 **1**，即得到给定逻辑函数的卡诺图。

由卡诺图求表达式的方法可以仿照由真值表求表达式的方法，即将卡诺图中逻辑值为 **1** 的小方格编号作为最小项的项号直接写出最小项表达式。

【例 1-26】　已知一个逻辑函数的真值表如表 1-17 所示，试写出它的逻辑函数表达式并画出卡诺图。

表 1-17　例 1-26 的真值表

A	B	C	Y
0	**0**	**0**	**0**
0	**0**	**1**	**0**
0	**1**	**0**	**0**
0	**1**	**1**	**1**
1	**0**	**0**	**0**
1	**0**	**1**	**1**
1	**1**	**0**	**1**
1	**1**	**1**	**1**

解：在表中查到，使函数 Y 为 **1** 的变量取值组合是 **011、101、110、111**，得到的乘积项为 $\overline{A}BC$、$A\overline{B}C$、$AB\overline{C}$ 和 ABC，将这四个乘积项相加，得到的逻辑式为

$$Y = \overline{A}BC + A\overline{B}C + AB\overline{C} + ABC$$

或直接由真值表写出最小项表达式

$$Y = \sum(3,5,6,7)$$

按照逻辑值为 **1** 的变量取值组合可以画出逻辑函数 Y 的卡诺图，如图 1-13 所示。

【**例 1-27**】 已知一个逻辑函数的卡诺图如图 1-14 所示，试写出其逻辑表达式。

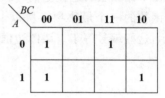

图 1-13　例 1-26 的卡诺图　　　　图 1-14　例 1-27 的卡诺图

解：将卡诺图中逻辑值为 **1** 的小方格代表的最小项进行"或"运算，就可以直接得到逻辑函数最小项表达式

$$Y = \sum(0,3,4,6) = \overline{A}\,\overline{B}\,\overline{C} + \overline{A}BC + A\overline{B}\,\overline{C} + AB\overline{C}$$

2. 已知逻辑表达式求真值表、卡诺图和逻辑图

如果有了逻辑表达式，则只要把输入变量的所有取值组合逐一代入逻辑函数中，算出逻辑值，然后将输入变量取值组合与逻辑值对应地列成表，就得到逻辑函数的真值表。也可以将逻辑表达式变换为最小项表达式，然后依据最小项表达式中的项号，在真值表中找出对应的变量取值组合，使其逻辑值为 **1**，其他为 **0**。

由逻辑表达式画卡诺图的方法通常是将表达式变换为最小项表达式，然后依据式中最小项的项号在卡诺图中找出相应编号的小方格，在小方格中填 **1** 即可。

由逻辑表达式画逻辑图的方法是把表达式中各变量之间的逻辑运算用相应的逻辑符号表示出来，就得到了对应的逻辑图。

【**例 1-28**】 已知逻辑函数 $Y = \overline{A}B + \overline{A}BC$，求其真值表和逻辑图。

解：将表达式中的三个输入变量的 8 组取值逐一代入表达式，求出对应的逻辑函数值，列成表格，即可得到如表 1-18 所示的逻辑函数真值表。

表 1-18　例 1-28 的真值表

A	B	C	Y
0	0	0	0
0	0	1	1
0	1	0	1
0	1	1	1
1	0	0	0
1	0	1	0
1	1	0	0
1	1	1	0

也可将逻辑函数式 $Y=\bar{A}B+\bar{A}\bar{B}C$ 变为最小项表达式，即

$$\begin{aligned}Y&=\bar{A}B+\bar{A}\bar{B}C\\&=\bar{A}BC+\bar{A}B\bar{C}+\bar{A}\bar{B}C\\&=m_1+m_2+m_3\\&=\sum(1,2,3)\end{aligned}$$

然后找出项号 1、2、3 在真值表中对应的变量取值组合，即 **001**、**010**、**011**，使其逻辑值为 **1**，其他为 **0**。用这种方法得出的真值表与前一种方法得出的结果相同。

图 1-15　例 1-28 的逻辑图

根据逻辑函数式 $Y=\bar{A}B+\bar{A}\bar{B}C$，可以得到如图 1-15 所示的逻辑图。

【例 1-29】 试绘制逻辑函数 $Y=\bar{A}\bar{B}C+\bar{A}B\bar{C}+A\bar{B}C+ABC$ 的卡诺图。

解：首先用最小项的项号表示逻辑函数的最小项表达式，即

$$\begin{aligned}Y&=\bar{A}\bar{B}C+\bar{A}B\bar{C}+A\bar{B}C+ABC\\&=m_1+m_2+m_5+m_7\\&=\sum(1,2,5,7)\end{aligned}$$

然后绘制一个三变量卡诺图，在卡诺图的 1、2、5 和 7 小方格中填入 **1**，其余的位置不填，结果如图 1-16 所示。

A \ BC	00	01	11	10
0		**1**		**1**
1		**1**	**1**	

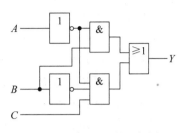

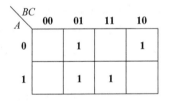

图 1-16　例 1-29 的卡诺图

【提示】 *逻辑函数的卡诺图是逻辑函数的一种重要表示方法，它具有唯一性，即一个逻辑函数只对应一个卡诺图。*

当一个逻辑函数为一般表达式时，可以将其化成标准“与或”式后再绘制卡诺图。但这样做往往很麻烦，实际上只需要把逻辑函数式展开成“与或”式即可，然后根据“与或”式每个与项的特征直接填在卡诺图上。具体方法是：在卡诺图中把每一个“与”项所包含的最小项对应的小方格中均填入 **1**，直到填入逻辑函数的全部“与”项。

【例 1-30】 已知逻辑函数 $Y=\bar{A}D+\overline{\overline{AB}(C+\overline{BD})}$，试绘制其卡诺图。

解：首先把逻辑式展开成“与或”式，即

$$\begin{aligned}Y&=\bar{A}D+\overline{\overline{AB}(C+\overline{BD})}\\&=\bar{A}D+AB+\overline{C+\overline{BD}}\\&=\bar{A}D+AB+B\bar{C}D\end{aligned}$$

然后绘制四变量卡诺图，将“与或”式中每个“与”项所包含的最小项对应的小方格中均填入 **1**，如图 1-17 所示。

AB \ CD	00	01	11	10
00		**1**	**1**	
01		**1**	**1**	
11	**1**	**1**	**1**	**1**
10				

图 1-17　例 1-30 的卡诺图

第一个“与”项 $\bar{A}D$ 所包含的最小项中均有 $A=$**0**，$D=$**1**。$A=$**0**对应的小方格在第一行和第二行内；$D=$**1**对应的小方格在第二列和第三列内，两行和两列相交的小方格就是“与”项 $\bar{A}D$ 对应的所有最小项。这些小方格的编号为 1、3、5 和 7，故在这 4 个小方格中填入 **1**。

第二个"与"项是 AB ,按照第一个"与"项的做法,卡诺图中第三行所包含的小方格就是"与"项 AB ,故在编号为 12、13、14、15 的小方格中均填入 **1** 。

同样的道理,第三个"与"项 $B\overline{C}D$ 所对应的小方格编号为 5、13,故在这两个小方格中填入 **1** 。

【提示】 对于有重复最小项的小方格只需填入一个 **1** ,如此填入全部"与"项即可。

3. 已知逻辑图求逻辑表达式

数字电路中常用逻辑图表示逻辑关系,逻辑图是逻辑函数的电路表示。由逻辑图可以得到对应的逻辑表达式。其步骤为:从输入端到输出端逐级写出逻辑表达式,即可得到逻辑图对应的逻辑表达式。

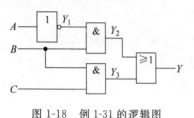

图 1-18 例 1-31 的逻辑图

【例 1-31】 已知某逻辑函数的逻辑图如图 1-18 所示,求该逻辑函数的逻辑表达式。

解:由逻辑图可知

$$Y_1 = \overline{A}, \quad Y_2 = Y_1 B = \overline{A}B, \quad Y_3 = BC$$

故

$$Y = Y_2 + Y_3 = \overline{A}B + BC$$

1.5 逻辑函数的化简

同一个逻辑函数可以写成不同的表达式。用基本逻辑门电路实现某逻辑函数时,表达式越简单,需用门电路的个数就越少,因而也就越经济可靠。进行逻辑设计时,根据逻辑问题归纳出来的逻辑函数表达式往往不是最简表达式,并且可以有不同的形式,因此实现这些逻辑函数就会有不同的逻辑电路。

在用逻辑电路实现某一逻辑函数所描述的逻辑功能之前,往往需要对逻辑函数进行逻辑化简,即求出其最简逻辑表达式,然后根据最简逻辑表达式实现逻辑功能。化简和变换逻辑函数可以得到最简的逻辑表达式和所需要的形式,设计出最简洁的逻辑电路。这对于节省元件、优化生产工艺、降低成本、提高系统的可靠性、提高产品在市场的竞争力非常重要。

逻辑函数的最简表达式有多种,最常用的有最简"与或"表达式和最简"或与"表达式。不同类型的逻辑函数表达式的最简定义也不同。

最简"与或"表达式是指表达式中的"与"项最少,每个"与"项中变量数最少。

最简"或与"表达式是指表达式中的"或"项最少,每个"或"项中变量数最少。

显然,上述关于最简表达式的定义中,涉及的"与"项、"或"项和变量数,都是相比较而言的,没有具体数量的限制。

逻辑函数的化简方法很多,主要有代数化简法、卡诺图化简法、列表化简法等,这里只介绍代数化简法和卡诺图化简法。

1.5.1 逻辑函数的代数化简法

逻辑函数的代数化简法就是运用逻辑代数的公式和定理等对逻辑函数进行化简,也叫公式化简法。代数化简法化简过程没有确定的规律可循,只能凭借化简者的经验和技巧。

下面通过实例介绍几种常用的代数化简法。

1. 并项法

利用互补律 $A+\overline{A}=1$，可以将两项合并为一项，并消去一对因子。

【例 1-32】 将逻辑函数 $Y=\overline{A}B\overline{C}+A\overline{C}+\overline{B}\overline{C}$ 化简为最简"与或"表达式。

解：

$$
\begin{aligned}
Y &= \overline{A}B\overline{C}+A\overline{C}+\overline{B}\overline{C} \\
&= \overline{A}B\overline{C}+(A+\overline{B})\overline{C} \\
&= \overline{A}B\overline{C}+(\overline{\overline{A}B})\overline{C} \\
&= (\overline{A}B+\overline{\overline{A}B})\overline{C} \\
&= \overline{C}
\end{aligned}
$$

2. 吸收法

利用公式 $AB+\overline{A}C+BC=AB+\overline{A}C$ 和 $A+A\cdot B=A$，将多余项或因子吸收。

【例 1-33】 将逻辑函数 $Y=\overline{AB}+\overline{A}C+\overline{B}C$ 化简为最简"与或"表达式。

解：

$$
\begin{aligned}
Y &= \overline{AB}+\overline{A}C+\overline{B}C \\
&= \overline{A}+\overline{B}+\overline{A}C+\overline{B}C \\
&= (\overline{A}+\overline{A}C)+(\overline{B}+\overline{B}C) \\
&= \overline{A}+\overline{B}
\end{aligned}
$$

3. 配项法

利用公式 $A+A=A$，$A=AB+A\overline{B}$ 和 $AB+\overline{A}C=AB+\overline{A}C+BC$ 配项或增加多余项，再和其他项合并。

【例 1-34】 化简逻辑函数 $Y=\overline{A}\overline{B}C+A\overline{B}C+ABC$，写出它的最简"与或"式。

解：

$$
\begin{aligned}
Y &= \overline{A}\overline{B}C+A\overline{B}C+ABC \\
&= (\overline{A}\overline{B}C+A\overline{B}C)+(A\overline{B}C+ABC) \\
&= \overline{B}C(\overline{A}+A)+AC(\overline{B}+B) \\
&= \overline{B}C+AC
\end{aligned}
$$

4. 消去法

利用 $A+\overline{A}B=A+B$，$AB+\overline{A}C+BC=AB+\overline{A}C$ 和 $AB+\overline{A}C+BCD=AB+\overline{A}C$ 消去多余项。

【例 1-35】 化简逻辑函数 $Y=AB+\overline{A}C+\overline{B}C$，写出它的最简"与或"式。

解：

$$
\begin{aligned}
Y &= AB+\overline{A}C+\overline{B}C \\
&= AB+(\overline{A}+\overline{B})C \\
&= AB+\overline{AB}C \\
&= AB+C
\end{aligned}
$$

对"或与"表达式的化简往往是先求其对偶式，然后将对偶式化简，最后再一次求对偶式即可。

【**例 1-36**】 将逻辑函数 $Y = (A+B)(\overline{A}+C+\overline{D})(B+C+\overline{D})$ 化简为最简"或与"表达式。

解：应用对偶定理求逻辑函数 Y 的对偶函数并化简，得

$$Y' = AB + \overline{A}C\overline{D} + \overline{B}C\overline{D}$$
$$= AB + (\overline{A} + \overline{B})C\overline{D}$$
$$= AB + (\overline{AB})C\overline{D}$$
$$= AB + C\overline{D}$$

求对偶函数 Y' 的对偶函数，得到原函数的最简"或与"表达式

$$Y = (Y')' = (A+B)(C+\overline{D})$$

代数化简法使用不方便，很难判断所得结果是不是最简，尤其变量数较多时更是如此，所以这种方法适合于表达式较简单时使用。

1.5.2 逻辑函数的卡诺图化简法

卡诺图化简法比代数法方便、直观、规律性强，可以直接写出函数的最简表达式，比较容易掌握，一般运用于五变量以下的逻辑函数化简。

在讲述卡诺图化简法之前，先介绍几何相邻和逻辑相邻的概念。

在卡诺图中，最小项满足下面 3 种情况中的 1 种（或 1 种以上）的称为几何相邻。

(1) 相接：挨着的最小项。

(2) 相对：一行或一列两头的最小项。

(3) 相重：对折起来能够重合的最小项。

只有一个变量不同，其余变量都相同的两个最小项在逻辑上是相邻的。例如，$A\overline{B}C$ 和 $\overline{A}\overline{B}C$ 两个最小项，只有 A 的形式不同，其余变量都相同，所以 $A\overline{B}C$ 和 $\overline{A}\overline{B}C$ 是逻辑相邻的最小项。

卡诺图的相邻性特点保证了几何相邻的两个小方格所代表的最小项只有一个变量不同，因此，当相邻的小方格为 1 时，则对应的最小项可以合并。合并所得的那个乘积项，消去不同的变量，只保留相同的变量。这就是卡诺图化简法的依据。下面以三变量和四变量卡诺图为例，介绍最小项的合并规律。

1. 合并最小项的规律

(1) 若 2 个最小项逻辑相邻，则可合并为一项，同时消去一对互反变量。合并后的结果只剩下公共变量。

图 1-19(a) 和图 1-19(b) 中画出了两个最小项相邻的情况。对于图 1-19(a)，m_0 和 m_2 相邻、m_3 和 m_2 相邻、m_5 和 m_7 相邻，所以合并时可以消去一对互反因子，例如：$m_5 + m_7 = A\overline{B}C + ABC = AC$。

(2) 若 4 个最小项逻辑相邻，则可合并为一项，同时消去两对互反的变量。合并后的结果只剩下公共变量。

例如图 1-19(c) 和图 1-19(d) 虚线框中为 4 个最小项相邻的情况。图 1-19(d) 中有 3 组 4 个最小项相邻情况，它们是 m_4、m_5、m_{12} 和 m_{13}，m_3、m_7、m_{15} 和 m_{11}，m_2、m_3、m_{10} 和 m_{11}。第 3 组合并得到

$$m_2 + m_3 + m_{10} + m_{11} = \overline{A}\overline{B}C\overline{D} + \overline{A}\overline{B}CD + A\overline{B}C\overline{D} + A\overline{B}CD$$
$$= \overline{A}\overline{B}C(D + \overline{D}) + A\overline{B}C(D + \overline{D})$$
$$= \overline{A}\overline{B}C + A\overline{B}C$$
$$= (\overline{A} + A)\overline{B}C$$
$$= \overline{B}C$$

(3) 若 8 个最小项逻辑相邻,则可合并为一项并消去三对互反变量。合并后的结果只剩下公共变量。

例如在图 1-19(e)中左右两列的 8 个最小项是相邻的,可以将它们合并为一项 $\overline{D}$,其他 3 个变量被消去了。

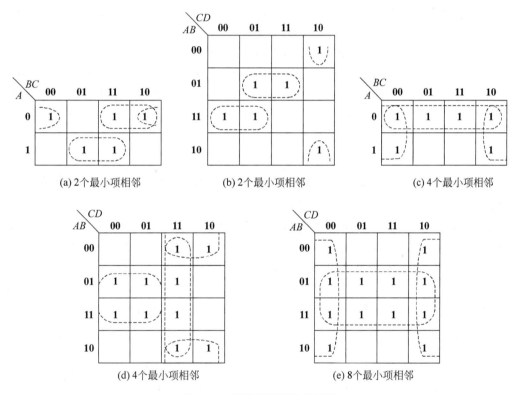

图 1-19 逻辑相邻的几种情况

至此,可以归纳出合并最小项的一般规律:在 n 个变量的卡诺图中,若有 2^k 个小方格逻辑相邻,则它们可以圈在一起加以合并。合并时消去 k 个变量,简化为具有 $n-k$ 个变量的乘积项。若 k 等于 n 则可以消去全部变量,结果为 1。

2. 用卡诺图化简逻辑函数的步骤

卡诺图化简法也称图形化简法,化简的步骤如下:

(1) 绘制逻辑函数的卡诺图。

(2) 为填 1 的相邻最小项绘制包围圈。

(3) 分别写出各包围圈所覆盖的变量组合(乘积项)。

(4) 将各包围圈对应的乘积项进行逻辑加,得到逻辑函数的最简"与或"表达式。

可见,利用卡诺图化简逻辑函数,较重要的步骤是绘制包围圈,这是能否正确化简逻辑

函数的关键,其原则如下:

(1) 只有相邻的填 **1** 小方格才能合并,且每个包围圈内必须包围 2^m 个相邻的填 **1** 小方格。

(2) 为了充分化简,**1** 可以被重复圈在不同的包围圈中,但新绘制的包围圈中必须有未被圈过的 **1**。

(3) 包围圈的个数尽量少,这样逻辑函数的"与"项就少。

(4) 包围圈尽量大,这样消去的变量就多,与门输入端的数目就少。

(5) 绘制包围圈时应全覆盖,即覆盖卡诺图中所有的 **1**。

【提示】 同一列最上边和最下边循环相邻可绘制包围圈;同一行最左边和最右边循环相邻,可绘制包围圈;4 个角上的 **1** 方格也循环相邻,可绘制包围圈。

【例 1-37】 用卡诺图法将逻辑函数 $Y = \overline{B}CD + B\overline{C} + \overline{A}CD + A\overline{B}C$ 化简为最简"与或"表达式。

解:如图 1-20 所示,将逻辑函数用卡诺图表示,并绘制包围圈。

第一行两个 **1** 方格的包围圈对应的乘积项为:$\overline{A}\,\overline{B}CD + \overline{A}B\overline{C}D = \overline{A}BD$。第四行两个 **1** 方格的包围圈对应的乘积项为:$A\overline{B}CD + A\overline{B}C\overline{D} = A\overline{B}C$。中间 4 个 **1** 方格的包围圈对应的乘积项为:$\overline{A}B\overline{C}\,\overline{D} + \overline{A}B\overline{C}D + AB\overline{C}\,\overline{D} + AB\overline{C}D = B\overline{C}$。将三个乘积项求"或"得到结果,即

$$Y = \overline{A}BD + A\overline{B}C + B\overline{C}$$

【例 1-38】 用卡诺图法将逻辑函数 $Y = \sum(0,2,5,7,8,10,12,14,15)$ 化简为最简"与或"表达式。

解:如图 1-21 所示,绘制四变量逻辑函数卡诺图。注意卡诺图 4 个角上的 **1** 方格也是循环相邻的,应圈在一起,故应绘制 4 个包围圈。将所有包围圈最小项的合并结果进行逻辑"或"运算,得到逻辑函数的最简"与或"表达式为

$$Y = \overline{B}\,\overline{D} + A\overline{D} + \overline{A}BD + BCD$$

【提示】 逻辑函数的最简表达式并非唯一,只要满足最简式的定义即可,即"与"("或")项最少,"与"("或")项中的变量最少。

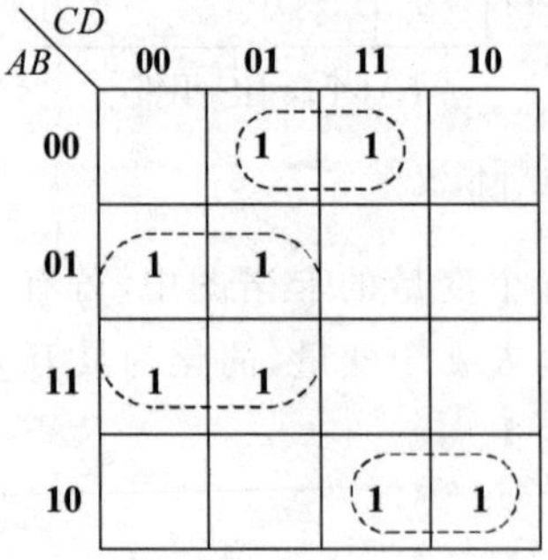

图 1-20 例 1-37 的卡诺图 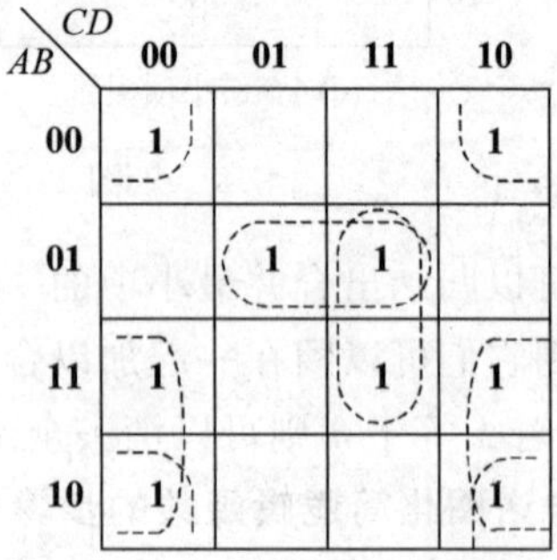   图 1-21 例 1-38 的卡诺图

【例 1-39】 用卡诺图法将逻辑函数 $Y = \overline{A}BD + \overline{B}C + B\overline{C} + A\overline{B} + \overline{A}C$ 化简为最简"与或"表达式。

解:绘制四变量逻辑函数卡诺图如图 1-22(a)和(b)所示,两个图中包围圈的圈法不一样,但繁简程度完全相同。因此,每种圈法得到的表达式都是最简表达式。将所有包围圈最

小项的合并结果进行逻辑"或"运算,得到逻辑函数的最简"与或"表达式为

$$Y=\overline{A}\overline{B}+B\overline{C}+\overline{A}C \ 或 \ Y=\overline{A}B+\overline{B}C+A\overline{C}$$

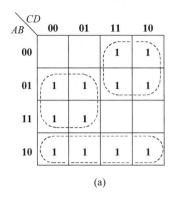 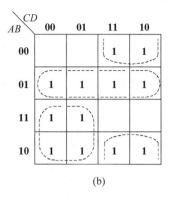

(a)　　　　　　　　　　　(b)

图 1-22　例 1-39 的卡诺图

1.5.3　含有无关项的逻辑函数及其化简

在逻辑函数的化简过程中,有些特殊条件可以使化简结果更简单,比如函数中含有无关项、多输出函数等情况,这里只介绍含有无关项的逻辑函数及其化简方法。

1. 逻辑函数中的无关项

在分析某些逻辑问题时,经常会有这样的情况,即某些输入变量的取值组合是不允许出现的,或者即使出现,对逻辑函数值也没有影响。通常把这些与所讨论的逻辑问题没有关系的变量取值组合所对应的最小项称为无关项。无关项有两种情况:

(1) 某些变量取值组合不允许出现。如在 8421 码中 **1010~1111** 这 6 种代码是不允许出现的,即受到约束。**1010~1111** 这 6 种代码所对应的最小项,称为"约束项"。

(2) 某些变量取值组合在客观上不会出现,在这些取值下,输出是 1,是 0 均可,是任意的。例如在连动互锁开关系统中,几个开关的状态互斥,每次只闭合一个开关。其中一个开关闭合时,其余开关必须断开。因此在这种系统中,两个以上开关同时闭合的情况是客观上不存在的,这样的开关组合称为"任意项"。

约束项和任意项都是一种不会在逻辑函数中出现的最小项,所以对应这些最小项的逻辑值视为 1 或视为 0 均可(因为实际上不存在这些变量取值)。显然用文字描述无关项受约束和限制是不方便的,往往用由无关项加起来所构成的值为 0 的逻辑表达式,即约束方程来描述约束条件。例如,描述 8421 码的约束方程为

$$m_{10}+m_{11}+m_{12}+m_{13}+m_{14}+m_{15}=0$$

可得

$$m_{10}=m_{11}=m_{12}=m_{13}=m_{14}=m_{15}=0$$

显然无关项是恒为**0**的最小项。

2. 含有无关项的逻辑函数的化简

在卡诺图中,无关项对应的小方格常用"×"和"ϕ"来标记。在对含有无关项的逻辑函数进行化简时,要充分利用无关项所对应的逻辑函数值既可看作 1 也可看作 0 的特性,尽量扩大卡诺图上所画的包围圈,这样才能尽可能多地消除乘积项或变量。

在逻辑函数式中,用字母 d(或 ϕ)和相应的编号表示无关项。

【**例 1-40**】 将逻辑函数 $Y = \sum(0,3,4,7,9,13) + \sum d(1,2,5,6,10,11,15)$ 化简为最简"与或"表达式。

解: 如图 1-23(a)所示,首先绘制四变量逻辑函数的卡诺图,在函数式中含有的最小项方格中填入 **1**,在无关项方格中填入"×"。然后绘制包围圈合并最小项,与 **1** 方格圈在一起的无关项视为 **1** 方格,没有圈的无关项丢弃不用(视为 **0** 处理)。最后写出逻辑函数的最简"与或"式为

$$Y = \overline{A} + D$$

若不利用无关项,只对逻辑函数的最小项表达式化简,如图 1-23(b)所示,化简结果为

$$Y = \overline{A}\,\overline{C}\,\overline{D} + \overline{A}CD + A\overline{C}D$$

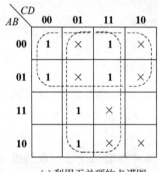 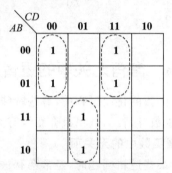

(a) 利用无关项的卡诺图　　　　　　(b) 不利用无关项的卡诺图

图 1-23　例 1-40 的卡诺图

显然,利用无关项后的最简"与或"表达式更为简单。

【**例 1-41**】 用卡诺图法将逻辑函数 $Y = \overline{A}\,\overline{B}C + ABC + \overline{A}\,\overline{B}C\overline{D}$ 化简为最简"与或"表达式,约束条件为:$A \oplus B = 0$。

解: 由约束条件给定的约束方程得

$A \oplus B = A\overline{B} + \overline{A}B$

$\qquad = A\overline{B}C + A\overline{B}\,\overline{C} + \overline{A}BC + \overline{A}B\overline{C}$

$\qquad = A\overline{B}CD + A\overline{B}C\overline{D} + A\overline{B}\,\overline{C}D + A\overline{B}\,\overline{C}\,\overline{D} + \overline{A}BCD + \overline{A}BC\overline{D} + \overline{A}B\overline{C}D + \overline{A}B\overline{C}\,\overline{D}$

$\qquad = m_4 + m_5 + m_6 + m_7 + m_8 + m_9 + m_{10} + m_{11} = 0$

即约束项为 $m_4 \sim m_{11}$。分别将逻辑值为 **1** 的最小项和约束项填入如图 1-24 所示的卡诺图,化简得到逻辑函数的最简"与或"表达式为

$$Y = \overline{A}\,\overline{C} + BC + C\overline{D}$$

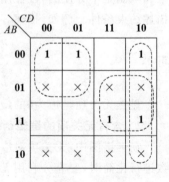

例 1-41 中的约束项可以直接由约束条件分析出来。由约束条件可知,逻辑变量 A 和 B 总是相同的,所以 A 和 B 取不同值的最小项是约束项,即卡诺图的第二行和第四行的全部最小项。

例 1-41 的最简"与或"表达式不是唯一的,读者可以根据自己的圈法得出最简"与或"表达式。

图 1-24　例 1-41 的卡诺图

【例 1-42】　用卡诺图法将逻辑函数 $Y = \sum(0,1,2,6,$
$7,14,15) + \sum d(3,5,11)$ 化简为最简"或与"表达式。

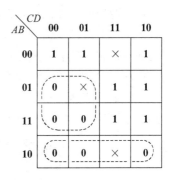

图 1-25　例 1-42 函数的卡诺图

解：如图 1-25 所示，首先绘制四变量逻辑函数的卡诺图，为求逻辑函数的最简"或与"表达式，将逻辑函数值为 **0** 的最小项也填入卡诺图，这些最小项就是 Y 的反函数的最小项。合并反函数的最小项可得

$$\overline{Y} = B\overline{C} + A\overline{B}$$

再求反函数 $\overline{Y}$ 的反函数得到函数 Y 的最简"或与"式为

$$Y = (\overline{B} + C)(\overline{A} + B)$$

【提示】　此时利用了无关项取 **0** 的情况。

*1.6　利用 Multisim 对逻辑函数进行化简与转换

Multisim 13.0 中的逻辑转换仪，能方便地实现逻辑表达式、真值表、逻辑图等逻辑函数表示方法之间的转换，同时还能实现逻辑函数的化简。

启动 Multisim 13.0，在元件工具栏上单击 TTL 按钮，选择 74 系列元件，然后选择所需要的门电路，连接门电路得到逻辑图，如图 1-26 所示。在虚拟仪器工具栏上，选择虚拟仪器逻辑转换仪 XLC1，将电路的输入端和输出端连接到 XLC1 对应的输入和输出端。

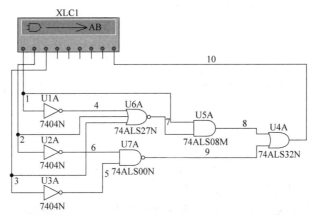

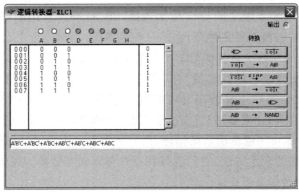

图 1-26　用 Multisim 实现逻辑图转换为真值表和表达式

双击逻辑转换仪图标,打开面板,然后单击面板上的"由逻辑图转换成真值表"按钮,可得到逻辑图对应的真值表;单击面板上的"由逻辑图转换成逻辑函数表达式"按钮,在面板图底部的逻辑函数表达式栏可得到该真值表对应的最小项表达式。

在图 1-26 所示窗口中,单击"由真值表转换成逻辑函数最简表达式"按钮,得到该真值表对应的最简表达式;单击"由逻辑函数表达式转换成与非电路"按钮,得到该逻辑电路的"与非-与非"形式电路,如图 1-27 所示。

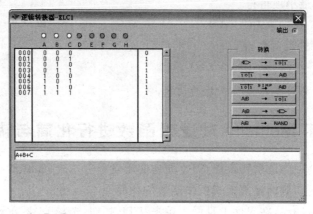

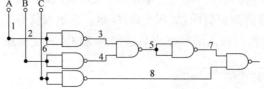

图 1-27　用 Multisim 实现逻辑函数化简及"与非-与非"转换

【提示】　逻辑转换仪中,逻辑变量的非号用"′"表示。

本章小结

本章介绍了数字逻辑的基础知识,包括常用的数制和编码、逻辑代数及其运算规则、逻辑函数及其表示方法以及逻辑函数的化简等内容。

(1) 数字电路及系统中常用二进制数来表示数据。在二进制位数较多时,也使用十六进制或八进制计数。各种数制之间可以相互转换。BCD 码是常用的编码,其中 8421 码使用最广泛。另外,格雷码由于可靠性高,也是一种常用码。

(2) 分析数字电路或数字系统的数学工具是逻辑代数。逻辑代数中的三种基本运算是"与""或""非"运算,复合逻辑运算包括"与非""或非""与或非""异或"和"同或"等。用以实现基本逻辑运算和复合逻辑运算的单元电路称为逻辑门电路。常用的门电路有"与"门、"或"门、"非"门、"与非"门、"或非"门、"与或非"门、"异或"门和"同或"门等。

(3) 一个逻辑问题可用逻辑函数来描述,逻辑函数有真值表、逻辑表达式、卡诺图、逻辑图、波形图等几种常用的表示方法,它们各具特点并可以相互转换。逻辑函数有最小项表达式和最大项表达式两种标准形式。

(4) 逻辑函数的代数化简法和卡诺图化简法是本章的重点内容。

代数化简法的优点是没有局限性,但没有固定的模式可以遵循,要求化简者不仅能熟练运用各种公式和定理,还要掌握一定的运算经验和技巧。

卡诺图化简法的优点是简单、直观,而且有一定的化简步骤可循,不容易出错,初学者比较容易掌握。但当逻辑变量超过 5 个时,图形复杂,没有实用价值。

具有无关项的逻辑函数的化简是逻辑函数化简中的一种特例,利用无关项可以使逻辑函数最简表达式更简单。

习题

1. 填空题

(1) 数字系统采用_____数进行存储、运算和传输,而人们习惯于用_____数进行输入和输出。

(2) 最基本的逻辑运算是_____、_____和_____。

(3) 复合门电路包括_____、_____和_____等。

(4) BCD 码用于表示_____进制数。

(5) 当逻辑函数有 n 个变量时,变量取值组合共有_____种。

(6) 逻辑函数的表示方法有_____、_____、_____、_____等方法。

(7) 无关项是恒为_____的最小项。

(8) n 变量的逻辑函数有_____个最小项,有_____个最大项。

(9) 二进制补码中,_____位是符号位。

(10) 利用代数法化简逻辑函数时,常用_____、_____、_____、_____等方法。

2. 选择题

(1) 若输入变量 A 和 B 全为 1 时,输出为 1,则其输入输出关系为_____。

    A. 同或　　　　　　　B. 异或　　　　　　　C. 与　　　　　　　D. 或非

(2) 下列表达式中,正确的是_____。

    A. $\overline{A \oplus B} = A \odot B$　　　B. $A + A = 1$　　　C. $A \cdot A = 0$　　　D. $A \oplus B = \overline{A} \odot B$

(3) 四变量的最小项 $ABCD$ 的逻辑相邻项是_____。

    A. $A\overline{B}C\overline{D}$　　　　B. $\overline{A}B\overline{C}D$　　　　C. $A\overline{B}CD$　　　　D. $A\overline{B}CD$

(4) 在_____情况下,函数 $Y = AB + \overline{CD}$ 的逻辑值为 1。

    A. 输入全为 0　　　B. A、B 同时为 1　　　C. C、D 同时为 1　　　D. 输入全为 1

(5) 逻辑函数 $Y = AB + C\overline{D}$ 的对偶函数为_____。

    A. $(\overline{A} + \overline{B})(\overline{C} + D)$　　B. $(A + B)(C + \overline{D})$　　C. $\overline{A}\overline{B} + \overline{C}D$　　　D. $AB + C\overline{D}$

(6) 一个 8 位二进制数,能够表示的最大无符号整数是_____。

    A. 255　　　　　　　B. 216　　　　　　　C. 16　　　　　　　D. 64

(7) 格雷码的重要特点是,当计数增加时,有_____位数字状态发生变化。

    A. 2　　　　　　　　B. 1　　　　　　　　C. 4　　　　　　　　D. 8

(8) 以下表达式中符合逻辑运算规则的是_____。

    A. $C \cdot C = C^2$　　　B. $1 + 1 = 10$　　　C. $0 < 1$　　　D. $A + 1 = 1$

(9) 对于三变量的逻辑函数,若约束条件是 $A \odot B = 0$,则无关项为_____个。

    A. 2　　　　　　　　B. 4　　　　　　　　C. 6　　　　　　　　D. 8

(10) 逻辑函数的表示方法中具有唯一性的是_____。

    A. 真值表　　　　　B. 表达式　　　　　C. 逻辑图　　　　　D. 卡诺图

3. 将下列二进制数转换成等值的十进制数和十六进制数。

(1) **1101010.01**；(2) **111010100.011**；(3) **11.0101**；(4) **0.0101**。

4. 将下列十进制数转换成等值的二进制数、八进制数和十六进制数。要求二进制数保留小数点后 4 位有效数字。

(1) 27.675；(2) 94.5；(3) 56.7；(4) 27.6。

5. 完成下列不同进制数的转换。

(1) 将十六进制数 FC.4 转换为二进制数；

(2) 将八进制数 42.65 转换为二进制数；

(3) 将八进制数 25.6 转换十进制数；

(4) 将十六进制数 2B.5 转换为十进制数。

6. 完成下列编码的转换。

(1) 用 8421 码表示十进制数 26.8；

(2) 用余三码表示十进制数 98.3；

(3) 写出十进制数 51 的 8421 奇校验码和偶校验码；

(4) 用格雷码表示十进制数 23。

7. 写出下列二进制数的原码、反码和补码。

(1) **+011011**；(2) **+001101**；(3) **−111011**；(4) **−001011**。

8. 用二进制补码运算计算下列各式。

(1) $13+10$；(2) $13-10$；(3) $-13+10$；(4) $-13-10$。

9. 利用公式和定理证明下列等式。

(1) $AB+BCD+\overline{A}C+\overline{B}C=AB+C$；

(2) $AB(C+D)+D+\overline{D}(A+B)(\overline{B}+\overline{C})=A+B\overline{C}+D$；

(3) $\overline{A}C+\overline{A}B+BC+\overline{A}C\overline{D}=\overline{A}+BC$；

(4) $BC+D+\overline{D}(\overline{B}+\overline{C})(AD+B)=B+D$。

10. 写出下列逻辑函数的对偶函数和反函数。

(1) $Y=[(A\overline{B}+C)D+E]F$；

(2) $Y=AB+(\overline{A}+C)(B+D\overline{E})$；

(3) $Y=(A+BC)\overline{C}D$；

(4) $Y=A\overline{D}+\overline{A}C+\overline{B}CD+C$。

11. 写出图 1-28 各逻辑图的逻辑函数表达式，并求出其真值表和卡诺图。

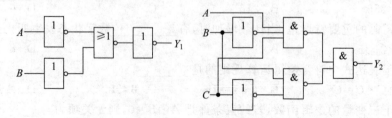

图 1-28　题 11 图

12. 求下列各逻辑函数的真值表和卡诺图。

(1) $Y=\overline{A}B+\overline{B}C+\overline{C}D+A\overline{D}$；

(2) $Y=A\overline{B}+B\overline{C}+C\overline{D}+\overline{A}D$；

(3) $Y=ABC+\overline{A}\,\overline{B}\,\overline{C}$；

(4) $Y=\overline{\overline{A}\,\overline{B}+B\overline{C}+\overline{A}C}$；

(5) $Y=AB+\overline{A}C+(\overline{B}+\overline{C})D$；

(6) $Y=\overline{A}\,\overline{B}+\overline{A}C+BC+\overline{A}\,\overline{C}D$。

13. 三变量逻辑函数的真值表如表 1-19 所示,求其最小项表达式和卡诺图。

表 1-19 题 13 真值表

A	B	C	Y
0	0	0	1
0	0	1	1
0	1	0	1
0	1	1	0
1	0	0	0
1	0	1	0
1	1	0	0
1	1	1	1

14. 四变量逻辑函数的真值表如表 1-20 所示,求其最小项表达式和卡诺图。

表 1-20 题 14 真值表

A	B	C	D	Y
0	0	0	0	0
0	0	0	1	1
0	0	1	0	1
0	0	1	1	0
0	1	0	0	0
0	1	0	1	1
0	1	1	0	0
0	1	1	1	1
1	0	0	0	1
1	0	0	1	0
1	0	1	0	0
1	0	1	1	1
1	1	0	0	1
1	1	0	1	0
1	1	1	0	1
1	1	1	1	1

15. 写出图 1-29 中各卡诺图所表示的逻辑函数表达式。

16. 将下列逻辑函数表达式转换为"与非-与非"表达式。

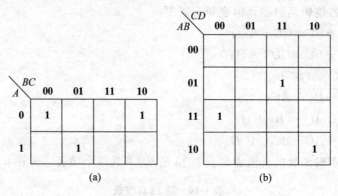

图 1-29 题 15 图

(1) $Y = AB + BC + AC$；

(2) $Y = (\overline{A} + B)(A + \overline{B})C + \overline{BC}$；

(3) $Y = \overline{AB\overline{C} + A\overline{B}C + \overline{A}BC}$。

17. 将下列逻辑函数表达式转换为"或非-或非"表达式。

(1) $Y = A\overline{B}C + BC$；

(2) $Y = (A + C)(\overline{A} + B + \overline{C})(\overline{A} + \overline{B} + C)$。

18. 将下列各逻辑函数式化为最小项表达式。

(1) $Y = \overline{A} + BC + \overline{C}D$；

(2) $Y = A\overline{B}C + BC + A\overline{C}$；

(3) $Y = AB + BC + CD$；

(4) $Y = (A + B)(\overline{A} + \overline{B} + \overline{C})$。

19. 将下列各逻辑函数式化为最大项表达式。

(1) $Y = (A + B)(\overline{A} + \overline{B} + \overline{C})$；

(2) $Y = A\overline{B} + C$；

(3) $Y = \overline{A}B\overline{C} + \overline{B}C + A\overline{B}C$；

(4) $Y = BC\overline{D} + C + \overline{A}D$。

20. 用代数法化简下列逻辑函数为最简"与或"表达式。

(1) $Y = A + A\overline{B}C + \overline{A}CD + \overline{C}E + \overline{D}E$；

(2) $Y = AB\overline{C}D + A\overline{B}\overline{D} + BCD + AB\overline{C} + \overline{B}D + B\overline{C}$；

(3) $Y = A + B + C + \overline{A}\overline{B}\overline{C}$；

(4) $Y = (B + \overline{B}C)(A + AD + B)$；

(5) $Y = \overline{\overline{AC} + \overline{B}C + B(A\overline{C} + \overline{A}C)}$；

(6) $Y = \overline{A}BD + A\overline{C} + \overline{B}CD + \overline{B}D + AC$；

(7) $Y = \overline{\overline{A\overline{B} + ABC} + A(A\overline{B} + B)}$；

(8) $Y = AC + AB + A\overline{C} + \overline{A}C + CD + ACB + \overline{C}EF + DEF$；

(9) $Y = A + B + \overline{\overline{C}D} + \overline{\overline{A}DB} + \overline{A}D + \overline{A}\overline{B} + (C + D)$。

21. 用卡诺图法化简下列逻辑函数为最简"与或"表达式。

(1) $Y = BC + D + \overline{D}(\overline{B} + \overline{C})(AD + B)$;

(2) $Y = A\overline{B}\,\overline{C} + \overline{A}\,\overline{B} + \overline{A}D + C + BD$;

(3) $Y = \overline{(A \oplus B)(C + D)}$;

(4) $Y(A,B,C,D) = \sum(0,1,3,4,7,12,13,15)$;

(5) $Y(A,B,C,D) = \sum(0,1,2,6,8,9,10,14)$;

(6) $Y = AC + ABC + ACD + CD$;

(7) $Y = ABC + ABD + \overline{C}D + A\overline{B}C + \overline{A}C\overline{D} + A\overline{C}D$;

(8) $Y = \overline{A}\,\overline{B} + B\overline{C} + \overline{A} + \overline{B} + ABC$。

22. 用卡诺图法化简下列含有无关项的函数为最简"与或"表达式。

(1) $Y(A,B,C,D) = \sum(4,5,6,13,14,15) + \sum d(8,9,10,12)$;

(2) $Y(A,B,C,D) = \sum(0,2,7,13,15) + \sum d(1,3,4,5,6,8,10)$;

(3) $Y(A,B,C,D) = \sum(0,13,14,15) + \sum d(1,2,3,8,9,10,11)$;

(4) $Y = C\overline{D}(A \oplus B) + \overline{A}B\overline{C} + \overline{A}C\overline{D}$, 约束条件为 $AB + CD = 0$;

(5) $Y = AB\overline{C} + A\overline{B}C + \overline{A}BCD + A\overline{B}C\overline{D}$, 约束条件为 A、B、C、D 不可能出现相同取值;

(6) $Y(A,B,C,D) = \sum(0,2,4,5,7,13) + \sum d(8,9,10,11,14,15)$。

23. 用卡诺图法化简下列逻辑函数为最简"或与"表达式。

(1) $Y(A,B,C,D) = \prod(0,2,5,7,8,10,13,15)$;

(2) $Y(A,B,C,D) = \prod(1,3,5,7,9,11,13,15)$。

第 2 章

集成逻辑门电路

兴趣阅读——集成电路的发明

1954 年,成就了"20 世纪最伟大发明"的晶体管之父肖克利(Shockley),离开贝尔实验室返回故乡硅谷寻求发展。在硅谷瞭望山,肖克利宣布成立半导体实验室。1956 年,以诺依斯(Noyce)为首的 8 位年轻的科学家从美国东部陆续加盟肖克利的实验室。肖克利是天才科学家,但缺乏经营能力。1957 年,在诺依斯带领下,8 位青年一起"叛逃",决心自行创办公司,这就是计算机发展史中 8 位天才"叛逆者"的趣闻。

1957 年 10 月,地处美国东部的仙童照相器材和设备公司,为"8 位叛逆者"投资了 3500 美元种子资金,组建起一家以诺依斯为首的仙童(Fairchild)半导体公司。该公司仍在瞭望山租下一间小屋,着手制造一种双扩散基型晶体管,以便用硅来取代传统的锗材料。在诺依斯精心运筹下,仙童半导体公司的业务逐渐有了较大发展,员工增加到 100 多人。同时,该公司一整套制造晶体管的平面处理技术也日趋成熟,并成功地制造出金属氧化物半导体等器件。

半导体平面处理技术为"仙童"们打开了一扇奇妙的大门,让他们突然看到了一个极有希望的前景:用这种技术完全可以在硅芯片上集成几百个,乃至成千上万个晶体管。1959 年 1 月 23 日,诺依斯在日记里详细地记录了这一闪光的设想。

几乎在同一时期,美国南部达拉斯市,德州仪器公司的青年研究人员基尔比(Kilby)也想到了类似的技术创意。基尔比那年 35 岁,刚到德州仪器公司工作不久。趁公司其他人员休假的时机,他独自实验这种"微模组件",用热焊方式把元件以极细的导线互连,成功地把晶体管、电阻和电容等集成在微小的平板上,在不超过 4 平方毫米的面积上,大约集成了 20 余个元件。1959 年 2 月 6 日,基尔比向美国专利局申报专利,这种由半导体元件构成的微型固体组合件,从此被命名为"集成电路"。

当基尔比发明集成电路的消息传到硅谷,仙童半导体公司当即召集会议商议对策。诺依斯提出:可以用平面处理技术来实现集成电路的大批量生产,仙童公司开始奋起疾追。1959 年 7 月 30 日,他们采用先进的平面处理技术研制出集成电路,也申请到一项发明专利。

1966 年,基尔比和诺依斯同时被富兰克林学会授予巴兰丁奖章。基尔比被誉为"第一块集成电路的发明家",而诺依斯被誉为"提出了适合于工业生产的集成电路理论的人"。1969 年,美国联邦法院最后从法律上承认了集成电路是一项"同时的发明"。

伟大的发明与发明者总会被历史牢记,2000 年基尔比因为发明集成电路而获得当年的诺贝尔物理学奖。这份殊荣,经过应用集成电路 42 年的检验显得愈发珍贵,更是整个社会对基尔比伟大发明的充分认可。诺贝尔奖评审委员会对基尔比的评价很简单:"为现代信息技术奠定了基础"。

图 2-1 所示是世界上第一块集成电路及集成电路的两位发明者——基尔比和诺依斯。

(a) 集成电路   (b) 基尔比和诺依斯

图 2-1 世界上第一块集成电路和集成电路的两位发明人

本章介绍逻辑门电路的结构、工作原理及工作特性。首先介绍开关器件的开关特性,接着介绍分立元件门电路、TTL 集成门电路、CMOS 集成门电路以及正、负逻辑的概念,重点分析 TTL 反相器和 CMOS 反相器的电路结构、原理及特性,最后给出用 Multisim 和 VHDL 分析设计门电路的实例。本章学习要求如下:

(1) 熟悉数字电路中常用的开关器件(二极管、三极管和 MOS 管)的开关特性;

(2) 了解分立元件门电路的结构及逻辑功能;

(3) 掌握 TTL 集成门电路的结构、工作原理和工作特性;

(4) 掌握 CMOS 集成门电路的结构、工作原理和工作特性;

(5) 了解集成门电路的使用方法;

(6) 理解正、负逻辑的基本概念;

(7) 了解用 Multisim 和 VHDL 分析设计门电路的方法。

2.1 概述

用以实现基本逻辑运算和复合逻辑运算的单元电路称为逻辑门电路(简称门电路)。门电路是组成数字系统的最小单元。常用的门电路有"与"门、"或"门、"非"门、"与非"门、"或非"门、"与或非"门等。

在最初的数字逻辑电路中,每个门电路都是用若干个分立的半导体器件和电阻、电容连接而成,称为分立元件门电路。随着半导体器件制造工艺和集成工艺的发展,分立元件门电路已被集成门电路所取代。按照内部有源器件的不同,集成门电路分为 TTL(Transistor Transistor Logic)集成门电路和 CMOS(Complementary Metal Oxide Semiconductor)集成门电路。TTL 集成门电路是由双极型晶体管构成的,而 CMOS 集成门电路则是由绝缘栅型场效应管(简称 MOS 管)构成的。同样的门电路,可以有 TTL 和 CMOS 之分,它们的逻辑功能是一样的,但特性参数不同。

TTL 集成门电路的工作速度较高,但功耗较大,集成度不高,应用于中小规模的集成电路;CMOS 集成门电路的抗干扰能力强,功耗小,集成度高,适合大规模集成电路。

在数字电路中,用高、低电平分别表示二值逻辑的 **1** 和 **0** 两种逻辑状态。高电平 U_H 和低电平 U_L 并不是一个固定的数值,都允许有一定的变化范围。例如在图 2-2 中,2.4~3.6V 的电压都称为高电平,对应 U_H;0~0.8V 的电压都称为低电平,对应 U_L。

数字电路中的高、低电平可由如图 2-3 所示的开关电路获得。图 2-3(a)是单开关电路,当开关 S 接通时,输出 u_O 为低电平;当开关 S 断开时,输出 u_O 为高电平。图 2-3(b)是互补开关电路,比单开关电路的功耗要小得多。图中的开关 S_1 和 S_2 受同一个输入信号 u_I 的控制,两个开关的状态相反。若 u_I 使 S_1 接通而使 S_2 断开,则 u_O 输出高电平;若 u_I 使 S_2 接通而使 S_1 断开,则 u_O 输出低电平。电路中的两个开关总是一个接通,一个断开,开关中始终没有电流通过,降低了电路的功耗。互补开关电路中的开关可由晶体管构成,这种电路广泛应用于数字集成电路中。

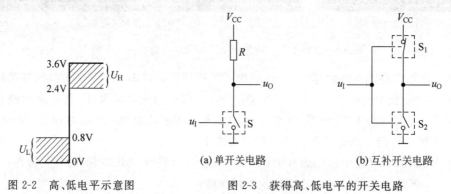

图 2-2　高、低电平示意图　　　图 2-3　获得高、低电平的开关电路

2.2　门电路中开关器件的开关特性

通常,开关器件应具有两种对立的工作状态,即接通和断开。接通状态要求器件的阻抗很小,近似于短路;断开状态要求器件的阻抗很大,近似于开路。数字电路中经常使用半导体二极管、半导体三极管以及 MOS 管作为开关器件。

2.2.1　半导体二极管的开关特性

半导体二极管具有单向导电特性,相当于受外加电压控制的开关。二极管加正向电压时导通,加反向电压时截止,其符号和伏安特性曲线如图 2-4 所示。

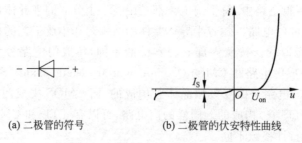

(a) 二极管的符号　　　　　　(b) 二极管的伏安特性曲线

图 2-4　二极管的符号和伏安特性

从图2-4(b)中可以看出,二极管加正向电压时处于正向导通区,有很大的正向电流,相当于开关的接通状态;而二极管加反向电压时处于反向截止区,反向电流极小,相当于开关的断开状态。用二极管代替图2-3中的开关S,可得到如图2-5所示的二极管开关电路。

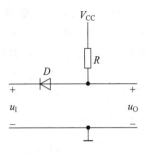

假设二极管是理想的开关器件,即二极管正向导通时电阻为0,反向截止时电阻为无穷大,则当输入 u_1 为高电平时,二极管D截止,输出 u_O 为高电平;而当输入 u_1 为低电平时,二极管D导通,输出 u_O 为低电平。

实际上,二极管的特性并非理想的开关特性。正如图2-4所描绘的伏安特性曲线那样,二极管的反向电阻不是无穷大,正向电阻也不是0,电压与电流之间也不是线性关系,这给二极管应用电路的分析带来一定的困难。为便于分析,在实际应用中,常在一定的条件下,用线性元件所构成的电路来近似模拟二极管

图 2-5　二极管开关电路

的特性,并用其来代替电路中的二极管。能够模拟二极管特性的电路称为二极管的等效电路,也称为二极管的等效模型。

根据二极管的伏安特性可以构造出多种等效电路,对于不同的应用场合、不同的分析要求,应选择其中某一种使用。此处介绍几种最常用的二极管等效模型。

当二极管的正向导通电压和正向电阻与电源电压和外接电阻相比可以忽略时,可以将二极管看作如图2-6(a)所示的理想开关模型。模型中的伏安特性曲线表明,二极管导通时正向压降为零,截止时反向电流为零,称为理想二极管,用二极管的符号去掉中间横线表示。

当二极管的正向导通电压和电源电压相比不能忽略,但正向电阻与外接电阻相比可以忽略时,可以采用图2-6(b)所示的二极管的恒压降模型。模型中的伏安特性曲线表明,二极管导通时正向压降为一个常量 U_{on},截止时反向电流为零。因而等效电路是理想二极管串联电压源 U_{on}。

当外电路的等效电源和等效电阻都很小时,二极管的正向导通电压和正向电阻都不能忽略,这时可以采用如图2-6(c)所示的二极管的折线化模型。模型中的伏安特性曲线表明,当二极管正向电压 u 大于 U_{on} 后,其电流 i 与电压 u 呈线性关系,直线斜率为 $1/r_D$。二极管截止时反向电流为零。因此等效电路是理想二极管串联电压源 U_{on} 和电阻 r_D,且 $r_D = \Delta u / \Delta i$。

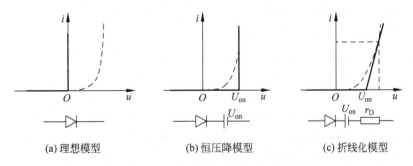

(a) 理想模型　　　(b) 恒压降模型　　　(c) 折线化模型

图 2-6　二极管的几种常用等效模型

需要注意的问题是,在动态情况下,二极管两端的电压突然反向时,电路的状态不能立即改变,电流的变化过程如图2-7所示。

由图 2-7 可以看出,当二极管电压由反向突然变
为正向时,要等到 PN 结内部建立起足够的电荷梯度
后才开始有扩散电流形成,所以正向导通电流的建立
要延迟一段时间 t_on,称为开通时间;当二极管电压由
正向突然变为反向时,由于 PN 结内还有一定数量的
存储电荷,有较大的瞬态反向电流产生。当存储电荷
逐渐消散,反向电流迅速衰减并逐渐趋近于稳态的反
向饱和电流,这段时间称为反向恢复时间,又称关断
时间,用 t_off 表示。

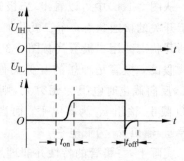

图 2-7　二极管的动态电流波形

2.2.2　半导体三极管的开关特性

半导体三极管又称双极型晶体管,简称三极管或晶体管。按结构可以分为 NPN 型和
PNP 型两种。三极管有放大、饱和、截止三个工作状态,它的显著特点是具有放大能力。在
数字电路中,三极管交替工作在饱和状态和截止状态,作为开关器件来使用。这里以 NPN
型三极管为例,介绍其开关特性。

图 2-8 是 NPN 型三极管的结构图和符号,它是由三层半导体制成的。中间是一块 P 型
半导体,两边各为一块 N 型半导体。从三块半导体上各自接出一根电极,分别叫作基极 b、
集电极 c 和发射极 e。与三个电极各自连接的半导体对应地称为基区、集电区和发射区,三
块半导体之间形成两个 PN 结,分别称为发射结和集电结。

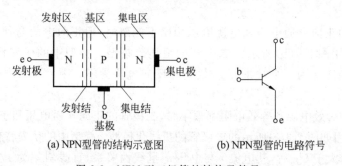

(a) NPN型管的结构示意图　　　　　(b) NPN型管的电路符号

图 2-8　NPN 型三极管的结构及符号

图 2-9 是 NPN 型三极管构成的共射极电路及输出特性曲线,从输出特性曲线上看,三
极管分成三个工作区,这三个工作区的特点如下:

(1) 截止区。输出特性曲线上 $I_\text{B}=0$ 以下的区域称为截止区。截止区的特点是发射结
和集电结均反偏,即 $U_\text{BE}<0,U_\text{CB}>0$;$I_\text{B}=0,I_\text{C}\approx0$;三极管集电极和发射极之间相当于
开路。

(2) 饱和区。在图 2-9(b)所示的特性曲线中,虚线和纵坐标轴之间的区域称为饱和区。
饱和区的特点是发射结和集电结均正偏;三极管集电极和发射极之间饱和压降 U_CE 很小
(临界饱和时 $U_\text{CE}=U_\text{BE}$;深度饱和时,硅管 U_CE 为 $0.2\sim0.3$V,锗管 U_CE 为 $0.1\sim0.2$V),近似
于短路。

(3) 放大区。在图 2-9(b)所示的特性曲线中,截止区和饱和区之间的广大区域称为放
大区(也叫线性区)。三极管处于放大区的特点是发射结正偏,集电结反偏;i_C 与 u_CE 基本无

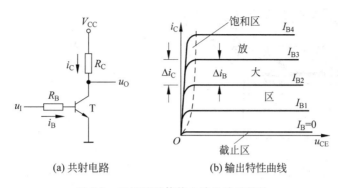

(a) 共射电路 　　　(b) 输出特性曲线

图 2-9　双极型晶体管电路及输出特性

关,满足 $\Delta i_C = \beta \Delta i_B$ 的关系。

可见,三极管工作在饱和区时,其饱和压降很小,相当于开关的闭合;三极管工作在截止区时,集电极电流近似为 0,相当于开关的断开。所以三极管可以替代图 2-3 中的开关 S。

【提示】　在开关电路中,三极管不是工作在截止区就是工作在饱和区,放大区只是一种瞬间即逝的工作状态。

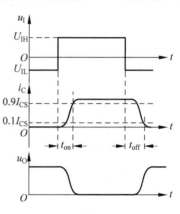

和二极管一样,在动态情况下,三极管工作在开关状态时,也存在电容效应,伴随着电荷的建立和消散过程,需要一定的时间。对于图 2-9 电路,当输入 u_1 为矩形脉冲时,相应 i_C、u_O 的波形如图 2-10 所示。将从输入正脉冲作用的时刻开始到集电极电流上升到 $0.9I_{CS}$ 所需的时间称为开通时间 t_{on},这里的 I_{CS} 为集电极电流的最大值;将从输入正脉冲结束的时刻到集电极电流下降到 $0.1I_{CS}$ 所需的时间称为关断时间 t_{off}。

图 2-10　三极管开关电路中的 u_1、i_C、u_O 波形图

三极管开关时间的存在,影响了开关电路的工作速度,开关时间越短,开关速度越高。通常有 $t_{off} > t_{on}$。

2.2.3　MOS 管的开关特性

MOS 管是金属-氧化物-半导体(Metal Oxide Semiconductor)场效应管的简称,即绝缘栅型场效应管,也是具有放大能力的半导体器件。但它的导电机理却与半导体三极管不同,它是通过栅极电压来控制漏极电流的,是数字电路中广泛采用的开关器件。

MOS 管从导电沟道来分,有 N 沟道和 P 沟道两种类型。无论 N 沟道类型或还是 P 沟道类型,又都可以分为增强型和耗尽型两种。图 2-11 是 N 沟道增强型 MOS 管的结构示意图和增强型 MOS 管的电路符号。

N 沟道增强型 MOS 管是以一块 P 型硅半导体作为衬底,利用扩散的方法在 P 型硅中形成两个高掺杂的 N 区,用 N$^+$ 表示。然后在 P 型硅表面生成一层很薄的二氧化硅绝缘层。分别在两个 N 型区上引出两个金属电极作为漏极 d 和源极 s,在两个 N 型区中间二氧化硅绝缘层的上面引出一个金属电极作为栅极 g。

N 沟道增强型 MOS 管的转移特性和输出特性曲线如图 2-12 所示。

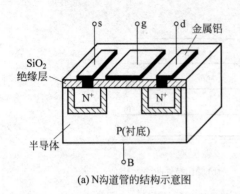
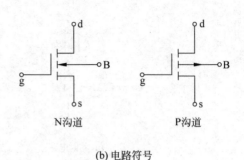

(a) N沟道管的结构示意图　　　　　　　　　　(b) 电路符号

图 2-11　增强型 MOS 管的结构示意图及电路符号

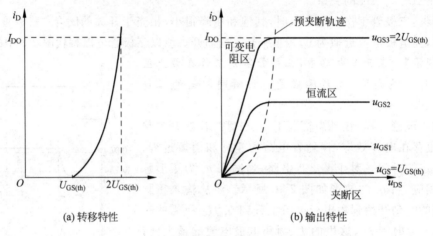

(a) 转移特性　　　　　　　　　　(b) 输出特性

图 2-12　N 沟道增强型 MOS 管的特性曲线

转移特性曲线是反应漏极电流 i_D 与栅源电压 u_{GS} 关系的曲线。由图 2-12(a)的转移特性曲线可见,当 $u_{GS} < U_{GS(th)}$(开启电压)时,由于尚未形成导电沟道,因此漏极电流 i_D 基本为零。当 $u_{GS} \geq U_{GS(th)}$ 时,形成了导电沟道,而且随着 u_{GS} 的增大,导电沟道变宽,沟道电阻减小,于是 i_D 也随之增大。该曲线可以近似表示为

$$i_D = I_{DO}\left(\frac{u_{GS}}{U_{GS(th)}} - 1\right)^2, \quad u_{GS} > U_{GS(th)} \tag{2-1}$$

式中,I_{DO} 是 $u_{GS} = 2U_{GS(th)}$ 时的 i_D 值。

反应漏极电流 i_D 和漏源电压 u_{DS} 之间关系的曲线簇称为漏极特性曲线,又称输出特性曲线。N 沟道增强型 MOS 管在正常工作时的输出特性曲线可以分为夹断区、可变电阻区和恒流区三个区域,如图 2-12(b)所示。

(1) 当 u_{GS} 小于开启电压时,沟道未能形成,漏源之间呈现的电阻趋于无穷大,故 $i_D = 0$,此时的工作区域为夹断区(也称截止区)。若利用 MOS 管作为开关,工作在该区域时漏源之间相当于一个断开的开关。

(2) 当 u_{GS} 大于开启电压时,i_D 基本上不随 u_{DS} 的变化而变化,它的值主要取决于 u_{GS}。各条特性曲线近似为水平的直线,如图 2-12(b)中预夹断轨迹虚线右边区域,称为恒流区,也称为饱和区。

（3）当 u_{DS} 很小时，u_{DS} 的变化直接影响整个沟道的电场强度，从而影响 i_D 的大小。该区域中 u_{DS} 增加会引起漏极电流 i_D 显著增加。如图 2-12(b) 所示的预夹断轨迹虚线左边区域，在此区域可通过改变 u_{GS} 的值来改变漏源之间电阻的大小，故称这个区域为可变电阻区。

【提示】 在开关电路中，MOS管不是工作在夹断区就是工作在可变电阻区，恒流区只是一种瞬间即逝的过渡状态。

P 沟道增强型 MOS 管的结构、符号及特性曲线，与 N 沟道增强型 MOS 管有明显的对偶关系。其衬底为 N 型硅半导体，漏极、源极是 P^+ 区，u_{GS}、u_{DS} 都是负极性，开启电压也是负值。

由 N 沟道增强型 MOS 管构成的开关电路如图 2-13 所示，当输入 u_I 较小时，MOS 管 T 截止，$u_O = U_{OH} = V_{DD}$，为高电平；当输入 u_I 较大时，MOS 管 T 导通，相当于一个远小于 R_D 的小电阻，所以输出 $u_O = U_{OL}$，为低电平。

在如图 2-13 所示的开关电路中，当输入 u_I 为矩形脉冲时，相应 i_D、u_O 的波形如图 2-14 所示。

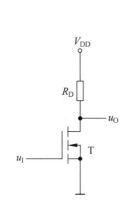

图 2-13 MOS管开关电路

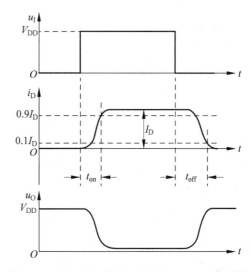

图 2-14 MOS管开关电路中的 u_I、i_D、u_O 波形图

由于 MOS 管三个电极之间存在电容，当 u_I 由低电平跳变到高电平时，MOS 管要经过一段时间才能从截止状态转换到导通状态，这段时间称为开通时间 t_{on}；同样，当 u_I 由高电平跳变到低电平时，MOS 管也要经过一段时间才能从导通状态转换到截止状态，这段时间称为关断时间 t_{off}。

【提示】 MOS管电容上的电压不能突变，是造成 i_D、u_O 滞后 u_I 的主要原因。

2.3 分立元件门电路

由分立的二极管、三极管和 MOS 管以及电阻等元件组成的门电路称为分立元件门电路。

2.3.1 二极管"与"门

二极管双输入"与"门电路如图 2-15 所示。图中 A、B 为两个输入变量，Y 为输出变量。

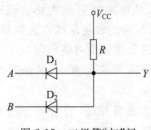

图 2-15　二极管"与"门

设 $V_{CC}=5V$，A、B 输入端的高、低电平分别为 $U_{IH}=3V$，$U_{IL}=0V$，二极管 D_1、D_2 正向导通压降 $U_D=0.7V$。由图 2-15 可见：

（1）A、B 端同时为低电平 0V 时，二极管 D_1、D_2 均导通，使输出 Y 为 0.7V。

（2）A、B 中任一端为低电平 0V 时，如 A 端输入为 0V，B 端输入为 3V，则二极管 D_1 抢先导通，使输出 Y 的电位钳制在 0.7V。二极管 D_2 受反向电压作用而截止，此时输出 Y 保持为 0.7V。

（3）A、B 端同时为高电平 3V 时，二极管 D_1、D_2 均导通，使输出 Y 为 3.7V。

综合上述分析结果，可将图 2-15 所示电路的输入与输出逻辑电平关系列于表 2-1 中。

若规定 3V 以上为高电平，用逻辑 **1** 表示；0.7V 以下为低电平，用逻辑 **0** 表示，则可以得到图 2-15 所示电路的真值表，如表 2-2 所示。

表 2-1　图 2-15 电路的逻辑电平

A/V	B/V	Y/V
0	0	0.7
0	3	0.7
3	0	0.7
3	3	3.7

表 2-2　"与"门电路的真值表

A	B	Y
0	**0**	**0**
0	**1**	**0**
1	**0**	**0**
1	**1**	**1**

若在图 2-15 中增加一只二极管和一个输入端，就得到三输入的"与"门电路。以此类推，可以得到更多输入的"与"门电路。

2.3.2　二极管"或"门

图 2-16 所示为二极管双输入"或"门电路。图中 A、B 为两个输入变量，Y 为输出变量。

设 A、B 输入端的高、低电平分别为 $U_{IH}=3V$，$U_{IL}=0V$，二极管 D_1、D_2 的正向导通压降 $U_D=0.7V$。由图 2-16 可见：

（1）A、B 端同时为低电平 0V 时，二极管 D_1、D_2 均处于截止状态，使输出 Y 为 0V。

（2）A、B 中任一端为高电平 3V 时，如 A 端输入为 3V，B 端输入为 0V，二极管 D_1 先导通，使输出 Y 的电位钳制在 2.3V。二极管 D_2 受反向电压作用而截止，此时输出 Y 保持为 2.3V。

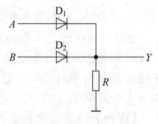

图 2-16　二极管"或"门

（3）A、B 端同时为高电平 3V 时，二极管 D_1、D_2 均导通，使输出 Y 为 2.3V。

图 2-16 所示电路的逻辑电平关系如表 2-3 所示。

同样，若规定 2.3V 以上为高电平，用逻辑 **1** 表示；0V 以下为低电平，用逻辑 **0** 表示，可以得到图 2-16 所示电路的真值表，如表 2-4 所示。

若在图 2-16 中增加一只二极管和一个输入端，就得到三输入的"或"门电路。以此类推，可以得到更多输入的"或"门电路。

表 2-3　图 2-16 电路的逻辑电平			表 2-4　图 2-16 电路的真值表		
A/V	B/V	Y/V	A	B	Y
0	0	0	**0**	**0**	**0**
0	3	2.3	**0**	**1**	**1**
3	0	2.3	**1**	**0**	**1**
3	3	2.3	**1**	**1**	**1**

2.3.3　三极管"非"门

图 2-17 所示是三极管"非"门电路。图中 A 为输入变量,Y 为输出变量。

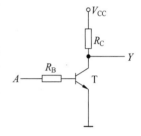

如图 2-17 所示,设 $V_{CC}=5V$,合理选择 R_B 和 R_C 的值,可保证当输入 A 为 5V 时,三极管 T 饱和导通,输出 Y 为 0.3V;当输入 A 为 0V 时,三极管 T 截止,输出端 Y 的电压等于电源电压 5V。

若规定 5V 为高电平,用逻辑 **1** 表示;0.3V 以下为低电平,用逻辑 **0** 表示,则可以得到图 2-17 所示电路的真值表,如表 2-5 所示。由表可见,图 2-17 所示电路可以实现"非"逻辑功能。

图 2-17　三极管构成的
"非"门电路

表 2-5　图 2-17 电路的真值表

A	Y
0	1
1	0

2.3.4　MOS 管"非"门

图 2-18 所示是 MOS 管"非"门电路。图中 A 为输入变量,Y 为输出变量。

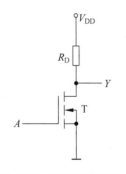

如图 2-18 所示,设 $V_{DD}=10V$,合理选择 R_D 的值,可保证当输入 A 为 10V 时,栅源电压大于开启电压,MOS 管 T 导通且工作在可变电阻区,导通电阻很小,输出 Y 约为 0V;当输入 A 为 0V 时,栅源电压小于开启电压,MOS 管 T 截止,输出端 Y 的电压等于电源电压 10V。

若规定 10V 为高电平,用逻辑 **1** 表示;0V 为低电平,用逻辑 **0** 表示,同样会得到如表 2-5 所示的真值表。可见,图 2-18 所示电路能实现"非"逻辑。

图 2-18　MOS 管构成的
"非"门电路

分立元件门电路的结构简单,但使用中存在电平偏移、输出电阻大、负载能力差等缺点,目前广泛使用的是集成门电路。

2.4　TTL 集成门电路

TTL 集成系列门电路主要由双极型晶体管构成,由于输入端和输出端均采用晶体三极管,所以称为晶体管-晶体管逻辑(Transistor-Transistor-Logic)电路,简称 TTL 电路,是应用较广泛的双极型数字集成电路。国产 TTL 产品主要有 CT54/74 标准系列、CT54/74H 高速系列等。本节只介绍 TTL 反相器、TTL"与非"门、TTL 集电极开路门和 TTL 三态门。

2.4.1 TTL 反相器

1. TTL 反相器的电路结构

TTL 反相器的电路结构如图 2-19 所示,是 CT74 系列 TTL 反相器的典型电路,由输入级、中间级和输出级三部分组成。

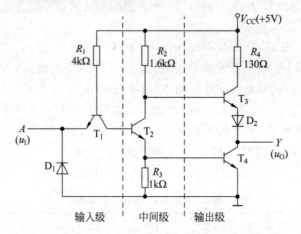

图 2-19 TTL 反相器电路结构

三极管 T_1、电阻 R_1、二极管 D_1 组成输入级,D_1 是为防止输入电压过低而设置的保护二极管,在输入信号处于正常逻辑电平范围内时,D_1 为反偏状态,不影响电路的正常功能;当输入端出现负向干扰信号时,D_1 导通,使输入电压被钳制在 $-0.7V$,从而保护了 T_1 不会因发射极电流过大而被烧毁;三极管 T_2、电阻 R_2 和 R_3 构成中间级(倒相级);三极管 T_3 和 T_4、电阻 R_4、二极管 D_2 构成输出级。

2. TTL 反相器的工作原理

TTL 电路正常的工作电压为 5V,设三极管的发射结导通电压 U_{BE} 和二极管的导通电压 U_D 均为 0.7V。若输入 u_1 为低电平,$U_{IL}=0.3V$ 时,三极管 T_1 的发射结导通,T_1 的基极电位 $u_{B1}=U_{IL}+U_{BE1}=0.3+0.7=1V$。此时 T_2、T_4 截止,T_3 和 D_2 导通,输出 u_O 为高电平 U_{OH}。若忽略电阻 R_2 上的电压,则得到

$$U_{OH}=V_{CC}-U_{BE3}-U_{D2}=5V-0.7V-0.7V=3.6V$$

若输入 u_1 为高电平,$U_{IH}=3.6V$ 时,在输入电压由低电平开始上升过程中,T_1 的基极电位 u_{B1} 也随着升高,当 $u_{B1}=2.1V$ 以后,T_2、T_4 均进入饱和导通状态,T_3 和 D_2 截止,输出 u_O 为低电平 U_{OL}。若三极管的饱和导通压降 $U_{CES}=0.3V$,则得到

$$U_{OL}=U_{CES}=0.3V$$

分析结果表明,对于图 2-19 所示电路,当输入为低电平时,输出为高电平;当输入为高电平时,输出为低电平。因此,电路的输入和输出之间满足"非"逻辑关系。

【提示】 由于电路的输出和输入反相,故称为反相器,即"非"门。

3. TTL 反相器的电压传输特性

电压传输特性是描述输出电压 u_O 随输入电压 u_I 变化的特性曲线。图 2-20 为 TTL 反相器的电压传输特性曲线,曲线分成以下 4 段。

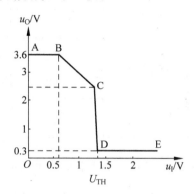

图 2-20　TTL 反相器的电压传输特性

AB 段(截止区):当输入 $u_I < 0.6\text{V}$ 时,T_1 的基极电位 $u_{B1} < 0.6\text{V} + 0.7\text{V} = 1.3\text{V}$,$T_2$、$T_4$ 截止,T_3 导通,输出为高电平。

BC 段(线性区):当输入在 $0.6\text{V} \leqslant u_I < 1.3\text{V}$ 变化时,$u_{B1} \geqslant 1.3\text{V}$,$T_2$ 开始导通,T_4 仍截止。此时 T_2 处于放大状态,u_{C2}、u_O 随着输入 u_I 的增加而线性下降。

CD 段(转折区):当输入在 $1.3\text{V} \leqslant u_I < 1.4\text{V}$ 变化时,T_4 开始导通,这时,T_2 和 T_4 同时工作在放大区。因此,u_I 的微小增加会引起 u_O 的急剧下降,并迅速变为低电平。转折区中点对应的输入电压称为阈值电压,用 U_{TH} 表示。

DE 段(饱和区):当输入 $u_I > 1.4\text{V}$ 时,T_2、T_4 饱和,T_3 截止,输出电压 $u_O = U_{CES} = 0.3\text{V}$。

4. TTL 反相器的输入特性和输出特性

为了正确地处理门电路之间、门电路与其他电路之间的连接问题,必须了解门电路输入端和输出端的伏安特性,即输入特性和输出特性。

1) 输入特性

反相器输入电压和输入电流之间的关系称为输入伏安特性,简称输入特性。

在图 2-19 所示的 TTL 反相器电路中,当 $u_I = U_{IL} = 0.2\text{V}$ 时,低电平输入电流的实际流向是流出输入端的,因此记为负值,即

$$I_{IL} = -\frac{V_{CC} - U_{BE1} - U_{IL}}{R_1} \approx -1\text{mA}$$

当 $u_I = U_{IH} = 3.6\text{V}$ 时,U_{B1} 被钳位在 2.1V,这时 T_1 的集电结正偏,发射结反偏,输入电流 I_{IH} 非常小,几乎不随输入电平变化。

如图 2-21 所示,如果将 TTL 电路的输入端经过电阻 R_P 接地,则输入端的电位将不等于 0,且输入电压将随电阻 R_P 的增加而升高,即

$$u_I = -\frac{(V_{CC} - U_{BE1})R_P}{R_1 + R_P} \tag{2-2}$$

当输入电压升至 1.4V 以后,U_{B1} 被钳位在 2.1V,即使 R_P 再增加,输入电压也不会再升高了,基本维持在 1.4V 左右。

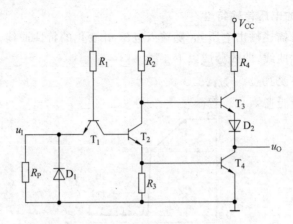

图 2-21 TTL 反相器输入端经电阻接地

由此可知,若 R_P 为无穷大,即输入端悬空,输出一定是低电平。从输出端看,如同输入端接高电平信号一样。

【提示】 TTL 电路输入端悬空状态和接高电平状态等效。

2) 输出特性

反相器输出电压和输出电流之间的关系称为输出伏安特性,简称输出特性。

(1) 高电平输出特性。输出为高电平时($u_O = U_{OH}$)时的等效电路如图 2-22(a)所示,T_3 管工作在射极输出状态,电路的输出阻抗很低。当负载电流较小且负载电流变化时,U_{OH} 变化很小;当负载电流进一步增加,R_4 上压降也随之加大,使 T_3 的 bc 结变为正向偏置,T_3 进入饱和状态,失去射极跟随功能,因而 U_{OH} 随 I_L 的增加而迅速下降。由于这时负载电流是从门电路的输出端流出供给负载的,相当于负载从门电路中索取电流,所以形象地称为"拉电流"负载。

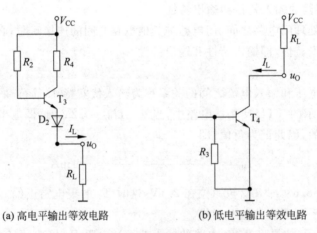

(a) 高电平输出等效电路   (b) 低电平输出等效电路

图 2-22 TTL 反相器输出等效电路

(2) 低电平输出特性。输出为低电平($u_O = U_{OL}$)时的等效电路如图 2-22(b)所示,门电路输出端的 T_4 管饱和导通而 T_3 管截止。由于 T_4 管饱和导通时 ce 间的电阻很小(10Ω 以内),所以负载电流 I_L 增加时 U_{OL} 仅稍有升高,一定范围内基本为线性关系。由于这时负载电流是流入门电路的,所以形象地称为"灌电流"负载。

2.4.2 TTL"与非"门

图 2-23 所示为 CT74H 系列 TTL"与非"门的典型电路,由输入级、中间级和输出级三部分组成。输入级由多发射极三极管 T_1 和电阻 R_1 组成,用以实现"与"逻辑功能。其中二极管 D_1 和 D_2 构成输入保护电路。

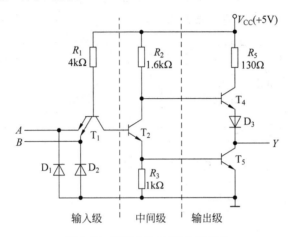

图 2-23 TTL"与非"门电路结构

中间级由三极管 T_2 和电阻 R_2、R_3 组成,在 T_2 的集电极和发射极分别输出极性相反的电平,用来驱动输出级的三极管 T_4 和 T_5。

输出级由三极管 T_4、T_5、D_3 和电阻 R_5 组成,在正常工作时,T_4 和 T_5 总是一个处于截止状态,另一个处于饱和状态。

当输入 A、B 中有低电平时,对应于输入端接低电平的发射结导通。这时电源通过 R_1 为 T_1 提供基极电流。T_1 的基极电位 $U_{B1}=U_{IL}+U_{BE1}=0.3V+0.7V=1V$,不足以向 T_2 提供正向基极电流,因此 T_2 和 T_5 截止。此时,T_2 集电极电位 u_{C2} 接近电源电压 V_{CC},使 T_4 的发射结正偏而导通,所以输出端 Y 为高电平。

当输入 A、B 均为高电平时,T_1 的基极电位被 T_1 集电结、T_2 和 T_5 的发射结钳位在 2.1V,T_1 的发射结均反偏,电源 V_{CC} 通过 R_1 和 T_1 的集电极向 T_2 提供足够的基极电流,使 T_2 饱和,其发射极电流在 R_3 上产生的压降又为 T_5 提供了足够的基极电流,使 T_5 也饱和,T_2 的集电极电位为 $U_{C2}=U_{CES2}+U_{BE5}=0.3V+0.7V=1V$,$T_4$ 截止。

在 T_4 截止、T_5 饱和的状态下,输出 Y 的电位为 0.3V,即输出 Y 为低电平。

综上所述,图 2-23 所示电路,当输入 A、B 中有低电平时,输出 Y 为高电平,当输入 A、B 均为高电平时,输出 Y 为低电平。因此,电路的输入和输出之间满足"与非"逻辑关系。

2.4.3 TTL 集电极开路门和三态门

一般 TTL 门电路的输出电阻都很低,若把两个或两个以上 TTL 门电路的输出端直接并接在一起,当其中一个输出为高电平,另一个输出为低电平时,就会在电源与地之间形成一个低阻串联通路,产生的电流将超过门电路的最大允许值,可能导致门电路因功耗过大而损坏。因此,一般的 TTL 门电路不能"线与"。所谓"线与"是不同门电路输出端直接连接形成"与"功能的方式。集电极开路门能实现"线与"功能。

1. 集电极开路门

由于电路中输出管集电极开路,故称为集电极开路门电路,简称 OC(Open Collector)门。这种门电路正常工作时,需要在输出端和电源 V_{CC} 之间直接外接上拉电阻 R_L。OC"与非"门的电路图和逻辑符号如图 2-24 所示,与图 2-23 所示"与非"门的差别仅在于用外接电阻 R_L 取代了由 T_3 和 T_4 构成的有源负载。

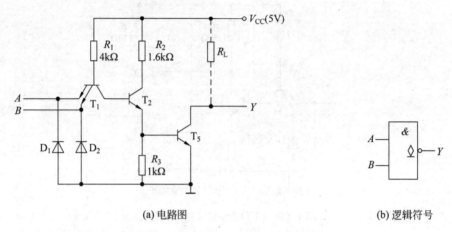

(a) 电路图　　　　　　　　　　　　　　(b) 逻辑符号

图 2-24　集电极开路"与非"门电路图及逻辑符号

当 A、B 输入中有低电平时,T_2 和 T_5 截止,Y 端输出高电平;当输入端全部是高电平时,T_2、T_5 导通。只要 R_L 的取值合适,T_5 就可以达到饱和,使 Y 输出低电平。

OC"与非"门与普通 TTL"与非"门不同的是它输出的高电平约为 V_{CC}。多个 OC 门输出端相连时,可以共用一个上拉电阻 R_L,如图 2-25 所示。

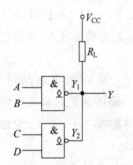

图 2-25　OC"与非"门"线与"逻辑图

由图 2-25 可知,$Y_1 = \overline{AB}$,$Y_2 = \overline{CD}$,按"线与"要求,$Y = Y_1 \cdot Y_2 = \overline{AB} \cdot \overline{CD} = \overline{AB + CD}$。

可见,将两个 OC"与非"门"线与"连接后,可实现"与或非"逻辑功能。

上拉电阻 R_L 的取值范围为

$$\frac{V_{CC} - U_{OL(max)}}{I_{OL} - mI_{IL}} \leqslant R_L \leqslant \frac{V_{CC} - U_{OH(min)}}{nI_{OH} - mI_{IH}} \tag{2-3}$$

式中,n 为"线与"OC 门的个数;m 为后面连接的负载门个数;$U_{OL(max)}$ 为规定的产品低电平上限值;$U_{OH(min)}$ 为规定的产品高电平下限值;I_{OL} 为每个 OC 门所允许的最大负载电流;I_{OH} 为 OC 门输出管截止时的漏电流;I_{IL} 为每个负载门的低电平输入电流;I_{IH} 为每个负载门的高电平输入电流。

2. 三态门

三态门是在普通门电路基础上附加控制电路构成的,简称 TSL(Three-State Logic)门。TSL 门的输出有逻辑高电平、逻辑低电平和高阻态三个状态。

图 2-26 所示为三态输出"与非"门的电路结构和逻辑符号,其中 A、B 为输入端,E 为控制端,又称为使能端,Y 为输出端。

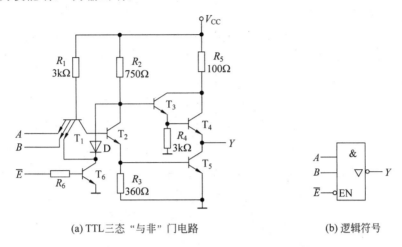

(a) TTL三态"与非"门电路　　　　　　　　(b) 逻辑符号

图 2-26　TTL 三态"与非"门电路图及逻辑符号

当 $\overline{E}$ 端输入低电平时,T_6 截止,其集电极电位 U_{C6} 为高电平,使 T_1 中与 T_6 集电极相连的发射结也截止。由于和二极管 D 的 N 区相连的 PN 结全截止,故 D 截止,相当于开路,不起任何作用。此时三态门和普通门一样,能实现"与非"逻辑功能,即 $Y=\overline{AB}$。这是三态门的工作状态。

当 $\overline{E}$ 端输入高电平时,T_6 饱和导通,其集电极电位 U_{C6} 为低电平,D 导通,使 $U_{C2}=0.3\text{V}+0.7\text{V}=1\text{V}$,致使 T_4 截止。同时,U_{C6} 使 T_1 射极之一为低电平,T_2 和 T_5 截止。由于 T_4 和 T_5 同时截止,输出端相当于悬空或开路。此时,三态门相对于负载而言呈高阻状态,称为高阻态或禁止状态。在此状态下,由于三态门与负载之间无信号联系,对负载不产生任何逻辑功能,所以禁止状态不是逻辑状态。表 2-6 是三态"与非"门的真值表(高阻态用 Z 表示)。

表 2-6　三态"与非"门的真值表

A	B	$\overline{E}$	Y
0	0	0	1
0	1	0	1
1	0	0	1
1	1	0	0
×	×	1	Z

【提示】　在三态门的逻辑符号中,控制端有小圆圈的为低电平有效。

在计算机等复杂数字系统中,为了减少各单元电路之间的连线数目,往往采用总线结构来分时传送信号。这时可以采用三态门组成总线,如图 2-27 所示。只要控制各个门电路的 E 端轮流等于 1,且任何时候仅有一个等于 1,就可以将各门电路的输出信号轮流传送到总线上而互不干扰。

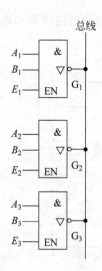

图 2-27　三态门组成的总线

【例 2-1】　某门电路的真值表如表 2-7 所示,试说明其逻辑功能。

表 2-7　例 2-1 的真值表

A	B	Y_1	Y_2
0	0	0	Z
0	1	Z	1
1	0	1	Z
1	1	Z	0

解：当 $B=0$ 时,$Y_1=A$；当 $B=1$ 时,Y_1 输出高阻态,因此它是一个控制端低电平有效的三态门,B 为控制端。

当 $B=1$ 时,$Y_2=\overline{A}$；当 $B=0$ 时,Y_2 输出高阻态,因此它是一个控制端高电平有效的三态"非"门,B 为控制端。

2.5　CMOS 集成门电路

CMOS 集成电路是由 P 沟道增强型 MOS 管和 N 沟道增强型 MOS 管按互补对称的形式连接构成的,故称为互补型 MOS 集成电路,简称为 CMOS 集成电路。这种集成电路具有功耗低、抗干扰能力强等特点,是目前应用最广泛的集成电路之一。本节介绍 CMOS 反相器、CMOS"与非"门和"或非"门、CMOS 传输门、漏极开路门和三态门。

2.5.1　CMOS 反相器

1. CMOS 反相器的电路结构

CMOS 反相器的基本电路结构如图 2-28 所示。它是由两个增强型 MOS 管组成的,其中 T_1 是 P 沟道增强型 MOS 管,用作负载管；T_2 是 N 沟道增强型 MOS 管,用作驱动管。两个管子的栅极连在一起作为反相器的输入端,漏极连在一起作为反相器的输出端。P 沟

道的源极接电源 V_{DD}。为保证电路能正常工作，要求电源电压 V_{DD} 大于两个 MOS 管的开启电压的绝对值之和，即

$$\begin{cases} V_{DD} > |U_{GS(th)P}| + U_{GS(th)N} \\ U_{GS(th)P} = U_{GS(th)N} \end{cases} \qquad (2\text{-}4)$$

其中，$U_{GS(th)P}$ 和 $U_{GS(th)N}$ 分别是 T_1 和 T_2 的开启电压。

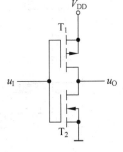

图 2-28　CMOS 反相器电路结构

2. CMOS 反相器的工作原理

当电路输入为低电平，即 $u_I = 0V$ 时，T_2 的 $u_{GSN} = 0V$，小于它的开启电压 $U_{GS(th)N}$，T_2 截止；此时 T_1 的 $u_{GSP} = 0 - V_{DD}$，小于它的开启电压 $U_{GS(th)P}$，T_1 导通，电路输出高电平，即 $u_O \approx V_{DD}$。

当电路输入为高电平，即 $u_I = V_{DD}$ 时，T_2 的 $u_{GSN} = V_{DD}$，大于它的开启电压 $U_{GS(th)N}$，T_2 导通；此时 T_1 的 $u_{GSP} = V_{DD} - V_{DD} = 0V$，大于它的开启电压 $U_{GS(th)P}$，T_1 截止，电路输出低电平，即 $u_O \approx 0V$。

综上所述，当输入为低电平时，输出为高电平；输入为高电平时，输出为低电平。可见电路实现的是"非"逻辑运算。由于该电路输入信号与输出信号反相，故又称为 CMOS 反相器。

当 CMOS 反相器处于稳态时，无论输入的是高电平还是低电平，T_1 和 T_2 总是一个导通一个截止，流过 T_1 和 T_2 的漏极电流接近零，故 CMOS 反相器的静态功耗很低，这是 CMOS 电路的突出优点。

3. CMOS 反相器的电压、电流传输特性

1）电压传输特性

CMOS 反相器的电压传输特性曲线如图 2-29 所示。

当反相器工作在电压传输特性的 AB 段时，由于 $u_I < U_{GS(th)N}$，而 $|u_{GSP}| > |U_{GS(th)P}|$，故 T_1 导通，T_2 截止，$u_O = V_{DD}$，输出为高电平。

当反相器工作在电压传输特性的 BC 段时，即 $U_{GS(th)N} < u_I < V_{DD} - |U_{GS(th)P}|$ 的区间内，$u_{GSN} > U_{GS(th)N}$、$|u_{GSP}| > |U_{GS(th)P}|$，$T_1$ 和 T_2 同时导通。如果 T_1 和 T_2 的参数完全对称，则 $u_I = \dfrac{V_{DD}}{2}$ 时两管的导通内阻相等，$u_O = \dfrac{V_{DD}}{2}$，即工作在电压传输特性转折区的中点。

当反相器工作在电压传输特性的 CD 段时，由于 $u_I > V_{DD} - |U_{GS(th)P}|$，使 $|u_{GSN}| < |U_{GS(th)P}|$，故 T_1 截止。而 $u_{GSN} > U_{GS(th)N}$，故 T_2 导通。$u_O = 0V$，输出低电平。

将电压传输特性转折区的中点对应的输入电压称为阈值电压，用 U_{TH} 表示，CMOS 反相器的 $U_{TH} = \dfrac{V_{DD}}{2}$。

从图 2-29 可以看出，CMOS 反相器电压传输特性的转折区变化率很大，因此其开关特性接近理想的开关特性。

2）电流传输特性

图 2-30 为漏极电流 i_D 随输入电压 u_I 变化的曲线，即电流传输特性曲线。在 AB 段，因为 T_2 工作在截止状态，内阻很高，所以流过 T_1 和 T_2 的 i_D 几乎为 0；在 CD 段，因为 T_1 工作在截止状态，内阻很高，所以流过 T_1 和 T_2 的 i_D 也几乎为 0；在 BC 段，T_1 和 T_2 同时导通，有电流 i_D 流过 T_1 和 T_2，而且在 $u_I = \dfrac{V_{DD}}{2}$ 附近 i_D 最大。

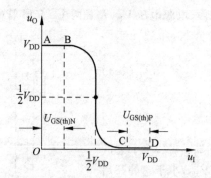

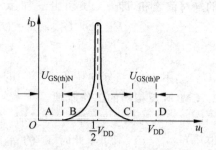

图 2-29　CMOS 反相器的电压传输特性　　　图 2-30　CMOS 反相器的电流传输特性

2.5.2　CMOS"与非"门和"或非"门

1. CMOS"与非"门

CMOS"与非"门的电路结构如图 2-31 所示,图中 T_2 和 T_4 是两个串联的 N 沟道增强型 MOS 管,用作驱动管; T_1 和 T_3 是两个并联的 P 沟道增强型 MOS 管,用作负载管。

当 $A=0V$, $B=V_{DD}$ 时, T_3 导通, T_4 截止,输出 Y 为高电平;当 $A=V_{DD}$, $B=0V$ 时, T_1 导通, T_2 截止,输出 Y 亦为高电平;当 $A=B=V_{DD}$ 时, T_1 和 T_3 同时截止, T_2 和 T_4 同时导通,输出 Y 为低电平。因此,该电路实现的是"与非"门的功能,即 $Y=\overline{AB}$。

2. CMOS"或非"门

CMOS"或非"门的电路如图 2-32 所示,图中 T_2 和 T_4 是两个并联的 N 沟道增强型 MOS 管,用作驱动管; T_1 和 T_3 是两个串联的 P 沟道增强型 MOS 管,用作负载管。

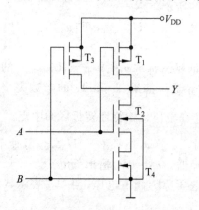

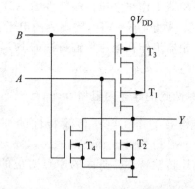

图 2-31　CMOS"与非"门电路结构　　　图 2-32　CMOS"或非"门电路结构

当输入 A、B 中有一个是高电平时,则接高电平的驱动管导通,输出 Y 为低电平;当输入 A、B 同时为低电平时,驱动管 T_2 和 T_4 同时截止,负载管 T_1 和 T_3 同时导通,输出 Y 为高电平。因此,该电路实现的是"或非"门的功能,即 $Y=\overline{A+B}$。

2.5.3　CMOS 漏极开路门、传输门和三态门

1. CMOS 漏极开路门

同 TTL 电路中的 OC 门类似,CMOS 门的输出电路结构也可以做成漏极开路的形式。

CMOS 门电路中漏极开路门电路简称为 OD(Open Drain)门。图 2-33 所示为 CMOS 漏极
开路"与非"门的电路结构图和逻辑符号。OD 门工作时必须外接电源 V_{DD2} 和电阻 R_L 电路
才能工作,实现 $Y = \overline{AB}$。

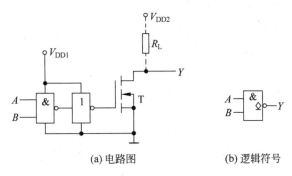

(a) 电路图　　　　　　(b) 逻辑符号

图 2-33　CMOS 漏极开路"与非"门及逻辑符号

OD 门输出低电平时,可吸收高达 50mA 的负载电流。当输入级和输出级采用不同电
源电压 V_{DD1} 和 V_{DD2} 时,可将输入的 $0 \sim V_{DD1}$ 间的电压转换成 $0 \sim V_{DD2}$ 间的电压,从而实现电
平转换。

2. CMOS 传输门

CMOS 传输门电路结构和逻辑符号如图 2-34 所示,由两个结构对称、参数一致的 N 沟
道增强型 MOS 管 T_1 和 P 沟道增强型 MOS 管 T_2 组成,T_1 和 T_2 的源极和漏极分别相连作
为传输门的输入端和输出端。C 和 $\overline{C}$ 是一对互补的控制信号。由于 MOS 管的结构对称,
源极和漏极可以互换,电流可以从两个方向流通,所以传输门的输入端和输出端可以互换,
即 CMOS 传输门是双向器件。

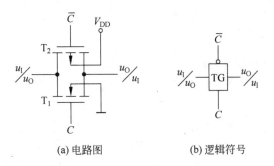

(a) 电路图　　　　　　(b) 逻辑符号

图 2-34　CMOS 传输门电路及逻辑符号

设控制信号 C 和 $\overline{C}$ 的高、低电平分别为 V_{DD} 和 0V。

当 $C = 0V$,$\overline{C} = V_{DD}$ 时,只要输入信号的变化范围为 $0 \sim V_{DD}$,则 T_1 和 T_2 同时截止,输入
与输出之间呈高阻状态,传输门截止。

当 $C = V_{DD}$,$\overline{C} = 0V$,输入信号在 $0 \sim V_{DD}$ 变化时,T_1 和 T_2 至少有一个导通,使输入与输
出之间呈低阻状态,传输门导通。

3. CMOS 三态门

CMOS 三态门是在普通的 CMOS 门电路上,增加了控制端和控制电路构成的,其电路
结构和逻辑符号如图 2-35 所示,其中 A 为信号输入端,E 为控制端,Y 为输出端。

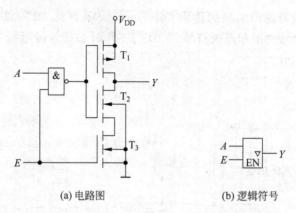

(a) 电路图　　　　　　(b) 逻辑符号

图 2-35　CMOS 三态门电路结构及逻辑符号

当 E 为高电平时，T_3 导通，"与非"门输出为 $\overline{A}$，由 T_1 和 T_2 组成的 CMOS 反相器处于工作状态，输出 $Y=A$。

当 E 为低电平时，T_3 截止，"与非"门输出为 1，使 T_1 截止，T_2 导通，输出 Y 呈高阻状态。

【提示】　与 TTL 三态门一样，在 CMOS 三态门的逻辑符号中，控制端有小圆圈的为低电平有效。

2.6　集成逻辑门电路的主要性能参数

本节从使用的角度介绍集成逻辑门电路的几种外部特性参数，主要是使读者能对集成逻辑门电路的性能指标有一个大致的认识。具体门电路的参数还要参考相关产品的手册及说明书。

1. 直流电源电压

CMOS 集成门电路的直流电源电压为 3～18V，74 系列的 CMOS 集成门电路有 5V 和 3.3V 两种。TTL 集成门电路的标准直流电源电压为 5V，最低为 4.5V。

2. 输入噪声容限

集成逻辑门电路的输出高、低电平不是一个值，而是一个范围。同样，它的输入高、低电平也有一个范围，即输入信号允许一定的容差，称为噪声容限。图 2-36 是噪声容限的示意图，G_1 的输出电压是 G_2 的输入电压。规定输出高电平的下限为 $U_{OH(min)}$，输出低电平的上限为 $U_{OL(max)}$。同时规定，当输出为 $U_{OH(min)}$ 时的最大输入低电平为 $U_{IL(max)}$，输出为 $U_{OL(max)}$ 时的最小输入高电平为 $U_{IH(min)}$，于是可以得到低电平噪声容限为

$$U_{NL} = U_{IL(max)} - U_{OL(max)} \tag{2-5}$$

同理可得高电平噪声容限为

$$U_{NH} = U_{OH(min)} - U_{IH(min)} \tag{2-6}$$

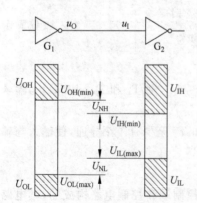

图 2-36　噪声容限示意图

74 系列 TTL 门电路的典型参数为 $U_{OH(min)}=2.4$V，$U_{OL(max)}=0.4$V，$U_{IH(min)}=2.0$V，$U_{IL(max)}=0.8$V，于是可以

得到噪声容限分别为 $U_{NL}=0.4V$，$U_{NH}=0.4V$。

国产 CC4000 系列 CMOS 电路的性能指标中规定：在输出高、低电平的变化不大于 $0.1V_{DD}$ 条件下，输入信号低、高电平允许的最大变化量为 U_{NL} 和 U_{NH}。测试结果表明，$U_{NL}=U_{NH}>0.3V_{DD}$。为了提高输入噪声容限，可适当提高 V_{DD}。

【提示】 噪声容限表示门电路的抗干扰能力，噪声容限越大，电路的抗干扰能力越强。

3. 传输延迟时间

在集成逻辑门电路中，由于半导体器件从截止变导通或从导通变截止都需要一定的时间，且半导体器件内部的结电容对输入信号波形的传输也有影响。在门电路的输入端加理想的矩形脉冲信号，门电路输出信号的波形不仅要比输入信号滞后，而且波形的上升沿和下降沿也将变坏。集成反相器输入信号波形和输出信号波形如图 2-37 所示。

由图 2-37 可见，输出信号波形延迟输入信号波形一段时间，描述这种延迟特征的参数有导通传输时间 t_{PHL}，截止传输时间 t_{PLH}。

导通传输时间 t_{PHL} 描述输出电压从高电平跳变到低电平时的传输延迟时间，定义为输入信号前沿的 50% 到输出信号前沿 50% 的时间。

截止传输时间 t_{PLH} 描述输出电压从低电平跳变到高电平时的传输延迟时间，定义为输入信号后沿的 50% 到输出信号后沿 50% 的时间。

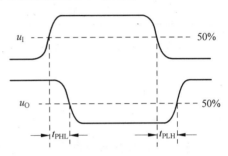

图 2-37 传输延迟时间示意图

导通传输时间和截止传输时间与电路的许多参数有关，不易精确计算，它们通常由实验测定，在集成电路手册上通常给出导通传输时间和截止传输时间的平均值，称为平均传输延迟时间 t_{pd}，计算平均传输延迟时间的公式为

$$t_{pd} = \frac{1}{2}(t_{PHL} + t_{PLH}) \tag{2-7}$$

TTL 集成门电路的传输延迟时间为几纳秒到十几纳秒；一般 CMOS 集成门电路的传输延迟时间较大，为几十纳秒，但高速 CMOS 集成门电路的传输延迟时间较小，只有几纳秒。

4. 扇入系数和扇出系数

门电路所能允许的最多输入端个数称为扇入系数。一般门电路的扇入系数为 1~5，最多不超过 8。实际应用中若要求门电路的输入端数目超过它的扇入系数，可使用"与"扩展器或者"或"扩展器来增加输入端数目，也可改用分级实现的方法。

实际应用中，若要求门电路的输入端数目小于它的扇入系数，可将多余的输入端接高电平或低电平，这取决于门电路的逻辑功能。

门电路的输出端根据不同的需要通常都带有不同的负载，门电路输出端典型的负载也是门电路，描述门电路输出端最多所能够带的门电路数称为门电路的扇出系数，或称负载能力。TTL 一般门电路的扇出系数为 8，驱动门的扇出系数可达 25。CMOS 门的扇出系数更大一些。

2.7 正、负逻辑的概念

在数字电路中,若高电平用逻辑 **1** 表示,低电平用逻辑 **0** 表示,称为正逻辑;若高电平用逻辑 **0** 表示,低电平用逻辑 **1** 表示,称为负逻辑。在本书中,如未加特殊说明,一律采用正逻辑。

就一个具体的电路而言,只要电路组成一定,其输入与输出的电位关系就被唯一确定下来。然而,给输入与输出的高、低电平赋予什么逻辑值却是人为规定的。当采用不同逻辑方式(正逻辑或负逻辑)时,同一个数字逻辑电路可以实现不同的逻辑功能。

如图 2-15 所示电路,若采用正逻辑,实现的是"与"功能。当采用负逻辑时,其相应真值表如表 2-8 所示。

表 2-8　采用负逻辑时图 2-15 电路的真值表

A	B	Y
1	1	1
1	0	1
0	1	1
0	0	0

从表 2-8 可以抽象出电路的逻辑表达式,即变为 $Y=A+B$。可见,采用负逻辑后,电路的功能由二输入"与"门变成二输入"或"门。

在数字电路中,当采用的逻辑关系变化时,电路的逻辑功能的变化存在一定的规律。设数字电路的输入变量为 $A,B,C,\cdots$,输出变量为 Y,当采用正(负)逻辑时,电路的逻辑表达式为 $Y(A,B,C,\cdots)$。当逻辑关系变化为负(正)逻辑时,电路的逻辑表达式变为 $\overline{Y(\overline{A},\overline{B},\overline{C},\cdots)}$,由反演规则和对偶规则可得,$\overline{Y(\overline{A},\overline{B},\overline{C},\cdots)}=Y'(A,B,C,\cdots)$。这表明,当逻辑关系变化时,数字电路的逻辑表达式转化为原来的对偶式。

几种常用的正、负逻辑门电路符号的对应关系如表 2-9 所示,表中逻辑符号输入端的小圆圈用来表示负逻辑。在某些电路中,可能会出现正、负逻辑混用的情况,这时可以将输入端的小圆圈用"非"门代替,就可以使整个电路统一按照正逻辑来处理。

表 2-9　几种常用的正、负逻辑门电路符号

正　逻　辑		负　逻　辑	
逻 辑 符 号	名　　称	逻 辑 符 号	名　　称
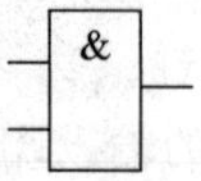 &（逻辑符号）	正"与"门	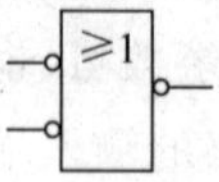 ≥1（逻辑符号）	负"或"门
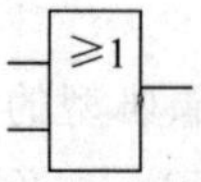 ≥1（逻辑符号）	正"或"门	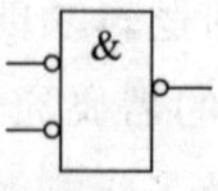 &（逻辑符号）	负"与"门
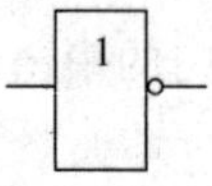 1（逻辑符号）	正"非"门	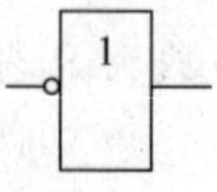 1（逻辑符号）	负"非"门

续表

正 逻 辑		负 逻 辑	
逻辑符号	名 称	逻辑符号	名 称
&（带○）	正"与非"门	≥1（带○）	负"或非"门
≥1（带○）	正"或非"门	&（带○）	负"与非"门

*2.8 利用 Multisim 测试 TTL 反相器的电压传输特性

TTL 反相器的内部电路原理图如图 2-19 所示。打开 Multisim 13.0,建立原理图文件,搭建如图 2-38 所示的测试电路。

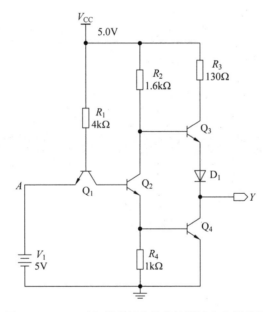

图 2-38 TTL 反相器电压传输特性测试电路原理图

需要注意的是,输出端需要设置网络号,在输出端的引线上右击,从弹出的菜单中选择 Properties 命令,然后在弹出的对话框中选择 Show 复选项,即可显示网络号,这里设置为 Y。

电压传输特性的测试主要是由 Multisim 13.0 的直流扫描分析(DC Sweep Analysis)功能完成的,这一功能用来分析电路中某个节点的直流工作点随电路中一个或两个直流电源变化的情况,具体方法如下。

(1) 选择 Simulate→Analysis→DC Sweep Analysis 菜单命令,弹出参数设置对话框,设置可变电源 Source 为 V1,起始电压为 0V,终止电压为 5V,步进电压为 0.5V,如图 2-39 所示。

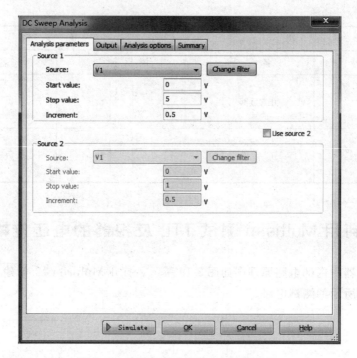

图 2-39　直流扫描分析的电压参数设置

（2）设置需要分析的节点，此处选择输出端，即 V(y)。

（3）单击 Simulate 按钮，直流扫描分析结果如图 2-40 所示。

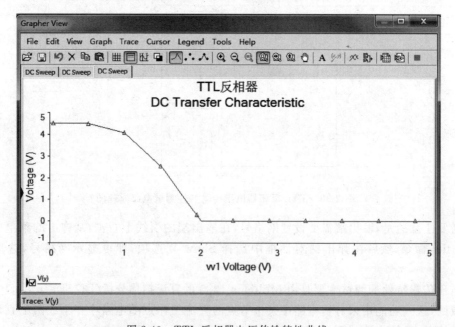

图 2-40　TTL 反相器电压传输特性曲线

从图 2-40 上可以看到，当输入电压为 1.4V 以下时，输出为高电平；当输入电压达到 2.0V 以上时，输出电压变为低电平 0V，完全符合反相器理论上的电压传输特性。

*2.9　利用 VHDL 设计门电路

本节用 VHDL 对二输入与非门、异或门及三态门进行设计和仿真。

1. 二输入与非门的设计及仿真

设与非门的输入为 a 和 b,输出为 c,源代码为:

```
library ieee;
use ieee.std_logic_1164.all;
entity yufei is
port(a,b:in std_logic;
    c:out std_logic);
end entity;
architecture art of yufei is
begin
  c<=not(a and b);
end art;
```

对源代码进行仿真,仿真结果如图 2-41 所示。

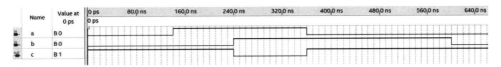

图 2-41　二输入与非门的仿真图

2. 异或门的设计及仿真

设异或门的输入为 A 和 B,输出为 C,源代码为:

```
library ieee;
use ieee.std_logic_1164.all;
use ieee.std_logic_unsigned.all;
entity yihuo is
port(A,B:in bit;
    C:out bit);
end;
architecture a of yihuo is
begin
    C<=A xor B;
end;
```

对源代码进行仿真,仿真结果如图 2-42 所示。

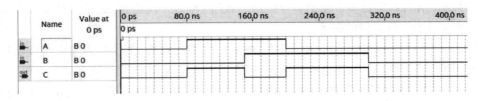

图 2-42　异或门的仿真图

3. 三态门的设计及仿真

这里设计的三态门为三态与非门结构。以 a,b 为输入端,y 为输出端,en 为使能端。当使能端为 1 时,即为一般的与非门;当使能端为 0 时,输出为高阻态。源代码为:

```
library ieee;
use ieee. std_logic_1164. all;
entity santai is
port(en,a,b:in std_logic;
         y:out std_logic);
end entity santai;
architecture art of santai is
begin
    process(en,a,b)is
        begin
          if en = '1'then
            y <=  not(a and b);
          else
            y <= 'Z';
          end if;
    end process;
end architecture art;
```

对源代码进行仿真,仿真结果如图 2-43 所示。

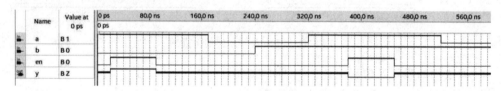

图 2-43　三态门的仿真图

本章小结

本章介绍了数字电路的基础单元电路——集成逻辑门电路,分别对分立元件门电路、双极型门电路和单极型门电路的代表类型进行了分析,包括常用半导体器件的开关特性、分立元件门电路、TTL 集成门电路和 CMOS 集成门电路等内容,本章也是学习数字电路的基础。本章主要介绍了如下内容。

(1)介绍了半导体二极管、三极管和 MOS 管的开关特性。二极管是具有单向导电性的开关元件;三极管是用电流控制电流的具有放大特性的开关元件;MOS 管是电压控制电流的具有放大特性的开关元件。

(2)分立元件门电路中只介绍了“与”门、“或”门和“非”门电路,通过对其原理的分析,体会逻辑运算和电路之间的联系。

(3)以 TTL 反相器为例,介绍了 TTL 集成门电路的结构、工作原理和电压传输特性,同时分析了 TTL“与非”门、集电极开路门、三态门的电路构成、工作原理和简单应用。

(4)以 CMOS 反相器为例,介绍了 CMOS 集成门电路的结构、工作原理和电压、电流传输特性,分析了 CMOS“与非”门、“或非”门、漏极开路门、传输门和三态门的电路构成及工作原理。

（5）介绍了集成逻辑门电路的主要性能参数，包括直流电源电压、输入噪声容限、传输延迟时间、扇入系数和扇出系数等。

（6）介绍了正、负逻辑的基本概念，当采用不同逻辑方式（正逻辑或负逻辑）时，同一个数字逻辑电路可以实现不同的逻辑功能，所以分析设计逻辑电路前，应搞清所采用的逻辑方式。

习题

1. 填空题

（1）半导体二极管具有_____特性。

（2）OC 门称为_____门，多个 OC 门输出端并联到一起可实现_____功能。

（3）三态门有 3 种输出状态，分别是_____、_____和_____。

（4）当多个三态门的输出端连在一条总线上时，应注意_____。

（5）在 CMOS 门电路中，输出端能并联使用的电路有_____和_____。

（6）CMOS 传输门的_____端和_____端可以互换。

（7）正逻辑是指用_____表示高电平，用_____表示低电平。

（8）OD 门在使用时输出端应接_____和电源。

2. 选择题

（1）CMOS 数字集成电路与 TTL 数字集成电路相比，突出的优点是_____。

    A. 微功耗　　　　　　B. 高速度　　　　　　C. 高抗干扰能力　　D. 电源范围宽

（2）三极管作为开关时，工作区域是_____。

    A. 饱和区＋放大区　　B. 放大区＋击穿区　　C. 饱和区＋截止区

（3）设图 2-44 所示电路均为 CMOS 门电路，实现 $F = \overline{A+B}$ 功能的电路是_____。

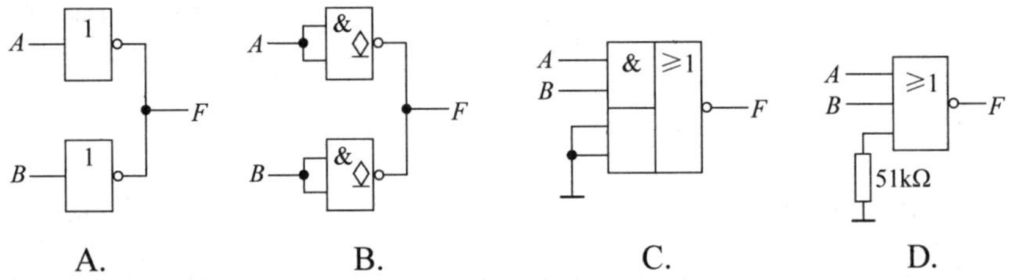

图 2-44　电路图

（4）以下电路中常用于总线应用的有_____。

    A. TSL 门　　　　　　B. OC 门　　　　　　C. 漏极开路门　　　D. CMOS"与非"门

（5）以下电路中可以实现"线与"功能的有_____。

    A. "与非"门　　　　　B. 三态输出门　　　　C. 集电极开路门　　D. 漏极开路门

（6）三态门输出高阻状态时，_____是正确的说法。

    A. 用电压表测量指针不动　　　　　　　　B. 相当于悬空

    C. 电压不高不低

（7）某集成电路芯片，查手册知其最大输出低电平 $U_{OL(max)} = 0.5V$，最大输入低电平

$U_{\text{IL(max)}}=0.8\text{V}$,最小输出高电平 $U_{\text{OH(min)}}=2.7\text{V}$,最小输入高电平 $U_{\text{IH(min)}}=2.0\text{V}$,则其低电平噪声容限 $U_{\text{NL}}=$_____。

    A. 0.4V   B. 0.6V   C. 0.3V   D. 1.2V

(8) 对 CMOS 门电路,以下_____说法是错误的。

    A. 输入端悬空会造成逻辑出错

    B. 输入端接 510kΩ 的大电阻到地相当于接高电平

    C. 输入端接 510Ω 的小电阻到地相当于接低电平

    D. 噪声容限与电源电压有关

(9) TTL 电路在正逻辑系统中,以下各种输入中_____相当于输入逻辑 1。

    A. 悬空   B. 通过电阻 3.5kΩ 接电源

    C. 通过电阻 3.5kΩ 接地   D. 通过电阻 510Ω 接地

(10) 对于 TTL"与非"门闲置输入端的处理,不可以_____。

    A. 接电源   B. 通过电阻(4kΩ)接电源

    C. 接地   D. 与有用输入端并联

3. 已知电路如图 2-45 所示,试写出 F_1、F_2、F_3 和 F 与输入变量之间的逻辑表达式。

4. 二极管门电路如图 2-46 所示。分析输出信号 Y_1、Y_2 与输入信号 A、B、C 之间的逻辑关系。

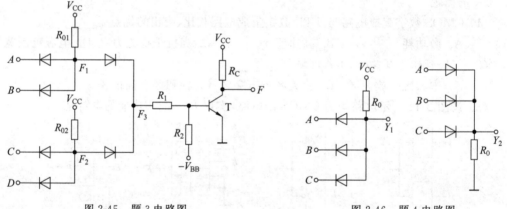

图 2-45 题 3 电路图   图 2-46 题 4 电路图

5. 在图 2-15 所示的正逻辑"与"门和图 2-16 所示的正逻辑"或"门电路中,若改用负逻辑,试列出它们的逻辑真值表,并说明 Y 和 A、B 之间是什么逻辑关系。

6. 试分析图 2-47 中各电路的逻辑功能,写出输出逻辑函数表达式。

7. TTL 电路如图 2-48(a) 所示,G_1 为三态"非"门,加在输入端的波形如图 2-48 (b) 所示,试画出输出 Y 的波形。

8. 计算图 2-49 电路中上拉电阻 R_L 的阻值范围。其中 G_1、G_2、G_3 是 74LS 系列 OC 门,输出管截止时的漏电流 $I_{\text{OH}}\leqslant100\mu\text{A}$,输出低电平 $U_{\text{OL}}\leqslant0.4\text{V}$ 时允许的最大负载电流 $I_{\text{LM}}=8\text{mA}$。G_4、G_5、G_6 为 74LS 系列"与非"门,它们的输入电流为 $|I_{\text{IL}}|\leqslant0.4\text{mA}$,$I_{\text{IH}}\leqslant20\mu\text{A}$。OC 门的输出高、低电平应满足 $U_{\text{OH}}\geqslant3.2\text{V}$、$U_{\text{OL}}\leqslant0.4\text{V}$。

9. 试分析如图 2-50 所示 CMOS 电路的逻辑功能,写出输出逻辑表达式。

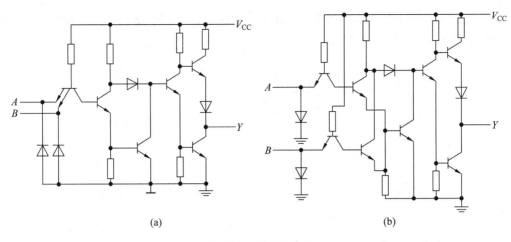

(a)　　　　　　　　　　　　　　(b)

图 2-47　题 6 电路图

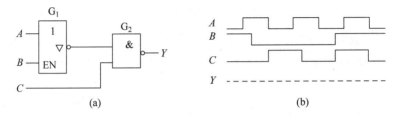

(a)　　　　　　　　　　　　　　(b)

图 2-48　题 7 电路及波形

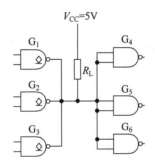

图 2-49　题 8 电路图

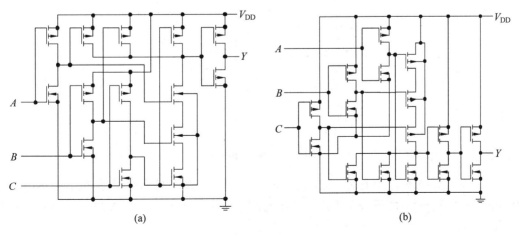

(a)　　　　　　　　　　　　　　(b)

图 2-50　题 9 电路图

10. 图 2-51 中 G_1、G_2、G_3 为 TTL 门电路,G_4、G_5、G_6 为 CMOS 门电路。试指出各门的输出状态(高电平、低电平、高阻态)。

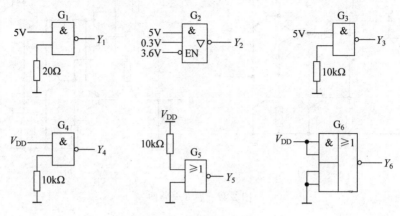

图 2-51　题 10 电路图

11. OD 门组成的电路如图 2-52 所示,试写出电路输出 F 的逻辑函数表达式。

12. 门电路的内部电路如图 2-53 所示,试写出 Y 的真值表,画出相应的逻辑符号。

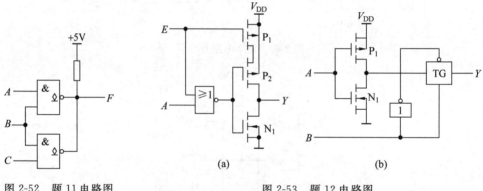

图 2-52　题 11 电路图　　　　图 2-53　题 12 电路图

13. 分析如图 2-54 所示电路的逻辑功能,写出电路输出逻辑函数 S 的逻辑表达式。

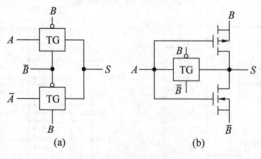

图 2-54　题 13 电路图

14. 在 CMOS 电路中有时采用图 2-55(a)~(d)所示的扩展功能用法,试分析各图的逻辑功能,写出 $Y_1 \sim Y_4$ 的逻辑表达式。已知电源电压 $V_{DD} = 10V$,二极管的正向导通压降为 0.7V。

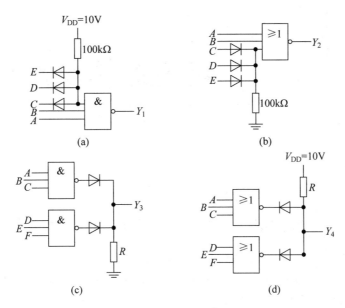

图 2-55 题 14 电路图

15. 试说明下列各种门电路中哪些可以将输入端并联使用(输入端的状态不一定相同)。

(1) TTL 电路的 OC 门；

(2) TTL 电路的三态输出门；

(3) 普通的 CMOS 门；

(4) 漏极开路输出的 CMOS 门；

(5) CMOS 电路的三态输出门。

16. 试用 Multisim 测试 COMS 反相器的电压传输特性。

17. 用 VHDL 设计二输入或非门。

第3章　组合逻辑电路

CHAPTER 3

兴趣阅读——第一台电子计算机的诞生

1946年2月10日，美国陆军机械部和摩尔学院共同举行新闻发布会，宣布世界上第一台电子计算机 ENIAC（Electronic Numerical Integrator and Computer）研制成功的消息。ENIAC 有5种功能：①每秒5000次加法运算；②每秒50次乘法运算；③平方和立方运算；④sin 和 cos 函数数值运算；⑤其他更复杂的计算。2月15日，人们在学校休斯敦大会堂举行盛大的庆典，然后一同去摩尔学院参观那台神奇的"电子脑袋"。

出现在人们面前的 ENIAC 不是一台机器，而是一屋子机器，密密麻麻的开关按钮，东缠西绕的各类导线，忽明忽暗的指示灯，人们仿佛来到一间控制室。这一庞然大物有2.438米高，0.914米宽，30.48米长，装有16种型号的18 000个真空管，1500个电磁继电器，70 000个电阻器，18 000个电容器，总重量有30吨。起初，美国军方的投资预算为15万美元，但事实上总耗资达48.6万美元，合同前前后后修改过二十余次。

1946年底，ENIAC 分装启运，运往阿伯丁军械试验场的弹道实验室，开始了它的计算生涯。除了常规的弹道计算外，它后来还涉及诸多领域的应用，如天气预报、原子核能、宇宙结、热能点火、风洞试验设计等。其中最有意思的是在1949年，经过70小时的运算，它把圆周率 π 精密无误地推算到小数点后面2037位，这是人类第一次用自己的创造物计算出的最精确的值。

1955年10月2日，ENIAC 功德圆满，正式退休。自1945年正式建成以来，人类的第一台"电子脑袋"实际运行了80 223小时。这10年间，它的算术运算量比有史以来人类大脑所有运算量的总和还要多。

承担 ENIAC 开发任务的是"莫尔小组"的四位科学家和工程师，其领导者是美国宾夕法尼亚大学的物理学家约翰·莫克利（John Mauchly）和工程师普雷斯伯·埃克特（Presper Eckert），埃克特当时年仅24岁。图3-1是 ENIAC 及其研制者莫克利、埃克特的照片。

本章介绍数字系统中的组合逻辑电路。首先介绍组合逻辑电路的特点和功能描述方法，重点介绍组合逻辑电路的分析方法、组合逻辑电路的设计方法以及利用无关项的组合逻辑电路的设计方法，然后介绍组合逻辑电路中的竞争和冒险等内容，最后着重介绍数字系统中常用的组合逻辑电路。此外，还给出了用 Multisim 和 VHDL 分析设计组合逻辑电路的实例。本章学习要求如下：

(a) ENIAC

(b) 莫克利和埃克特

图 3-1　世界上第一台电子计算机及其研制者

(1) 了解组合逻辑电路的特点和功能描述方法；

(2) 掌握组合逻辑电路的分析方法；

(3) 掌握组合逻辑电路的设计方法；

(4) 掌握利用无关项的组合逻辑电路的设计方法；

(5) 熟悉编码器等常用组合逻辑电路的功能与应用；

(6) 了解组合逻辑电路中的竞争和冒险现象及判断方法；

(7) 了解用 Multisim 和 VHDL 分析设计组合逻辑电路的方法。

如何由给定组合电路找出其实现的逻辑功能，如何根据逻辑命题来设计组合电路，以及数字系统中经常用到的组合电路的原理及应用是本章学习的重点。

3.1　概述

3.1.1　组合逻辑电路的特点

1. 功能特点

由门电路构成的逻辑部件称为组合逻辑电路(简称组合电路)。组合电路是计算机等数字系统中的逻辑部件之一。数字系统中的另一类逻辑部件叫作时序逻辑电路(简称时序电路)，这部分内容将在后续章节中介绍。

组合电路任一时刻的输出仅仅取决于该时刻输入信号的状态，而与该时刻之前电路的状态无关，即组合电路无"记忆性"功能。

2. 结构特点

组合电路之所以具有"无记忆"功能特点，归根结底是由于结构上不含记忆(存储)元件，不存在输出到输入的反馈回路。

3.1.2　组合逻辑电路的功能描述方法

组合电路的功能描述方法主要有逻辑表达式、真值表、卡诺图和逻辑图等。

逻辑图本身是逻辑功能的一种表达方式，然而逻辑图所表示的逻辑功能不够直观，通常情况下还要把逻辑图转化为逻辑表达式或真值表的形式，以使电路的逻辑功能更加直观、明显。

对于任何一个多输入、多输出的组合电路,都可以用图 3-2 所示的框图表示。图中 a_1,$a_2,\cdots,a_n$ 表示输入变量,$y_1,y_2,\cdots,y_m$ 表示输出变量。输出与输入间的逻辑关系可以用一组逻辑函数表示为

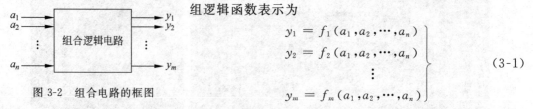

$$\left.\begin{array}{c} y_1 = f_1(a_1,a_2,\cdots,a_n) \\ y_2 = f_2(a_1,a_2,\cdots,a_n) \\ \vdots \\ y_m = f_m(a_1,a_2,\cdots,a_n) \end{array}\right\} \qquad (3\text{-}1)$$

图 3-2　组合电路的框图

3.2　组合逻辑电路的分析

组合逻辑电路的分析主要是根据给定的逻辑图找出输出与输入的逻辑关系,从而确定其逻辑功能。

3.2.1　组合逻辑电路的分析方法

组合逻辑电路的分析过程如图 3-3 所示。

图 3-3　组合电路的分析过程

1. 由逻辑电路写出逻辑表达式

一般是从输入到输出逐级写出各个门电路的输出逻辑表达式,从而写出整个逻辑电路的输出对输入变量的逻辑表达式。必要时可简化,以求出最简逻辑表达式。较简单的逻辑功能从逻辑表达式上即可分析出来。

2. 列出逻辑函数的真值表

将输入变量的状态以自然二进制数顺序的各种取值组合代入输出逻辑表达式,求出相应的输出状态,并填入表中得到真值表。

3. 分析逻辑功能

通常是通过分析真值表的特点,归纳出电路所能实现的逻辑功能。

3.2.2　组合逻辑电路分析举例

【例 3-1】　分析图 3-4 所示电路的逻辑功能。

解:根据逻辑图,逐级写出输出逻辑表达式

$$Y_1 = \overline{A}, \quad Y_2 = \overline{B}, \quad Y_3 = \overline{AB}, \quad Y_4 = \overline{Y_1 Y_2} = \overline{\overline{A}\,\overline{B}}$$

$$Y = \overline{Y_3 Y_4} = \overline{\overline{AB}\ \overline{\overline{A}\,\overline{B}}} = AB + \overline{A}\,\overline{B} = A \odot B \qquad (3\text{-}2)$$

从表达式(3-2)可以看出,图 3-4 所示电路是判断 A 和 B 是否相等的电路,即 $A = B$ 时,Y 为 **1**,否则 Y 为 **0**。

【例 3-2】　分析图 3-5 所示电路的逻辑功能。

解:根据逻辑图,逐级写出输出逻辑表达式

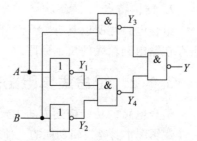

图 3-4　例 3-1 的电路图

$$Y_1 = A \oplus B$$
$$Y = Y_1 \oplus C = A \oplus B \oplus C \qquad (3-3)$$

将输入变量 A、B 和 C 的各种取值组合代入逻辑表达式 $(3-3)$ 中,求出逻辑函数 Y 的值,由此得出真值表如表 3-1 所示。

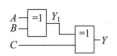

图 3-5 例 3-2 的电路图

表 3-1 例 3-2 的真值表

A	B	C	Y
0	0	0	0
0	0	1	1
0	1	0	1
0	1	1	0
1	0	0	1
1	0	1	0
1	1	0	0
1	1	1	1

由真值表看出,在 3 个输入变量 A、B、C 中,有奇数个1时,输出 Y 为 **1**;否则为 **0**。由此可以判断出图 3-5 所示电路的逻辑功能为 3 位判奇电路,又称为"奇校验电路",是判断输入变量中 **1** 的个数是否为奇数的电路。

【例 3-3】 分析图 3-6 所示电路的逻辑功能,并指出该电路设计是否合理。

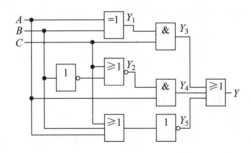

图 3-6 例 3-3 的电路图

解:逐级写出输出逻辑函数表达式

$$Y_1 = A \oplus B; \quad Y_2 = \overline{\overline{B} + C}; \quad Y_3 = Y_1 \cdot C = (A \oplus B) \cdot C$$

$$Y_4 = Y_2 \cdot A = \overline{\overline{B} + C} \cdot A; \quad Y_5 = \overline{A + B + C}$$

$$\begin{aligned} Y = Y_3 + Y_4 + Y_5 &= (A \oplus B) \cdot C + \overline{\overline{B} + C} \cdot A + \overline{A + B + C} \\ &= C(A\overline{B} + \overline{A}B) + AB\overline{C} + \overline{A}\,\overline{B}\,\overline{C} \\ &= A\overline{B}C + \overline{A}BC + AB\overline{C} + \overline{A}\,\overline{B}\,\overline{C} \\ &= \sum(0,3,5,6) \end{aligned} \qquad (3-4)$$

将 A、B 和 C 取值的各种组合代入最终表达式 $(3-4)$ 中(或直接依据最小项表达式),可以得到如表 3-2 所示的真值表。

表 3-2　例 3-3 的真值表

A	B	C	Y
0	0	0	1
0	0	1	0
0	1	0	0
0	1	1	1
1	0	0	0
1	0	1	1
1	1	0	1
1	1	1	0

由真值表看出,当输入均为 **0** 或有偶数个 **1** 时,输出 Y 为 **1**;否则 Y 为 **0**。所以该电路为 3 位判偶电路,又称为"偶校验电路"。这个电路使用门的数量太多,设计并不合理,可用较少的门电路来实现。对表达式进行变换得

$$
\begin{aligned}
Y &= A\bar{B}\bar{C} + \bar{A}BC + AB\bar{C} + \bar{A}\bar{B}\bar{C} \\
&= (A\bar{B} + \bar{A}B)C + (AB + \bar{A}\bar{B})\bar{C} \\
&= (A \oplus B)C + (\overline{A \oplus B})\bar{C} \\
&= A \oplus B \odot C
\end{aligned}
\tag{3-5}
$$

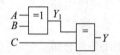

图 3-7　用"异或"门和"同或"门实现偶校验电路

由式(3-5)可以看出,图 3-6 所示电路可以用"异或"门和"同或"门实现,其电路如图 3-7 所示。

组合电路的分析过程不是一成不变的,实际分析组合电路时,可以根据电路的复杂程度灵活取舍。对较简单的电路,可以从表达式中直接指出电路的逻辑功能。较复杂的电路要借助真值表,这样能较直观地分析出电路的逻辑功能。

3.3　组合逻辑电路的设计

组合逻辑电路的设计过程与分析过程相反,是根据已知的逻辑问题,画出能实现其逻辑功能的最简逻辑电路图的过程。

3.3.1　组合逻辑电路的设计方法

1. 基本设计过程

组合逻辑电路的设计过程如图 3-8 所示。

图 3-8　组合电路的设计过程

(1) 逻辑抽象。逻辑抽象是将文字描述的逻辑命题(设计要求)转换成逻辑函数表达式的过程。

(2) 逻辑化简。逻辑化简是指采用代数法(公式法)或卡诺图法将逻辑函数化简为最简"与或"表达式,通常使用卡诺图法来完成。

（3）逻辑变换。逻辑变换是指根据选用的逻辑器件类型,将最简"与或"表达式变换为所需形式。

（4）画逻辑图。画逻辑图是指根据变换后的逻辑表达式绘制逻辑电路图。

上述过程中,除逻辑抽象外,其他内容均在第 1 章中做过介绍,这里不再重复。下面仅对逻辑抽象的方法做简要介绍。

2. 逻辑抽象

在设计组合电路时,要将文字描述的设计要求转化为逻辑函数的某种表达方式,这样才能设计出满足要求的逻辑电路。

由于实际逻辑问题各种各样,逻辑抽象没有规范的方法,往往要凭借设计者的经验去完成。通常的思路是:

（1）确定输入、输出变量;

（2）用二值逻辑的 **0**、**1** 两种状态分别对输入、输出变量进行逻辑赋值,即确定 **0**、**1** 的具体含义;

（3）根据输入、输出之间的逻辑关系列出真值表或直接写出逻辑表达式。当变量较多时,可以建立简化的真值表。变量更多时,可根据设计要求直接列写逻辑表达式。

【例 3-4】　写出 3 人多数表决电路的逻辑表达式,当 A、B、C 三人中有多数人赞同时表决通过,且 A 有否决权。

解:参与表决的人 A、B 和 C 为输入变量,赞同时用 **1** 表示;不赞同时用 **0** 表示。设 Y 为代表表决结果的输出变量,表决通过用 **1** 表示;未通过用 **0** 表示。由此可列出如表 3-3 所示的真值表。

表 3-3　例 3-4 的真值表

A	B	C	Y
0	0	0	0
0	0	1	0
0	1	0	0
0	1	1	0
1	0	0	0
1	0	1	1
1	1	0	1
1	1	1	1

由真值表可以抽象出逻辑函数 Y 的最小项表达式

$$Y = \sum(5,6,7) \tag{3-6}$$

【例 3-5】　已知 $M = m_1 m_2$ 和 $N = n_1 n_2$ 是两个二进制正整数,写出判断 $M < N$ 的逻辑函数表达式。

解:分析逻辑问题可知,判断式中应该有 4 个输入变量,即 m_1、m_2、n_1 和 n_2。设判断结果用 Y 表示,即输出变量。

在比较两个二进制正整数大小时,通常是从高位到低位逐位比较,即当高位 $m_1 = 0$,$n_1 = 1$ 时,不论 m_2 和 n_2 为何值,都有 $M < N$;而在高位相等时,比较低位即可。于是可以列出简化的真值表,如表 3-4 所示。表中"×"表示取 **0** 和 **1** 两种逻辑值。

表 3-4 例 3-5 的简化真值表

M		N		Y
m_1	m_2	n_1	n_2	
0	×	1	×	1
1	0	1	1	1
0	0	0	1	1

由简化的真值表可以抽象出逻辑函数表达式

$$Y = \bar{m}_1 n_1 + m_1 \bar{m}_2 n_1 n_2 + \bar{m}_1 \bar{m}_2 \bar{n}_1 n_2 \tag{3-7}$$

【提示】 简化真值表得出的表达式不是最小项表达式。

3.3.2 组合逻辑电路设计举例

下面举例说明组合电路的设计过程。

【例 3-6】 用"非"门和"与或非"门完成例 3-4 中的 3 人多数表决器设计。

解：第一步，逻辑抽象。例 3-4 中已经由真值表抽象出了逻辑函数表达式(3-6)，即

$$Y = \sum (5,6,7)$$

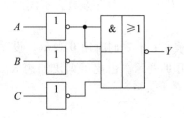

第二步，逻辑化简。用卡诺图化简逻辑函数(由于化简过程较简单，这里略去)，可得最简"与或"表达式为

$$Y = AC + AB \tag{3-8}$$

第三步，逻辑变换。根据题意，通过两次求反，将式(3-8)变换成"与或非"形式的表达式

$$Y = \overline{\overline{AB + AC}} = \overline{\overline{A(B+C)}} = \overline{\bar{A} + \overline{BC}} \tag{3-9}$$

图 3-9 例 3-6 的逻辑图

第四步，画逻辑图。根据"与或非"表达式(3-9)可以画出逻辑图，如图 3-9 所示。

【例 3-7】 用"与非"门和"非"门设计一个交通信号灯工作状态监视电路，正常情况下，任何时刻有且仅有一盏灯点亮。当出现所有的灯都熄灭或有两盏及两盏以上的灯都亮的情况，则说明电路出现了故障，需发出报警信号以通知维修人员处理。

解：第一步，逻辑抽象。设变量 A、B、C 表示红、黄、绿三个信号灯，将灯的亮、灭分别用 1 和 0 表示，电路工作状态指示信号用 Y 来表示，需要报警时 Y 为 1，正常工作时 Y 为 0。真值表如表 3-5 所示。

表 3-5 例 3-7 的真值表

A	B	C	Y
0	0	0	1
0	0	1	0
0	1	0	0
0	1	1	1
1	0	0	0
1	0	1	1
1	1	0	1
1	1	1	1

根据表 3-7,可以抽象出逻辑函数表达式

$$Y = \sum(0,3,5,6,7) \tag{3-10}$$

第二步,逻辑化简。用卡诺图对式(3-10)进行化简

$$Y = \overline{A}\,\overline{B}\overline{C} + AB + BC + AC \tag{3-11}$$

第三步,逻辑变换。根据题意,将式(3-11)变换成"与非-与非"表达式

$$Y = \overline{\overline{A}\,\overline{B}\overline{C} \cdot \overline{AB} \cdot \overline{BC} \cdot \overline{AC}} \tag{3-12}$$

第四步,画逻辑图。依据式(3-12),用"与非"门和"非"门绘制逻辑电路图,如图 3-10 所示。

【例 3-8】　人有 O、A、B、AB 四种基本血型。输血者与献血者的血型必须符合下述原则:O 型血是万能输血者,可以输给任意血型的人,但 O 型血的人只接受 O 型血;AB 型血是万能受血者,可以接受所有血型的血。输血者和受血者之间的血型关系如图 3-11 所示。试用"非"门和"与非"门设计一个组合电路,以判别一对输、受血者是否相容。

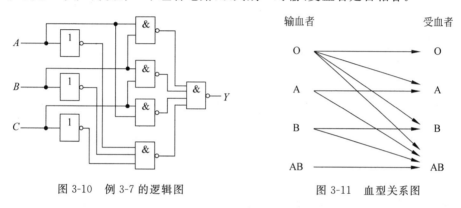

图 3-10　例 3-7 的逻辑图　　　　图 3-11　血型关系图

解:第一步,逻辑抽象。设用 C、D 的四种变量组合表示输血者的四种血型,用 E、F 的四种变量组合表示受血者的四种血型,如表 3-6 所示。

表 3-6　用字母表示血型关系

输　血　者		受　血　者		血型
C	D	E	F	
0	**0**	**0**	**0**	O
0	**1**	**0**	**1**	A
1	**0**	**1**	**0**	B
1	**1**	**1**	**1**	AB

根据表 3-6 可以列出输出逻辑函数 Y 与输入变量 C、D、E、F 之间关系的简化真值表,如表 3-7 所示。

表 3-7　例 3-8 的简化真值表

C	D	E	F	Y
0	**0**	×	×	1
0	**1**	**0**	**1**	1
1	**0**	**1**	**0**	1
×	×	**1**	**1**	1

根据表 3-7,可以抽象出逻辑函数表达式为

$$Y = \overline{C}\overline{D} + \overline{C}D\overline{E}F + C\overline{D}E\overline{F} + EF \tag{3-13}$$

第二步,逻辑化简。用图 3-12 所示的卡诺图化简式(3-13),可得最简"与或"式为

$$Y = \overline{C}\overline{D} + EF + \overline{C}F + \overline{D}E \tag{3-14}$$

第三步,逻辑变换。对最简"与或"式(3-14)进行"与非-与非"变换得

$$
\begin{aligned}
Y &= \overline{C}\overline{D} + EF + \overline{C}F + \overline{D}E \\
&= \overline{\overline{\overline{C}\overline{D} + EF + \overline{C}F + \overline{D}E}} \\
&= \overline{\overline{\overline{C}\overline{D}} \cdot \overline{EF} \cdot \overline{\overline{C}F} \cdot \overline{\overline{D}E}}
\end{aligned} \tag{3-15}
$$

第四步,画逻辑图。根据 Y 的最简"与非-与非"表达式(3-15),可绘制如图 3-13 所示的逻辑图。

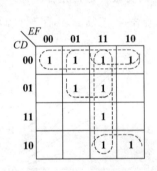

图 3-12　例 3-8 的卡诺图

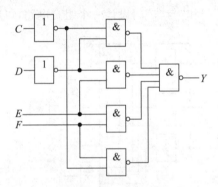

图 3-13　例 3-8 的逻辑图

3.3.3　含有无关项的组合逻辑电路设计

在第 1 章中介绍过含有无关项的逻辑函数的化简方法,利用无关项的特性可以使逻辑函数表达式化简得更简单,这意味着设计出的逻辑电路所用的门电路更少,性价比更高。下面举例说明含有无关项的组合逻辑电路设计方法。

【**例 3-9**】　用"与非"门、"非"门和"异或"门设计一个组合电路,以实现余三码到 8421 码的转换。

解：第一步,逻辑抽象。由题意可知,组合电路的输入为余三码,有四个输入变量,设为 A、B、C、D；输出是 8421 码,有四个输出变量,设为 Y_4、Y_3、Y_2、Y_1。由于输入变量 A、B、C、D 的取值组合不可能为 **0000~0010** 和 **1101~1111** 这 6 种组合,即有 6 个约束项,故约束方程为

$$\sum d(0,1,2,13,14,15) = \mathbf{0} \tag{3-16}$$

根据上述分析可以列出所设计电路的真值表,如表 3-8 所示。

表 3-8　例 3-9 的真值表

A	B	C	D	Y_4	Y_3	Y_2	Y_1
0	**0**	**0**	**0**	$\times$	$\times$	$\times$	$\times$
0	**0**	**0**	**1**	$\times$	$\times$	$\times$	$\times$

续表

A	B	C	D	Y_4	Y_3	Y_2	Y_1
0	0	1	0	×	×	×	×
0	0	1	1	0	0	0	0
0	1	0	0	0	0	0	1
0	1	0	1	0	0	1	0
0	1	1	0	0	0	1	1
0	1	1	1	0	1	0	0
1	0	0	0	0	1	0	1
1	0	0	1	0	1	1	0
1	0	1	0	0	1	1	1
1	0	1	1	1	0	0	0
1	1	0	0	1	0	0	1
1	1	0	1	×	×	×	×
1	1	1	0	×	×	×	×
1	1	1	1	×	×	×	×

根据表 3-8 可以抽象出逻辑函数表达式为

$$Y_4 = \sum(11,12) + \sum d(0,1,2,13,14,15)$$
$$Y_3 = \sum(7,8,9,10) + \sum d(0,1,2,13,14,15)$$
$$Y_2 = \sum(5,6,9,10) + \sum d(0,1,2,13,14,15) \tag{3-17}$$
$$Y_1 = \sum(4,6,8,10,12) + \sum d(0,1,2,13,14,15)$$

第二步,逻辑化简。用图 3-14 所示的各卡诺图化简式(3-17)中的各逻辑函数,可得逻辑函数的最简"与或"表达式

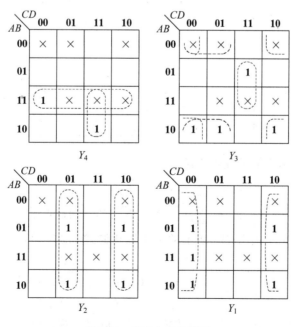

图 3-14 例 3-9 的卡诺图

$$Y_4 = AB + ACD$$
$$Y_3 = \overline{BC} + \overline{BD} + BCD$$
$$Y_2 = C\overline{D} + \overline{C}D$$ (3-18)
$$Y_1 = \overline{D}$$

第三步,逻辑变换。对最简"与或"式(3-18)进行"与非"变换或"异或"变换得

$$Y_4 = \overline{\overline{AB + ACD}} = \overline{\overline{AB} \cdot \overline{ACD}}$$
$$Y_3 = \overline{B}(\overline{C} + \overline{D}) + BCD = \overline{B}\,\overline{CD} + BCD = B \oplus \overline{CD}$$ (3-19)
$$Y_2 = C\overline{D} + \overline{C}D = C \oplus D$$
$$Y_1 = \overline{D}$$

第四步,画逻辑图。根据变换后的表达式(3-19)可绘制如图 3-15 所示的逻辑图。

【例 3-10】 试用"与或非"门设计一个操作码形成电路,当按下"×、+、−"各操作键时,要求分别产生乘法、加法和减法的操作码 **01**、**10** 和 **11**。

解:第一步,逻辑抽象。设电路的输入变量为 A、B、C;输出变量为 Y_2、Y_1。当按下某一操作键时,相应输入变量的取值为 1,否则为 0。由于正常操作下,某一时刻只按下一个操作键,所以输入变量 A、B、C 对取值 1 互斥,由此可得真值表如表 3-9 所示。

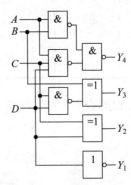

图 3-15 例 3-9 的逻辑图

表 3-9 例 3-10 的真值表

A	B	C	Y_2	Y_1
0	**0**	**0**	**0**	**0**
0	**0**	**1**	**1**	**1**
0	**1**	**0**	**1**	**0**
0	**1**	**1**	×	×
1	**0**	**0**	**0**	**1**
1	**0**	**1**	×	×
1	**1**	**0**	×	×
1	**1**	**1**	×	×

由表 3-9 可以写出逻辑函数表达式

$$Y_2 = \sum(1,2) + \sum d(3,5,6,7)$$
$$Y_1 = \sum(1,4) + \sum d(3,5,6,7)$$ (3-20)

第二步,逻辑化简。用图 3-16 所示的卡诺图化简式(3-20),可以得到逻辑函数的最简"与或"表达式

$$Y_2 = B + C$$
$$Y_1 = A + C$$ (3-21)

比较化简结果式(3-21)和原始函数式(3-20),可以发现,若逻辑函数的输入变量对取

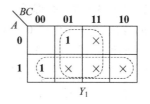

图 3-16 例 3-10 的卡诺图

值 **1** 互斥,则仅包含有一个互斥变量的最小项可以化简为该互斥变量。例如 m_2,即 $\overline{A}B\overline{C}$ 可化简为 B。

第三步,逻辑变换。对最简"与或"式(3-21)进行"与或非"变换得

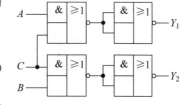

$$Y_2 = \overline{\overline{B+C}}$$

$$Y_1 = \overline{\overline{A+C}}$$

(3-22)

图 3-17 例 3-10 的逻辑图

第四步,画逻辑图。根据变换后的表达式(3-22)可绘制如图 3-17 所示的逻辑图。

由以上实例可以看出,在设计组合逻辑电路时,若有无关项可以利用,则设计的电路会更简单。

*3.4 组合逻辑电路的竞争冒险

前面在分析和设计组合逻辑电路时,讨论的都是电路的逻辑输出和输入处于稳定的状态下。而组合电路实际应用时,由于门电路传输延迟的影响,会导致电路在某些情况下,在输出端产生错误信号,从而造成逻辑关系的混乱,出现竞争冒险现象,使电路无法正常工作。

3.4.1 竞争冒险现象

在组合电路中,当电路从一种稳定状态转换到另一种稳定状态的瞬间,某个门电路的两个输入信号同时向相反方向变化,由于传输延迟时间不同,所以到达输出门的时间有先有后,这种现象称为竞争。

如图 3-18(a)所示的组合电路,当输入变量 A 由 **0** 变为 **1** 时,由于经过 G_1 门的传输延迟,G_2 门的两个输入信号 A、B 会向相反方向变化,因此 A 和 B 存在竞争。由于竞争,使电路的逻辑关系受到短暂的破坏,并在输出端产生极窄的尖峰脉冲。

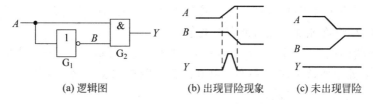

(a) 逻辑图　　　　(b) 出现冒险现象　　　　(c) 未出现冒险

图 3-18 组合电路中的竞争冒险现象

由于输出 $Y=A \cdot B=A \cdot \overline{A}=0$,即输出应恒为 $\mathbf{0}$。但由于存在门电路的传输延迟时间,B 的变化落后于 A 的变化。当 A 已由 $\mathbf{0}$ 变为 $\mathbf{1}$,而 B 尚未由 $\mathbf{1}$ 变为 $\mathbf{0}$ 时,在输出端 Y 就产生一个瞬间的正尖峰脉冲,如图 3-18(b)所示。这个尖峰脉冲会对后面电路产生干扰。

在图 3-18(c)中,当 A 已由 $\mathbf{1}$ 变为 $\mathbf{0}$,而 B 尚未由 $\mathbf{0}$ 变为 $\mathbf{1}$ 时,这样在输出端 Y 仍为 $\mathbf{0}$,符合电路逻辑关系,不会产生尖峰脉冲。

【提示】 有竞争现象时不一定都会产生尖峰脉冲。

在"与"门和"或"门组成的复杂数字系统中,由于输入信号经过不同途径到达输出门,在设计时往往难以准确知道到达的先后次序,以及门电路两个输入端在上升时间和下降时间产生的细微差别,因此都会存在竞争现象。这种由于竞争而在输出端可能出现违背稳态下逻辑关系的尖峰脉冲现象叫作冒险。

3.4.2 竞争冒险的判断

判断组合电路是否存在竞争冒险有以下几种方法。

1. 代数法

逻辑电路中存在竞争就可能产生冒险,这可以从逻辑函数表达式的结构出发来判断。经分析得知,若输出逻辑函数表达式在一定条件下最终能化简为 $Y=A+\overline{A}$ 或 $Y=A \cdot \overline{A}$ 的形式时,则可能有竞争冒险出现。例如,有两个逻辑函数 $Y_1=AB+\overline{A}C$,$Y_2=(A+B)(\overline{B}+C)$,显然,函数 Y_1 在 $B=C=1$ 时,$Y_1=A+\overline{A}$。因此,按此逻辑函数实现的组合电路会出现竞争冒险现象。同理,当 $A=C=0$ 时,$Y_2=B \cdot \overline{B}$,所以此函数也存在竞争冒险。

【例 3-11】 用代数法判断逻辑函数 $Y=(\overline{A}+B)(A+C)(B+\overline{C})$ 的竞争冒险情况。

解:变量 A 和 C 存在原变量和反变量,具有竞争能力,冒险判断如表 3-10 所示。

表 3-10 例 3-11 的冒险判断

A 变量			C 变量		
B	C	Y	A	B	Y
0	0	$A\overline{A}$	0	0	$C\overline{C}$
0	1	0	0	1	C
1	0	A	1	0	0
1	1	1	1	1	1

由表 3-10 可以看出,$B=C=0$ 时,$Y=A\overline{A}$;$A=B=0$ 时,$Y=C\overline{C}$,所以 A、C 变量分别可能产生冒险。

2. 卡诺图法

在用卡诺图法化简逻辑函数时,为了使逻辑函数最简而画的包围圈中,若有两个包围圈之间相切而不交,则在相邻处也可能存在竞争冒险。

将上述逻辑函数 Y_1 和 Y_2 用卡诺图表示,如图 3-19 所示。Y_1 是最简"与或"式,两个包围圈在 A 和 $\overline{A}$ 处相切,Y_2 是"或与"式(画 0 的包围圈再取反),两包围圈在 B 和 $\overline{B}$ 处相切。所以 Y_1 和 Y_2 都存在竞争冒险。

【例 3-12】 用卡诺图法判断函数 $Y_1=AB\overline{C}+A\overline{B}\overline{C}+\overline{A}BCD+\overline{A}BC\overline{D}$、$Y_2=B\overline{C}+\overline{A}CD+A\overline{B}\overline{C}$ 的冒险情况。

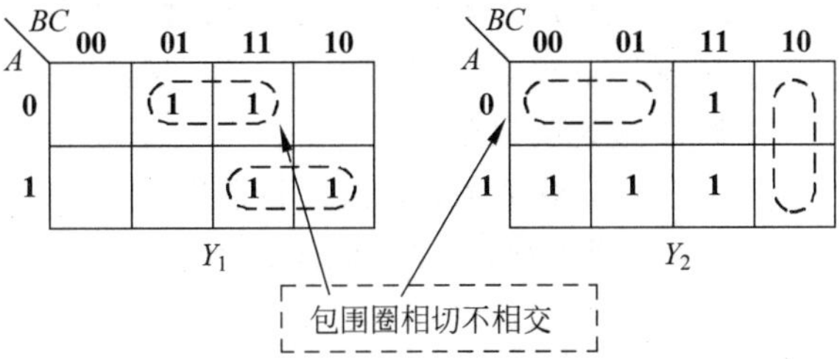

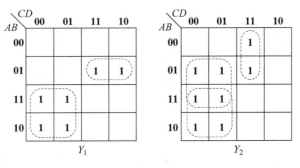

图 3-19　卡诺图包围圈相切不相交的情况

解：绘制函数的卡诺图如图 3-20 所示。

图 3-20　例 3-12 的卡诺图

在图 3-20 所示的卡诺图上，按卡诺图化简法绘制包围圈。可以判断，Y_1 的包围圈不相切，无冒险。Y_2 的包围圈 $\overline{A}CD$ 与 $B\overline{C}$ 相切，相切处 $B=D=1,A=0$，此时变量 C 变化时可能产生冒险。

3. 计算机仿真方法

用计算机仿真判断组合逻辑电路的竞争冒险也是一种可行的方法。目前有多种计算机电路仿真软件，将设计好的逻辑电路通过仿真软件，可以观察到输出有无竞争冒险。

4. 实验法

利用实验手段检查冒险，即在逻辑电路中的输入端，加入信号所有可能的组合状态，用逻辑分析仪或示波器，捕捉输出端可能产生的冒险现象。实验法检查的结果是最终的结果，这种方法是检验电路是否存在冒险现象的最有效、最可靠的方法。

3.4.3　竞争冒险的消除

当组合逻辑电路存在着竞争冒险时，会对电路的正常工作造成威胁。因此，必须设法予以消除。常采用以下几种方法消除竞争冒险。

1. 修改逻辑设计

（1）在逻辑表达式中添加多余项来消除竞争冒险。

【**例 3-13**】　判断逻辑函数 $Y=AC+\overline{A}B+\overline{A}C$ 是否存在竞争冒险，如何消除？

解：分析 Y 的表达式可知，当 $B=C=1$ 时，$Y=A+\overline{A}$，A 可能产生竞争冒险。而 C 虽然具有竞争能力，但始终不会产生冒险。

若在逻辑表达式中增加多余项 BC，则当 $B=C=1$ 时，Y 恒为 **1**，即消除了竞争冒险。

Y 的卡诺图如图 3-21 所示。添加多余项意味着在相切处多画一个包围圈 BC，使相切变为相交,从而消除了竞争冒险。为了简化电路,多余项通常会被舍去。但在图 3-21 中,为了保证逻辑电路能够可靠工作,又需要添加多余项消除竞争冒险。这说明最简的设计并不一定是最可靠的设计。

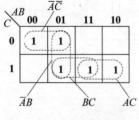

图 3-21　添加多余项消除竞争冒险

(2) 对逻辑表达式进行逻辑变换,以消掉互补变量。

【例 3-14】 试消除逻辑函数 $Y=(\overline{A}+\overline{C})(A+B)(B+C)$ 中的竞争冒险。

解:对逻辑表达式进行变换得

$$Y=(\overline{A}+\overline{C})(A+B)(B+C)$$
$$=\overline{A}B+AB\overline{C}+B\overline{C}+\overline{A}BC \qquad (3\text{-}23)$$
$$=\overline{A}B+B\overline{C}$$

在上述逻辑变换过程中,消去了表达式中隐含的 $A \cdot \overline{A}$ 和 $C \cdot \overline{C}$ 项,所以由表达式 $\overline{A}B+B\overline{C}$ 确定的逻辑电路,就不会出现竞争冒险了。

修改逻辑设计的方法简便,但局限性大,不适合于输入变量较多及较复杂的电路。

2. 加滤波电容

由于冒险现象产生的尖峰脉冲一般都很窄,所以如果组合逻辑电路在较慢的速度下工作,只要在逻辑电路的输出端并联一个很小的滤波电容,其容量为 $4\sim20\text{pF}$,就可以把尖峰脉冲的幅度削弱至门电路的阈值以下,使输出端不会出现逻辑错误。

加入小电容滤波的方法简单易行,但输出电压波形边沿会随之变形,仅适合于对输出波形前、后沿要求不高的电路。

3. 引入选通脉冲

在组合逻辑电路中引入选通脉冲信号,使电路在输入信号变化时处于禁止状态,待输入信号稳定后,令选通脉冲信号有效,使电路输出正常结果,这样可以有效地消除任何竞争冒险。图 3-22 所示电路就是利用选通脉冲信号消除竞争冒险的一个例子,此电路输出信号的有效时间与选通脉冲信号的宽度相同。

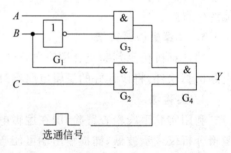

图 3-22　利用选通脉冲信号消除竞争冒险的电路

引入选通脉冲的方法简单且不需要增加电路元件,但要求选通脉冲与输入信号同步,而且对选通脉冲的宽度、极性、作用时间均有严格要求。

3.5　常用组合逻辑电路及其应用

在计算机等数字系统中,有些组合电路经常大量出现。为了使用方便,通常将这些电路制作成中、小规模的集成电路产品。编码器、译码器、加法器、数值比较器、数据选择器和数据分配器等都是这样的组合电路。本节介绍这些组合逻辑电路的原理、功能和简单应用。

3.5.1　编码器

为区分不同事物,常常需要将某一信息(输入)变换为某一特定代码(输出)。通常将用数字或某种文字、符号来表示某一对象或信号的过程称为编码,具有编码功能的逻辑电路称为编码器。

在数字系统中,通常采用若干位二进制代码对编码对象进行编码。要表示的信息越多,二进制代码的位数就越多。n 位二进制代码有 2^n 个信息,对 N 个信号进行编码时,应按公式 $2^n \geqslant N$ 来确定需要使用的二进制代码的位数 n。

常用的编码器有普通二进制编码器、二进制优先编码器和二-十进制优先编码器等。

1. 普通二进制编码器

普通二进制编码器是用 n 位二进制数把某种信号变成 2^n 个二进制代码的逻辑电路。图 3-23 所示的电路就是 3 位二进制(8 线-3 线)编码器的框图。

该编码器的三位输出 Y_2、Y_1、Y_0 的不同取值组合分别代表 8 个输入信号 $\bar{I}_0$、$\bar{I}_1$、$\bar{I}_2$、$\bar{I}_3$、$\bar{I}_4$、$\bar{I}_5$、$\bar{I}_6$、$\bar{I}_7$,所以也称其为 8 线-3 线编码器。输入信号低电平有效,其真值表如表 3-11 所示。

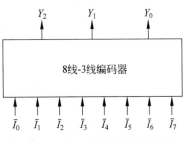

图 3-23　3 位二进制编码器的框图

表 3-11　3 位二进制编码器的真值表

$\bar{I}_0$	$\bar{I}_1$	$\bar{I}_2$	$\bar{I}_3$	$\bar{I}_4$	$\bar{I}_5$	$\bar{I}_6$	$\bar{I}_7$	Y_2	Y_1	Y_0
0	1	1	1	1	1	1	1	0	0	0
1	0	1	1	1	1	1	1	0	0	1
1	1	0	1	1	1	1	1	0	1	0
1	1	1	0	1	1	1	1	0	1	1
1	1	1	1	0	1	1	1	1	0	0
1	1	1	1	1	0	1	1	1	0	1
1	1	1	1	1	1	0	1	1	1	0
1	1	1	1	1	1	1	0	1	1	1

由表 3-11 可知,当仅有某一个输入端为低电平时,就输出与该输入端相对应的代码。例如,当 $\bar{I}_3$ 为低电平 **0**,而其他输入端均为高电平 **1** 时,输出 $Y_2Y_1Y_0$ 为 **011**。表中列出了 **8** 种输入信号的组合状态,每种状态的输入变量仅有一个取值为 **0**,其他未列出的状态是无关项,即任意时刻只能对一个输入信号进行编码。为避免产生乱码,该编码器不能接收两个或两个以上的编码信号请求。

根据表 3-11 可以得到该编码器三个输出信号的逻辑表达式

$$Y_2 = \bar{I}_0\bar{I}_1\bar{I}_2\bar{I}_3I_4\bar{I}_5\bar{I}_6\bar{I}_7 + \bar{I}_0\bar{I}_1\bar{I}_2\bar{I}_3\bar{I}_4I_5\bar{I}_6\bar{I}_7$$
$$+ \bar{I}_0\bar{I}_1\bar{I}_2\bar{I}_3\bar{I}_4\bar{I}_5I_6\bar{I}_7 + \bar{I}_0\bar{I}_1\bar{I}_2\bar{I}_3\bar{I}_4\bar{I}_5\bar{I}_6I_7$$

$$Y_1 = \bar{I}_0\bar{I}_1I_2\bar{I}_3\bar{I}_4\bar{I}_5\bar{I}_6\bar{I}_7 + \bar{I}_0\bar{I}_1\bar{I}_2I_3\bar{I}_4\bar{I}_5\bar{I}_6\bar{I}_7$$
$$+ \bar{I}_0\bar{I}_1\bar{I}_2\bar{I}_3\bar{I}_4\bar{I}_5I_6\bar{I}_7 + \bar{I}_0\bar{I}_1\bar{I}_2\bar{I}_3\bar{I}_4\bar{I}_5\bar{I}_6I_7 \qquad (3\text{-}24)$$

$$Y_0 = \bar{I}_0I_1\bar{I}_2\bar{I}_3\bar{I}_4\bar{I}_5\bar{I}_6\bar{I}_7 + \bar{I}_0\bar{I}_1\bar{I}_2I_3\bar{I}_4\bar{I}_5\bar{I}_6\bar{I}_7$$
$$+ \bar{I}_0\bar{I}_1\bar{I}_2\bar{I}_3\bar{I}_4I_5\bar{I}_6\bar{I}_7 + \bar{I}_0\bar{I}_1\bar{I}_2\bar{I}_3\bar{I}_4\bar{I}_5\bar{I}_6I_7$$

利用约束项化简式(3-24)得

$$Y_2 = I_4 + I_5 + I_6 + I_7 = \overline{\overline{I_4}\,\overline{I_5}\,\overline{I_6}\,\overline{I_7}}$$

$$Y_1 = I_2 + I_3 + I_6 + I_7 = \overline{\overline{I_2}\,\overline{I_3}\,\overline{I_6}\,\overline{I_7}} \tag{3-25}$$

$$Y_0 = I_1 + I_3 + I_5 + I_7 = \overline{\overline{I_1}\,\overline{I_3}\,\overline{I_5}\,\overline{I_7}}$$

图 3-24 所示的 8 线-3 线编码器逻辑图就是按照式(3-25)得出的。

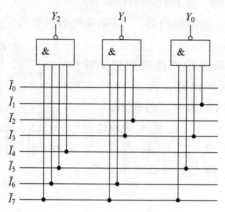

图 3-24　"与非"门构成的 3 位二进制编码器逻辑图

2. 二进制优先编码器

普通二进制编码器虽然比较简单,但当两个或更多个输入信号同时有效时,其输出将是混乱的。而优先编码器则不同,它允许几个信号同时输入,但每一时刻输出端只给出优先级别较高的那个输入信号所对应的代码,不处理优先级别低的信号。至于优先级别的高低,完全是由设计人员根据各输入信号的轻重缓急情况而决定的。对多个请求信号的优先级别进行编码的逻辑部件称为优先编码器。下面以 3 位二进制优先编码器为例分析其原理特性。

编码器的 8 个输入信号为 $I_0 \sim I_7$(高电平有效),设 I_7 的优先级最高,I_0 的优先级最低,Y_2、Y_1、Y_0 为三位代码输出,其真值表如表 3-12 所示。

表 3-12　3 位二进制优先编码器的真值表

I_7	I_6	I_5	I_4	I_3	I_2	I_1	I_0	Y_2	Y_1	Y_0
1	×	×	×	×	×	×	×	1	1	1
0	1	×	×	×	×	×	×	1	1	0
0	0	1	×	×	×	×	×	1	0	1
0	0	0	1	×	×	×	×	1	0	0
0	0	0	0	1	×	×	×	0	1	1
0	0	0	0	0	1	×	×	0	1	0
0	0	0	0	0	0	1	×	0	0	1
0	0	0	0	0	0	0	1	0	0	0

由表 3-12 求出该编码器三个输出信号的逻辑表达式,并化简得

$$Y_2 = I_4\overline{I_5}\,\overline{I_6}\,\overline{I_7} + I_5\overline{I_6}\,\overline{I_7} + I_6\overline{I_7} + I_7$$

$$= I_4 + I_5 + I_6 + I_7$$

$$Y_1 = I_2\overline{I_3}\,\overline{I_4}\,\overline{I_5}\,\overline{I_6}\,\overline{I_7} + I_3\overline{I_4}\,\overline{I_5}\,\overline{I_6}\,\overline{I_7} + I_6\overline{I_7} + I_7$$

$$= I_2\overline{I_4}\,\overline{I_5} + I_3\overline{I_4}\,\overline{I_5} + I_6 + I_7 \tag{3-26}$$

$$Y_0 = I_1\overline{I_2}\,\overline{I_3}\,\overline{I_4}\,\overline{I_5}\,\overline{I_6}\,\overline{I_7} + I_3\overline{I_4}\,\overline{I_5}\,\overline{I_6}\,\overline{I_7} + I_5\overline{I_6}\,\overline{I_7} + I_7$$

$$= I_1\overline{I_2}\,\overline{I_4}\,\overline{I_6} + I_3\overline{I_4}\,\overline{I_6} + I_5\overline{I_6} + I_7$$

由式(3-26)可绘制 3 位二进制优先编码器的逻辑图,如图 3-25 所示。

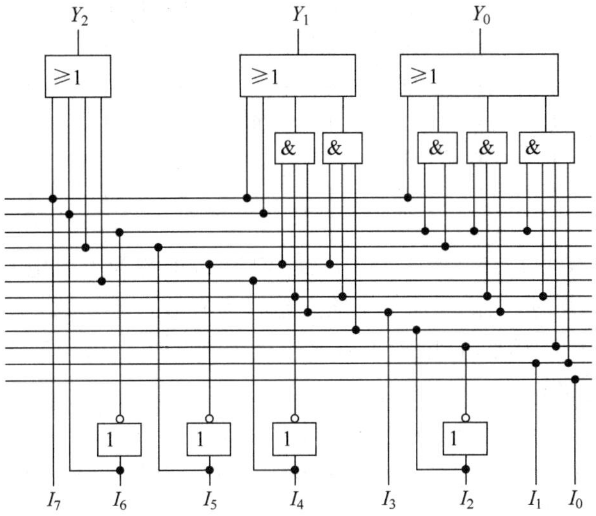

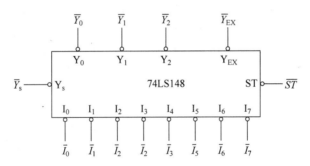

图 3-25　3 位二进制优先编码器逻辑图

常用的二进制优先编码器是 8 线-3 线优先编码器 74LS148,其简易图形符号如图 3-26 所示。为了便于级联扩展,74LS148 增加了使能端 $\overline{ST}$(低电平有效)及优先扩展端 $\overline{Y}_{EX}$ 和 $\overline{Y}_S$。

图 3-26　74LS148 的简易图形符号

表 3-13 为 74LS148 的功能表。当 $\overline{ST}=1$ 时,电路处于禁止状态,即禁止编码,输出端均为高电平。当 $\overline{ST}=0$ 时,电路处于编码状态,即允许编码。只有当 $\overline{I}_0\sim\overline{I}_7$ 都为 1 时,$\overline{Y}_S$ 才为 0,其余情况 $\overline{Y}_S$ 均为 1,故 $\overline{Y}_S=0$ 表示"电路工作,但无编码输入";当编码输入至少有一个为有效电平时,$\overline{Y}_{EX}=0$,表示"电路工作,且有编码输入"。

表 3-13　74LS148 的功能表

$\overline{ST}$	$\overline{I}_7$	$\overline{I}_6$	$\overline{I}_5$	$\overline{I}_4$	$\overline{I}_3$	$\overline{I}_2$	$\overline{I}_1$	$\overline{I}_0$	$\overline{Y}_2$	$\overline{Y}_1$	$\overline{Y}_0$	$\overline{Y}_S$	$\overline{Y}_{EX}$
1	×	×	×	×	×	×	×	×	1	1	1	1	1
0	0	×	×	×	×	×	×	×	0	0	0	1	0
0	1	0	×	×	×	×	×	×	0	0	1	1	0
0	1	1	0	×	×	×	×	×	0	1	0	1	0
0	1	1	1	0	×	×	×	×	0	1	1	1	0

续表

$\overline{ST}$	$\overline{I}_7$	$\overline{I}_6$	$\overline{I}_5$	$\overline{I}_4$	$\overline{I}_3$	$\overline{I}_2$	$\overline{I}_1$	$\overline{I}_0$	$\overline{Y}_2$	$\overline{Y}_1$	$\overline{Y}_0$	$\overline{Y}_S$	$\overline{Y}_{EX}$
0	**1**	**1**	**1**	**1**	**0**	×	×	×	**1**	**0**	**0**	**1**	**0**
0	**1**	**1**	**1**	**1**	**1**	**0**	×	×	**1**	**0**	**1**	**1**	**0**
0	**1**	**1**	**1**	**1**	**1**	**1**	**0**	×	**1**	**1**	**0**	**1**	**0**
0	**1**	**1**	**1**	**1**	**1**	**1**	**1**	**0**	**1**	**1**	**1**	**1**	**0**
0	**1**	**1**	**1**	**1**	**1**	**1**	**1**	**1**	**1**	**1**	**1**	**0**	**1**

当 $\overline{ST}=0$ 时，只有当 $\overline{I}_1$、$\overline{I}_2$、$\overline{I}_3$、$\overline{I}_4$、$\overline{I}_5$、$\overline{I}_6$、$\overline{I}_7$ 均为 **1**，即均为无效电平输入，且 $\overline{I}_0$ 为 **0** 时，输出为 **111**；当 $\overline{I}_7$ 为 **0** 时，无论其他 7 个输入是否为有效电平输入，输出均为 **000**。由此可知 $\overline{I}_7$ 的优先级别高于 $\overline{I}_0$ 的优先级别，且这 8 个输入优先级别的高低次序依次为 $\overline{I}_7 \sim \overline{I}_0$，下角标号码越大的优先级别越高。

【例 3-15】 用两片 8 线-3 线优先编码器 74LS148 组成一个 16 线-4 线优先编码器，将 $\overline{A}_{15} \sim \overline{A}_0$ 16 个低电平有效的输入信号编为 **0000～1111** 16 个 4 位二进制代码，其中 $\overline{A}_{15}$ 优先级别最高，$\overline{A}_0$ 优先级别最低。

解： 根据 74LS148 的功能表，将 16 个输入信号分别接到两个芯片上，其中优先级别高的 $\overline{A}_{15} \sim \overline{A}_8$ 接 74LS148 片(2)的 $\overline{I}_7 \sim \overline{I}_0$，而将优先级别低的 $\overline{A}_7 \sim \overline{A}_0$ 接到 74LS148 片(1)的 $\overline{I}_7 \sim \overline{I}_0$。

按照优先次序的要求，只有片(2)的输入端无信号时，才允许对片(1)的输入信号编码。因此，只要将片(2)的 $\overline{Y}_S$ 作为片(1)的选通输入信号 $\overline{ST}$ 即可。

另外，当片(2)有编码信号输入时，它的 $\overline{Y}_{EX}=0$，无编码输入时 $\overline{Y}_{EX}=1$，正好可以用它作为输出编码的最高位。编码输出的低 3 位为两片相应原码输出的逻辑"或"。连接图如图 3-27 所示。

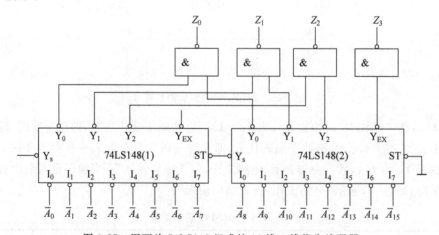

图 3-27　用两片 74LS148 组成的 16 线-4 线优先编码器

图 3-27 中，当 $\overline{A}_{15} \sim \overline{A}_8$ 中有低电平输入时，片(2)的输出端 $\overline{Y}_S=1$，$\overline{Y}_{EX}=0$，使片(1)的选通端 $\overline{ST}=1$，片(1)不编码，其输出 $\overline{Y}_2\overline{Y}_1\overline{Y}_0=111$，不影响片(2)对 $\overline{A}_{15} \sim \overline{A}_8$ 的编码操作。当 $\overline{A}_{15} \sim \overline{A}_8$ 均为高电平时，片(1)才能对 $\overline{A}_7 \sim \overline{A}_0$ 进行优先编码操作，所以片(2)的优先级别高于片(1)。$Z_3 \sim Z_0$ 将反码输出转换为原码输出。

3. 二-十进制优先编码器

用 4 位二进制代码表示 1 位十进制数（也可以是十种其他信息）称为二-十进制编码。完成二-十进制编码的电路称为二-十进制编码器，它能将 $I_0 \sim I_9$（对应 $0 \sim 9$）10 个有效的输入信号编成 8421BCD 码。表 3-14 是二-十进制编码器的真值表。

表 3-14　二-十进制编码器的真值表

I_9	I_8	I_7	I_6	I_5	I_4	I_3	I_2	I_1	I_0	Y_3	Y_2	Y_1	Y_0
1	0	0	0	0	0	0	0	0	0	1	0	0	1
0	1	0	0	0	0	0	0	0	0	1	0	0	0
0	0	1	0	0	0	0	0	0	0	0	1	1	1
0	0	0	1	0	0	0	0	0	0	0	1	1	0
0	0	0	0	1	0	0	0	0	0	0	1	0	1
0	0	0	0	0	1	0	0	0	0	0	1	0	0
0	0	0	0	0	0	1	0	0	0	0	0	1	1
0	0	0	0	0	0	0	1	0	0	0	0	1	0
0	0	0	0	0	0	0	0	1	0	0	0	0	1
0	0	0	0	0	0	0	0	0	1	0	0	0	0

由表 3-14 可以求出二-十进制编码器四个输出信号的逻辑表达式，并进行"与非-与非"变换得

$$Y_3 = I_8 + I_9 = \overline{\overline{I_8}\,\overline{I_9}}$$

$$Y_2 = I_4 + I_5 + I_6 + I_7 = \overline{\overline{I_4}\,\overline{I_5}\,\overline{I_6}\,\overline{I_7}}$$

$$Y_1 = I_2 + I_3 + I_6 + I_7 = \overline{\overline{I_2}\,\overline{I_3}\,\overline{I_6}\,\overline{I_7}}$$

$$Y_0 = I_1 + I_3 + I_5 + I_7 + I_9 = \overline{\overline{I_1}\,\overline{I_3}\,\overline{I_5}\,\overline{I_7}\,\overline{I_9}}$$

$$(3\text{-}27)$$

由式(3-27)可绘制二-十进制编码器的逻辑图，如图 3-28 所示。

图 3-29 是集成二-十进制优先编码器 74LS147 的简易图形符号，表 3-15 是 74LS147 的功能表。

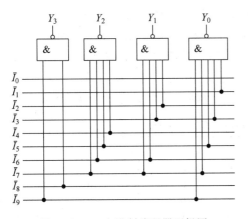

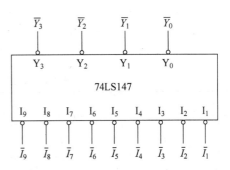

图 3-28　二-十进制编码器逻辑图　　　　图 3-29　74LS147 的简易图形符号

由表 3-15 可以看出，编码器的输入信号低电平有效，输出是 8421 码的反码。$\bar{I}_9$ 的优先级最高，$\bar{I}_0$ 的优先级最低，即只要 $\bar{I}_9$ 有低电平输入，无论其他输入端是什么，输出都是 **0110**。电路中没有 $\bar{I}_0$ 输入端，当所有的输入端都为高电平时，相当于 $\bar{I}_0$ 端有效，这时四个

输出端输出的是 **1111**。

表 3-15　74LS147 的功能表

$\bar{I}_9$	$\bar{I}_8$	$\bar{I}_7$	$\bar{I}_6$	$\bar{I}_5$	$\bar{I}_4$	$\bar{I}_3$	$\bar{I}_2$	$\bar{I}_1$	$\bar{Y}_3$	$\bar{Y}_2$	$\bar{Y}_1$	$\bar{Y}_0$
1	1	1	1	1	1	1	1	1	1	1	1	1
0	×	×	×	×	×	×	×	×	0	1	1	0
1	0	×	×	×	×	×	×	×	0	1	1	1
1	1	0	×	×	×	×	×	×	1	0	0	0
1	1	1	0	×	×	×	×	×	1	0	0	1
1	1	1	1	0	×	×	×	×	1	0	1	0
1	1	1	1	1	0	×	×	×	1	0	1	1
1	1	1	1	1	1	0	×	×	1	1	0	0
1	1	1	1	1	1	1	0	×	1	1	0	1
1	1	1	1	1	1	1	1	0	1	1	1	0

3.5.2　译码器

译码是将表示特定意义信息的二进制代码翻译出来,是编码的逆过程。实现译码操作的电路称为"译码器",它输入的是二进制代码,输出的是与输入代码对应的特定信息。

常用的译码器有二进制译码器、二-十进制译码器和显示驱动译码器等。

1. 二进制译码器

图 3-30 是二进制译码器的框图。图中 $A_1 \sim A_n$ 是 n 个输入信号,组成 n 位二进制代码,A_n 是代码的最高位,A_1 是代码的最低位。代码可能是原码,也可能是反码。若为反码,则字母 A 上面要带反号。$Y_1 \sim Y_{2^n}$ 是 2^n 个输出信号,可能是高电平有效,也可能是低电平有效。若为低电平有效,则字母 Y 上面要带反号,这种译码器称为 n 线-2^n 线译码器。

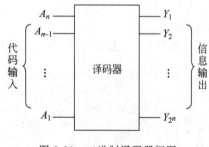

图 3-30　二进制译码器框图

对于 n 线-2^n 线译码器的每一种输入代码,输出只能有一个有效,其余均无效。二进制译码器可以译出输入变量的全部状态,所以又称为变量译码器或全译码器。表 3-16 是 3 位二进制译码器的真值表,输入是 3 位二进制代码,输出是 8 个互斥的信号。

表 3-16　3 位二进制译码器的真值表

A_2	A_1	A_0	Y_0	Y_1	Y_2	Y_3	Y_4	Y_5	Y_6	Y_7
0	0	0	1	0	0	0	0	0	0	0
0	0	1	0	1	0	0	0	0	0	0
0	1	0	0	0	1	0	0	0	0	0
0	1	1	0	0	0	1	0	0	0	0
1	0	0	0	0	0	0	1	0	0	0
1	0	1	0	0	0	0	0	1	0	0
1	1	0	0	0	0	0	0	0	1	0
1	1	1	0	0	0	0	0	0	0	1

由真值表 3-16 可以写出输出逻辑表达式

$$Y_7 = A_2 A_1 A_0 = m_7$$
$$Y_6 = A_2 A_1 \overline{A_0} = m_6$$
$$Y_5 = A_2 \overline{A_1} A_0 = m_5$$
$$Y_4 = A_2 \overline{A_1} \overline{A_0} = m_4$$
$$Y_3 = \overline{A_2} A_1 A_0 = m_3$$
$$Y_2 = \overline{A_2} A_1 \overline{A_0} = m_2$$
$$Y_1 = \overline{A_2} \overline{A_1} A_0 = m_1$$
$$Y_0 = \overline{A_2} \overline{A_1} \overline{A_0} = m_0$$

$$(3\text{-}28)$$

由式(3-28)可以看出,译码器的每个输出都与输入代码的一个最小项对应。依据式(3-28)可以画出 3 位二进制译码器的逻辑图,如图 3-31 所示。

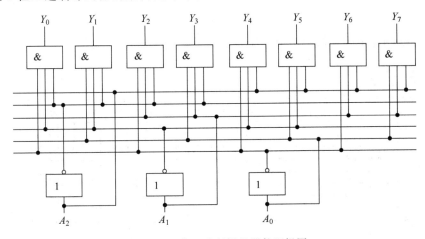

图 3-31 3 位二进制译码器的逻辑图

集成 3 线-8 线译码器 74LS138 的输出采用低电平有效方式,即输出为反变量,而且增加了使能控制信号。74LS138 的功能如表 3-17 所示,其中 ST_A、$\overline{ST_B}$、$\overline{ST_C}$ 是使能端。当 $ST_A = 1$ 且 $\overline{ST_B} = \overline{ST_C} = 0$ 时,译码器才工作,否则译码器处于禁止状态。

表 3-17　74LS138 的功能表

ST_A	$\overline{ST_B}$	$\overline{ST_C}$	A_2	A_1	A_0	$\overline{Y_0}$	$\overline{Y_1}$	$\overline{Y_2}$	$\overline{Y_3}$	$\overline{Y_4}$	$\overline{Y_5}$	$\overline{Y_6}$	$\overline{Y_7}$
0	×	×	×	×	×	1	1	1	1	1	1	1	1
1	×	1	×	×	×	1	1	1	1	1	1	1	1
1	1	×	×	×	×	1	1	1	1	1	1	1	1
1	0	0	0	0	0	0	1	1	1	1	1	1	1
1	0	0	0	0	1	1	0	1	1	1	1	1	1
1	0	0	0	1	0	1	1	0	1	1	1	1	1
1	0	0	0	1	1	1	1	1	0	1	1	1	1
1	0	0	1	0	0	1	1	1	1	0	1	1	1
1	0	0	1	0	1	1	1	1	1	1	0	1	1
1	0	0	1	1	0	1	1	1	1	1	1	0	1
1	0	0	1	1	1	1	1	1	1	1	1	1	0

由表 3-17 可以看出,其输入信号为原码,A_2 是最高位。译码过程中,根据 A_2、A_1、A_0 的取值组合,$\overline{Y}_0 \sim \overline{Y}_7$ 中某一个输出为低电平,且 $\overline{Y}_i = \overline{m}_i \,(i=0,1,2,\cdots,7)$,$m_i$ 为最小项。译码输出表达式为

$$\overline{Y}_7 = \overline{A_2 A_1 A_0} = \overline{m}_7$$
$$\overline{Y}_6 = \overline{A_2 A_1 \overline{A}_0} = \overline{m}_6$$
$$\overline{Y}_5 = \overline{A_2 \overline{A}_1 A_0} = \overline{m}_5$$
$$\overline{Y}_4 = \overline{A_2 \overline{A}_1 \overline{A}_0} = \overline{m}_4$$
$$\overline{Y}_3 = \overline{\overline{A}_2 A_1 A_0} = \overline{m}_3 \qquad (3\text{-}29)$$
$$\overline{Y}_2 = \overline{\overline{A}_2 A_1 \overline{A}_0} = \overline{m}_2$$
$$\overline{Y}_1 = \overline{\overline{A}_2 \overline{A}_1 A_0} = \overline{m}_1$$
$$\overline{Y}_0 = \overline{\overline{A}_2 \overline{A}_1 \overline{A}_0} = \overline{m}_0$$

74LS138 的逻辑图和简易图形符号分别如图 3-32、图 3-33 所示。

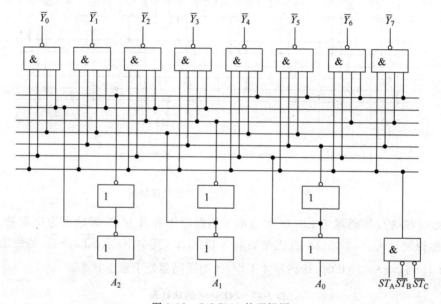

图 3-32　74LS138 的逻辑图

【提示】　译码输出的是三个变量的全部最小项,这一特点是全译码器所共有的,据此可以用集成译码器实现组合逻辑函数。当代码位数较多时,可以将多个译码器级联使用。

2. 二-十进制译码器

将输入的四位 8421BCD 码翻译成十个对应的高、低电平输出信号(用来表示 0~9 共十个数字)的逻辑电路称为二-十进制译码器,又称 4 线-10 线译码器。常用的 4 线-10 线译码器是 74LS42,表 3-18 是其功能表,输入的四位 8421BCD 码用 D、C、B、A 表示,输出的 0~9 十个十进制数对应的信号用 $\overline{Y}_0 \sim \overline{Y}_9$ 表示。

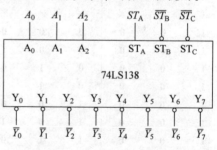

图 3-33　74LS138 的简易图形符号

表 3-18 74LS42 的功能表

数字	D	C	B	A	$\overline{Y}_0$	$\overline{Y}_1$	$\overline{Y}_2$	$\overline{Y}_3$	$\overline{Y}_4$	$\overline{Y}_5$	$\overline{Y}_6$	$\overline{Y}_7$	$\overline{Y}_8$	$\overline{Y}_9$
0	0	0	0	0	0	1	1	1	1	1	1	1	1	1
1	0	0	0	1	1	0	1	1	1	1	1	1	1	1
2	0	0	1	0	1	1	0	1	1	1	1	1	1	1
3	0	0	1	1	1	1	1	0	1	1	1	1	1	1
4	0	1	0	0	1	1	1	1	0	1	1	1	1	1
5	0	1	0	1	1	1	1	1	1	0	1	1	1	1
6	0	1	1	0	1	1	1	1	1	1	0	1	1	1
7	0	1	1	1	1	1	1	1	1	1	1	0	1	1
8	1	0	0	0	1	1	1	1	1	1	1	1	0	1
9	1	0	0	1	1	1	1	1	1	1	1	1	1	0
无效码	1	0	1	0	1	1	1	1	1	1	1	1	1	1
	1	0	1	1	1	1	1	1	1	1	1	1	1	1
	1	1	0	0	1	1	1	1	1	1	1	1	1	1
	1	1	0	1	1	1	1	1	1	1	1	1	1	1
	1	1	1	0	1	1	1	1	1	1	1	1	1	1
	1	1	1	1	1	1	1	1	1	1	1	1	1	1

由表 3-18 可见,该电路输入端 D、C、B、A 输入的是 8421BCD 码,输出端有译码输出时为 **0**,没有译码输出时为 **1**,即低电平为有效输出信号。所以,当输入为 **1010~1111** 六个无效信号时,译码器输出全 **1**,即对无效信号拒绝译码。

由功能表 3-18 可以写出"与非"形式的输出表达式

$$\overline{Y}_0 = \overline{\overline{D}\,\overline{C}\,\overline{B}\,\overline{A}} \qquad \overline{Y}_5 = \overline{\overline{D}C\overline{B}A}$$

$$\overline{Y}_1 = \overline{\overline{D}\,\overline{C}\,\overline{B}A} \qquad \overline{Y}_6 = \overline{\overline{D}CB\overline{A}}$$

$$\overline{Y}_2 = \overline{\overline{D}\,\overline{C}B\overline{A}} \qquad \overline{Y}_7 = \overline{\overline{D}CBA} \qquad\qquad (3\text{-}30)$$

$$\overline{Y}_3 = \overline{\overline{D}\,\overline{C}BA} \qquad \overline{Y}_8 = \overline{D\overline{C}\,\overline{B}\,\overline{A}}$$

$$\overline{Y}_4 = \overline{\overline{D}C\overline{B}\,\overline{A}} \qquad \overline{Y}_9 = \overline{D\overline{C}\,\overline{B}A}$$

根据式(3-30),可以画出用"与非"门组成的 74LS42 的逻辑图,如图 3-34 所示。

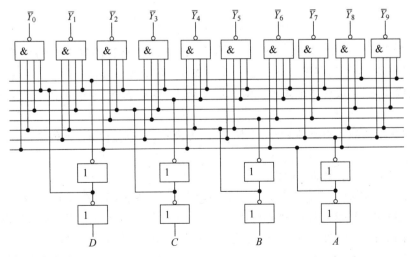

图 3-34 74LS42 的逻辑图

图 3-35 是二-十进制译码器 74LS42 的简易图形符号。

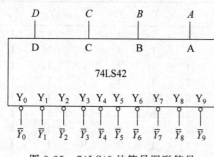

图 3-35　74LS42 的简易图形符号

3. 显示驱动译码器

显示驱动译码器不同于上述的译码器,它的主要功能是译码驱动数字显示器件。数字显示的方式一般分为字形重叠式、分段式和点阵式三种。

字形重叠式显示器是将不同字符的电极重叠起来,使相应的电极发亮,则可显示需要的字符。

分段式显示器是在同一平面上按笔画分布发光段,利用不同发光段组合,显示不同的数码。

点阵式显示器是由按一定规律排列的可发光的点阵组成,通过发光点组合显示不同的数码。

数字显示方式以分段式应用最为普遍,下面先对常用的分段式显示器作一些介绍,然后对显示驱动译码器的原理进行分析。

1) 七段 LED 数码管显示器

某些特殊的半导体材料做成的 PN 结,在外加一定的电压时,具有能将电能转化成光能的特性。利用这种 PN 结发光特性制作成显示器件,称为半导体显示器。多个发光二极管组成的七段 LED 数码管显示器就是半导体显示器,其外观及其等效电路如图 3-36 所示。

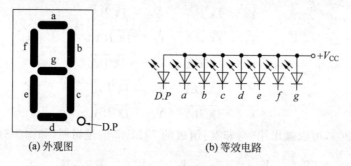

(a) 外观图　　　　　(b) 等效电路

图 3-36　七段 LED 数码管显示器

LED 数码管有共阴极与共阳极两种,共阳极 LED 数码管的等效电路如图 3-36(b)所示,各字段发光二极管的阳极接在一起。在构成显示驱动译码器时,对于共阳极 LED 数码管,要使某段发光,该段应接低电平;对于共阴极 LED 数码管,要使某段发光,该段应接高电平。

半导体显示器的优点是体积小、工作可靠、寿命长、响应速度快、颜色丰富;其缺点是功耗较大。

2) 七段 LED 显示驱动译码器

现以 8421BCD 码七段显示译码器为例,说明显示驱动译码器的工作原理。

8421BCD 码七段显示译码器的真值表如表 3-19 所示。设 $A_3 \sim A_0$ 是 8421BCD 码的输入端,经译码后产生驱动 LED 数码管的 7 个高电平有效的输出信号 $Y_a \sim Y_g$,用于连接 LED 数码管的 7 个数码显示段 a～g(不包括小数点的驱动)。这里规定输出 1 时为数码显示段的点亮状态,0 为熄灭状态。

除了可对输入的 **0000~1001** 的 8421BCD 码进行显示译码外,还规定了输入为 **1010~1111** 这六个状态下显示的字形。但由于这些字形比较奇异,故在实际应用中很少使用。

表 3-19 8421BCD 码七段显示译码器的真值表

数码	A_3	A_2	A_1	A_0	Y_a	Y_b	Y_c	Y_d	Y_e	Y_f	Y_g	字形
0	0	0	0	0	1	1	1	1	1	1	0	0
1	0	0	0	1	0	1	1	0	0	0	0	1
2	0	0	1	0	1	1	0	1	1	0	1	2
3	0	0	1	1	1	1	1	1	0	0	1	3
4	0	1	0	0	0	1	1	0	0	1	1	4
5	0	1	0	1	1	0	1	1	0	1	1	5
6	0	1	1	0	0	0	1	1	1	1	1	6
7	0	1	1	1	1	1	1	0	0	0	0	7
8	1	0	0	0	1	1	1	1	1	1	1	8
9	1	0	0	1	1	1	1	0	0	1	1	9
10	1	0	1	0	0	0	0	1	1	0	1	c
11	1	0	1	1	0	0	1	1	0	0	1	⊃
12	1	1	0	0	0	1	0	0	0	1	1	∪
13	1	1	0	1	1	0	0	1	0	1	1	⊑
14	1	1	1	0	0	0	0	1	1	1	1	Ŀ
15	1	1	1	1	0	0	0	0	0	0	0	

由表 3-19 可以得出输出的最小项表达式,利用卡诺图化简 **0** 项,得到反函数的"与或"表达式,然后对反函数取反得到"与或非"表达式。这里省略化简和变换步骤,直接给出输出逻辑函数的"与或非"表达式。

$$Y_a = \sum(0,2,3,5,7,8,9,13) = \overline{\overline{A_3}A_1 + A_2\overline{A_0} + \overline{A_3}\overline{A_2}\overline{A_1}A_0}$$

$$Y_b = \sum(0,1,2,3,4,7,8,9,12) = \overline{\overline{A_3}A_1 + A_2\overline{A_1}A_0 + A_2A_1\overline{A_0}}$$

$$Y_c = \sum(0,1,3,4,5,6,7,8,9,11) = \overline{\overline{A_3}A_2 + \overline{A_2}A_1\overline{A_0}}$$

$$Y_d = \sum(0,2,3,5,6,8,10,11,13,14) = \overline{A_2\overline{A_1}\overline{A_0} + A_2A_1A_0 + \overline{A_2}\overline{A_1}A_0} \quad (3\text{-}31)$$

$$Y_e = \sum(0,2,6,8,10,14) = \overline{A_0 + A_2\overline{A_1}}$$

$$Y_f = \sum(0,4,5,6,8,9,12,13,14) = \overline{A_1A_0 + \overline{A_2}A_1 + \overline{A_3}\overline{A_2}A_0}$$

$$Y_g = \sum(2,3,4,5,6,8,9,10,11,12,13,14) = \overline{\overline{A_3}\overline{A_2}\overline{A_1} + A_2A_1A_0}$$

由式(3-31)可以画出译码器的逻辑图,如图 3-37 所示。

集成显示驱动译码器 74LS248 是用于驱动共阴极 LED 数码管的 BCD-七段显示译码器,它的内部有上拉电阻,输出状态为高电平有效。74LS248 的简易图形符号如图 3-38 所示,符号中 $A_3 \sim A_0$ 是 8421BCD 码的输入端,$Y_a \sim Y_g$ 是经译码后产生驱动共阴极 LED 数码

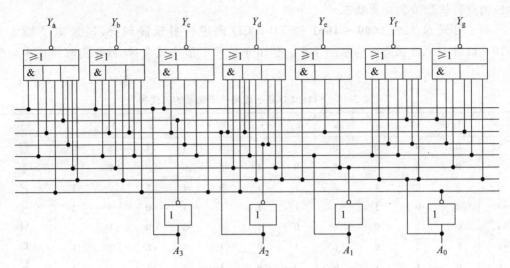

图 3-37   8421BCD 码七段显示译码器逻辑图

管的 7 个输出信号。74LS248 中还提供了附加控制电路,有三个附加控制端 $\overline{LT}$、$\overline{RBI}$ 和 $\overline{BI}/\overline{RBO}$,用以扩展电路的功能。

图 3-39 给出了 74LS248 与共阴极 LED 数码管的基本连接方法,供读者参考。

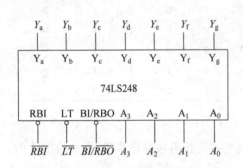

图 3-38   74LS248 的简易图形符号

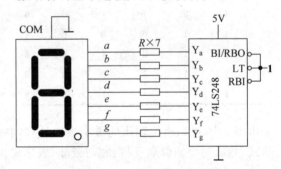

图 3-39   用 74LS248 驱动共阴极 LED 数码管的连接方法

74LS248 中附加控制端的功能如下:

(1) 灯测试输入端 $\overline{LT}$。$\overline{LT}$ 为低电平有效信号。当 $\overline{LT}=0$ 时,无论输入的 8421BCD 码为何状态,将强行使译码器的输出信号全部置成高电平,从而使 LED 数码管的 7 个数码显示段全部点亮。此输入端的功能主要是对数码管的七个显示段进行测试。正常工作时应将 $\overline{LT}$ 置为高电平。

(2) 灭零输入端 $\overline{RBI}$。$\overline{RBI}$ 为低电平有效信号。一般情况下,当显示译码器的输入 8421BCD 码为 **0000** 时,显示译码器的输出信号将使数码管显示为 **0**。但 $\overline{RBI}=\mathbf{0}$ 时,如果显示译码器的输入为 **0000**,则输出的信号将全部置为高阻态,数码管的七个显示段全部不亮,这就是所谓的"灭零"。然而,$\overline{RBI}$ 有效时,仅仅是对输入的 8421BCD 码为 **0000** 时产生"灭零"效果,如果输入的 8421BCD 码是其他数值,则显示译码器的输出仍同于一般情况,使数码管显示出相应数字。

(3) 灭灯输入/灭零输出端 $\overline{BI}/\overline{RBO}$。这是一个双功能的输入/输出端,其输入和输出均是低电平有效。$\overline{BI}/\overline{RBO}$端作为输入端时,称灭灯输入控制端。当将此端加上低电平时,则无论显示译码器的输入为什么状态,输出信号将被全部置为高阻态,使数码管的各个显示段全部熄灭。$\overline{BI}/\overline{RBO}$端作为输出端时,称灭零输出端。当灭零输入端$\overline{RBI}$处于有效状态且 8421BCD 码的输入为 **0000** 时,显示译码器实现"灭零"。此时,灭零输出端$\overline{BI}/\overline{RBO}$输出低电平,表示本显示译码器处于"灭零"状态,将本应显示的 0 给熄灭了。

将$\overline{RBI}$与$\overline{RBO}$配合使用,可实现多位十进制数码显示系统的整数前和小数后的灭零控制。图 3-40 给出了灭零控制的连接方法,整数部分将高位的$\overline{RBO}$与后一位的$\overline{RBI}$相连。小数部分将低位的$\overline{RBO}$与前一位的$\overline{RBI}$相连。整数显示部分最高位译码器的$\overline{RBI}$接地,始终处于有效状态,输入为 0 时将进行灭零操作,并通过$\overline{RBO}$将灭零输出低电平向后传递,开启后一位灭零功能。小数显示部分最低位译码器的$\overline{RBI}$始终处于有效状态,输入为 0 时将进行灭零操作,并通过$\overline{RBO}$将灭零输出的低电平向前传递,开启前一位的灭零功能。

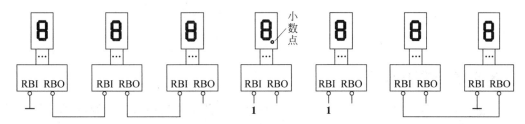

图 3-40　有灭零控制的数码显示系统

4. 用译码器实现组合逻辑函数

任何逻辑函数都可以写成最小项表达式的形式,而对于具有 n 个输入的二进制译码器来说,它的 2^n 个输出恰恰对应输入信号的 2^n 个最小项,即 $Y_i = m_i$。所以,可以利用译码器的这一特点,并配合门电路构成组合逻辑电路。具体步骤如下:

(1) 由函数的自变量数确定译码器的线数,自变量数应与译码器的输入线数相等。

(2) 将组合逻辑函数转换成最小项表达式形式。

(3) 将函数的最小项表达式与译码器输出对比,并进行相应变换。

(4) 画出用译码器和门电路组成的逻辑图。

【例 3-16】 用二进制译码器和"与非"门实现逻辑函数 $Y = AB + BC + AC$。

解:(1) 给定的组合逻辑函数 Y 为三变量逻辑函数,所以选择 3 线-8 线译码器 74LS138 来设计实现该组合逻辑函数。

(2) 把逻辑函数 Y 写成最小项表达式的形式

$$
\begin{aligned}
Y &= AB + BC + AC \\
  &= AB(C + \overline{C}) + (A + \overline{A})BC + A(B + \overline{B})C \\
  &= ABC + AB\overline{C} + \overline{A}BC + A\overline{B}C \\
  &= m_3 + m_5 + m_6 + m_7
\end{aligned}
\tag{3-32}
$$

(3) 由译码器 74LS138 功能可知,只要令 $A_2 = A, A_1 = B, A_0 = C$,则它的输出 $\overline{Y}_0 \sim \overline{Y}_7$ 即为三变量逻辑函数的 8 个最小项 $\overline{m}_0 \sim \overline{m}_7$。由于这些最小项以反函数的形式给出,所以还需将式(3-32)变换为由 $\overline{m}_0 \sim \overline{m}_7$ 表示的函数式

$$Y = \overline{\overline{m_3 + m_5 + m_6 + m_7}}$$
$$= \overline{m_3 + m_5 + m_6 + m_7} \qquad (3\text{-}33)$$
$$= \overline{\overline{m_3} \cdot \overline{m_5} \cdot \overline{m_6} \cdot \overline{m_7}}$$

对比译码器 74LS138 的输出,式(3-33)可以写成

$$Y = \overline{\overline{Y_3} \cdot \overline{Y_5} \cdot \overline{Y_6} \cdot \overline{Y_7}} \qquad (3\text{-}34)$$

(4) 由式(3-34)画出逻辑图,如图 3-41 所示。

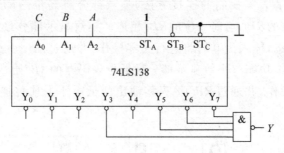

图 3-41　例 3-16 的逻辑图

3.5.3　加法器

二进制加法器是数字系统的基本逻辑部件之一。两个二进制数之间的加、减、乘、除等算术运算,最后都可以化作加法运算来实现。能够实现加法运算的电路称为加法器,加法器是算术运算的基本单元电路。下面先讨论能实现 1 位二进制数相加的半加器和全加器,然后探讨多位二进制数加法器。

1. 半加器和全加器

如果不考虑来自低位的进位而将两个一位二进制数相加,称为半加。实现半加运算的逻辑电路叫作半加器。

若用 A、B 表示两个加数输入,S、CO 分别表示和与进位输出。根据半加器的逻辑功能,可以得出其真值表,如表 3-20 所示。

表 3-20　半加器的真值表

A	B	S	CO
0	0	0	0
0	1	1	0
1	0	1	0
1	1	0	1

由真值表可以求出 S 和 CO 的表达式

$$\begin{cases} S = A\overline{B} + \overline{A}B = A \oplus B \\ CO = AB \end{cases} \qquad (3\text{-}35)$$

式(3-35)可用图 3-42(a)所示的逻辑电路实现。半加器的逻辑符号如图 3-42(b)所示。

如果不仅考虑两个一位二进制数相加,而且

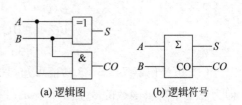

(a) 逻辑图　　(b) 逻辑符号

图 3-42　半加器的逻辑图和逻辑符号

考虑来自低位进位的加法运算称为全加。实现全加运算的逻辑电路叫作全加器。设 A、B 为两个加数，CI 是来自低位的进位，S 为本位的和，CO 是向高位的进位，根据全加器的逻辑功能，可以得到其真值表，如表 3-21 所示。

表 3-21　全加器的真值表

A	B	CI	CO	S
0	0	0	0	0
0	0	1	0	1
0	1	0	0	1
0	1	1	1	0
1	0	0	0	1
1	0	1	1	0
1	1	0	1	0
1	1	1	1	1

由表 3-21 可以写出全加器的逻辑函数表达式，并进行相应变换得

$$
\begin{cases}
S &= \sum(1,2,4,7) \\
&= \overline{A}\,\overline{B}CI + \overline{A}B\overline{CI} + A\overline{B}\,\overline{CI} + ABCI \\
&= (\overline{A}\,\overline{B} + AB)CI + (\overline{A}B + A\overline{B})\overline{CI} \\
&= A \oplus B \oplus CI \\
CO &= \sum(3,5,6,7) \\
&= \overline{A}BCI + A\overline{B}CI + AB\overline{CI} + ABCI \\
&= AB + (A \oplus B)CI \\
&= \overline{\overline{AB + (A \oplus B)CI}} \\
&= \overline{\overline{AB} \cdot \overline{(A \oplus B)CI}}
\end{cases}
\tag{3-36}
$$

全加器的电路结构有多种类型，图 3-43(a)是用"异或"门和"与非"门构成的全加器。不论哪种电路结构，其功能必须符合表 3-21 给出的全加器真值表。全加器的逻辑符号如图 3-43(b)所示。

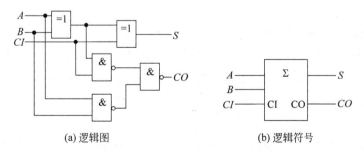

(a) 逻辑图　　　　　　　　　(b) 逻辑符号

图 3-43　全加器的逻辑图和逻辑符号

2. 多位加法器

两个多位二进制数进行加法运算时，前面讲的全加器是不能完成的。必须把多个这样

的全加器连接起来使用。即把相邻的第一位全加器的 CO 连接到高一位全加器的 CI 端,最低一位相加时可以使用半加器,也可以使用全加器。使用全加器时,需要把 CI 端接低电平 **0**,这样组成的加法器称为串行进位加法器,如图 3-44 所示。

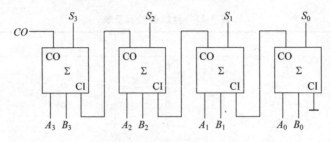

图 3-44 4 位串行进位加法器

由于电路的进位是从低位到高位依次连接而成的,所以必须等到低位的进位产生并送到相邻的高位以后,相邻的高一位才能产生相加的结果和进位输出。所以,串行进位加法器的缺点是运行速度慢,只能用在对工作速度要求不太高的场合。串行进位加法器的优点是电路简单。TTL 集成电路中的 T692 就属于此类加法器。

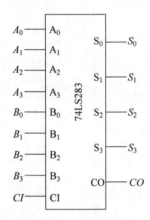

图 3-45 74LS283 的简易
图形符号

为了提高运算速度,通常使用超前进位并行加法器。图 3-45 是中规模集成电路 4 位二进制超前进位加法器 74LS283 的简易图形符号。其中 $A_3 \sim A_0$、$B_3 \sim B_0$ 分别为 4 位加数和被加数的输入端,$S_3 \sim S_0$ 为四位和的输出端,CI 为最低进位输入端,CO 为向高位输送进位的输出端。

超前进位加法器的运算速度高的主要原因在于,进位信号不再是逐级传递,而是采用超前进位技术。超前进位加法器内部进位信号 CI_i 可写为

$$CI_i = f_i(A_0, \cdots, A_i, B_0, \cdots, B_i, CI) \qquad (3-37)$$

各级进位信号仅由加数、被加数和最低位信号 CI 决定,而与其他进位无关,这就有效地提高了运算速度。需要注意的是,加法器速度越高,位数越多,电路越复杂。目前中规模集成超前进位加法器多为四位。若实现更多位的加法运算,需将多个四位加法器串接使用。

3. 用加法器实现组合逻辑函数

加法器能实现两个二进制数相加,如果某个逻辑函数能表示为某些输入变量相加或输入变量与常量相加的形式,则用加法器来设计组合逻辑电路会更简单。

【例 3-17】 用超前进位加法器 74LS283 设计一个代码转换电路,以将余 3 码转换为 8421 码。

解: 根据设计要求,电路的输入为余 3 码,用 $ABCD$ 表示;电路的输出为 8421 码,用 $Y_3 Y_2 Y_1 Y_0$ 表示。由代码的编码规则可知,余 3 码是 8421 码加 3 得到的,即 8421 码可以由余 3 码加(-3)得到。所以只要将 $ABCD$ 和(-3)的补码 **1101** 作为加数和被加数接入 74LS283 的输入端 $A_3 \sim A_0$、$B_3 \sim B_0$,即可从 $S_3 \sim S_0$ 端得到 8421 码,这时在 CO 端会产生进

位,忽略即可。电路连接如图 3-46 所示。

3.5.4 数据选择器

能从一组输入数据中选择出某一数据的电路叫数据选择器。数据选择器由地址译码器和多路数字开关组成,如图 3-47 所示。它有 n 个选择输入端(也称为地址输入端),2^n 个数据输入端,一个数据输出端。数据输入端与选择输入端输入的地址码有一一对应关系,当地址码确定后,输出端就输出与该地址码有对应关系的数据输入端的数据,即将与该地址码有对应关系的数据输入端和输出端相接。

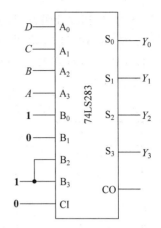

图 3-46 例 3-17 的电路连接图

1. 4 选 1 数据选择器

图 3-48 是 4 选 1 数据选择器的功能示意图。图中 $D_0 \sim D_3$ 为 4 个数据输入端;Y 为输出端;A_1、A_0 为地址输入端,其真值表如表 3-22 所示。

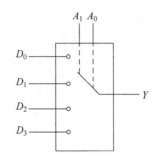

图 3-47 数据选择器的框图   图 3-48 4 选 1 数据选择器功能示意图

表 3-22 4 选 1 数据选择器真值表

A_1	A_0	D_0	D_1	D_2	D_3	Y
0	**0**	D_0	×	×	×	D_0
0	**1**	×	D_1	×	×	D_1
1	**0**	×	×	D_2	×	D_2
1	**1**	×	×	×	D_3	D_3

由真值表 3-22 可以写出输出信号 Y 的表达式

$$Y = \overline{A_1}\,\overline{A_0}D_0 + \overline{A_1}A_0D_1 + A_1\overline{A_0}D_2 + A_1A_0D_3 = \sum_{i=0}^{3} m_i D_i \qquad (3\text{-}38)$$

式中,m_i 为地址输入变量 A_1、A_0 的最小项依据表达式(3-38)可以画出 4 选 1 数据选择器的逻辑图,如图 3-49 所示。

集成 4 选 1 数据选择器的典型电路是 74LS153。74LS153 内部有两片功能完全相同的 4 选 1 数据选择器,通常称为双 4 选 1 数据选择器。

74LS153 中设有选通端 $\overline{S}$,低电平有效。当 $S=0$ 时,$Y=0$,数据选择器不工作。当 $S=1$ 时,数据选择器才工作。于是,式(3-38)应改写为

$$Y = (\overline{A_1}\,\overline{A_0}D_0 + \overline{A_1}A_0D_1 + A_1\overline{A_0}D_2 + A_1A_0D_3)S = S\sum_{i=0}^{3} m_i D_i \qquad (3\text{-}39)$$

当 $S=1$ 时,根据地址码 A_1A_0 的不同,将从 $D_0 \sim D_3$ 中选出一个数据输出。即地址码 A_1A_0 分别为 **00**、**01**、**10**、**11** 时,输出分别为 D_0、D_1、D_2、D_3。

表 3-23 是 74LS153 中一片 4 选 1 数据选择器的功能表。74LS153 的简易图形符号如图 3-50 所示。

表 3-23   74LS153 中一片 4 选 1 数据选择器的功能表

$\overline{S}$	A_1	A_0	D_0	D_1	D_2	D_3	Y
1	×	×	×	×	×	×	**0**
0	0	0	D_0	×	×	×	D_0
0	0	1	×	D_1	×	×	D_1
0	1	0	×	×	D_2	×	D_2
0	1	1	×	×	×	D_3	D_3

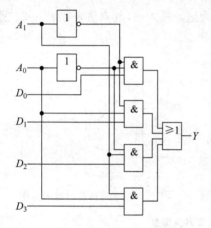
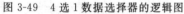

图 3-49   4 选 1 数据选择器的逻辑图

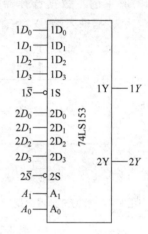

图 3-50   74LS153 的简易图形符号

2. 8 选 1 数据选择器

集成 8 选 1 数据选择器 74LS151 的功能如表 3-24 所示。可以看出,74LS151 有一个使能端 $\overline{S}$,低电平有效;A_2、A_1、A_0 为地址输入端;有两个互补输出端 Y 和 $\overline{Y}$,其输出信号相反。

表 3-24   74LS151 的功能表

$\overline{S}$	A_2	A_1	A_0	D	Y	$\overline{Y}$
1	×	×	×	×	**0**	**1**
0	0	0	0	D_0	D_0	$\overline{D}_0$
0	0	0	1	D_1	D_1	$\overline{D}_1$
0	0	1	0	D_2	D_2	$\overline{D}_2$
0	0	1	1	D_3	D_3	$\overline{D}_3$
0	1	0	0	D_4	D_4	$\overline{D}_4$
0	1	0	1	D_5	D_5	$\overline{D}_5$
0	1	1	0	D_6	D_6	$\overline{D}_6$
0	1	1	1	D_7	D_7	$\overline{D}_7$

由功能表可以写出输出逻辑函数 Y 的表达式

$$Y = S\sum_{i=0}^{7} m_i D_i \tag{3-40}$$

式中，m_i 为地址输入变量 A_2、A_1、A_0 的最小项。当 $S=0$ 时，$Y=0$，数据选择器不工作；当 $S=1$ 时，根据地址码 $A_2 A_1 A_0$ 的不同取值，将从 $D_0 \sim D_7$ 中选出一个数据输出。74LS151 的简易图形符号如图 3-51 所示。

3. 用数据选择器实现组合逻辑函数

从前面的分析可知，数据选择器输出信号的逻辑表达式具有以下特点：

(1) 具有标准"与或"表达式(最小项表达式)的形式；

(2) 提供了地址变量的全部最小项；

(3) 一般情况下，输入信号 D_i 可以当成一个变量处理。

任何组合逻辑函数都可以写成唯一的最小项表达式的形式，从原理上讲，应用对照比较的方法，用数据选择器可以不受限制地实现任何组合逻辑函数。具体步骤如下：

(1) 根据逻辑函数中变量的个数确定数据选择器的类型。若变量数为 n，则一般应选择 2^n 选 1 数据选择器或 2^{n-1} 选 1 数据选择器。

(2) 确定地址输入。如果选择 2^n 选 1 数据选择器，则 n 个变量全部设成地址输入；如果选择 2^{n-1} 选 1 数据选择器，则任选 $n-1$ 个变量设成地址输入。

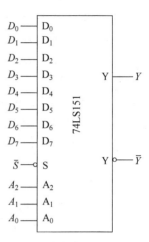

图 3-51 74LS151 的简易图形符号

(3) 确定数据输入。对比逻辑函数最小项表达式和数据选择器的输出表达式来确定数据输入。

【例 3-18】 用数据选择器实现二进制全加器。

解：二进制全加器有三个输入变量，两个输出变量，可以选择双 4 选 1 数据选择器 74LS153 来实现。

设 A 和 B 为二进制全加器的加数和被加数，C 为低位来的进位，S 为本位的和，CO 为向高位的进位。设地址输入 $A_1 = A$，$A_0 = B$。

式(3-36)已经给出了 S 和 CO 的逻辑表达式，这里重写出来，并稍作变换得

$$
\begin{aligned}
S &= \sum(1,2,4,7) \\
&= \bar{A}\bar{B} \cdot C + \bar{A}B \cdot \bar{C} + A\bar{B} \cdot \bar{C} + AB \cdot C \\
CO &= \sum(3,5,6,7) \\
&= \bar{A}BC + A\bar{B}C + AB\bar{C} + ABC \\
&= \bar{A}\bar{B} \cdot 0 + \bar{A}B \cdot C + A\bar{B} \cdot C + AB \cdot 1
\end{aligned} \tag{3-41}
$$

比较式(3-41)与 4 选 1 数据选择器 74LS153 的表达式(3-38)，可以确定数据输入及输出为

$$1D_0 = C，1D_1 = \bar{C}，1D_2 = \bar{C}，1D_3 = C，S = 1Y$$

$$2D_0 = 0，2D_1 = C，2D_2 = C，2D_3 = 1，CO = 2Y$$

依据各数据输入和输出画出连接图,如图 3-52 所示。

【**例 3-19**】 用数据选择器实现逻辑函数 $Y(A,B,C)=\overline{A}BC+A\overline{B}C+AB$ 。

解:根据逻辑函数的变量数,选择 8 选 1 数据选择器 74LS151 来实现。令地址输入 $A_2=C,A_1=B,A_0=A$ 。在 $\overline{S}=\mathbf{0}$ 时,74LS151 的输出逻辑表达式为

$$Y=\overline{A}_2\overline{A}_1\overline{A}_0 D_0 + \overline{A}_2\overline{A}_1 A_0 D_1 + \overline{A}_2 A_1\overline{A}_0 D_2$$
$$+ \overline{A}_2 A_1 A_0 D_3 + A_2\overline{A}_1\overline{A}_0 D_4 + A_2\overline{A}_1 A_0 D_5$$
$$+ A_2 A_1\overline{A}_0 D_6 + A_2 A_1 A_0 D_7 \qquad (3\text{-}42)$$

把待实现的逻辑函数变换成与此表达式相同的形式

$$Y(A,B,C)=\overline{A}BC+A\overline{B}C+AB$$
$$= CB\overline{A}+C\overline{B}A+\overline{C}BA+CBA$$
$$= \mathbf{0}(\overline{C}\,\overline{B}\,\overline{A})+\mathbf{0}(\overline{C}\,\overline{B}A)+\mathbf{0}(\overline{C}B\overline{A})+\mathbf{1}(\overline{C}BA)$$
$$+ \mathbf{0}(C\overline{B}\,\overline{A})+\mathbf{1}(C\overline{B}A)+\mathbf{1}(CB\overline{A})+\mathbf{1}(CBA)$$
$$(3\text{-}43)$$

比较式(3-42)和式(3-43),可以确定数据输入为

$$D_0=D_1=D_2=D_4=\mathbf{0}, \quad D_3=D_5=D_6=D_7=\mathbf{1}$$

输出可以从同相输出端 Y 输出,也可以从反相输出端 $\overline{Y}$ 加反相器以后输出。电路的连接方法如图 3-53 所示。

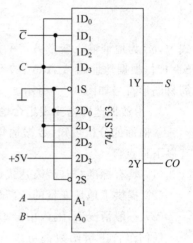

图 3-52 例 3-18 的电路连接图

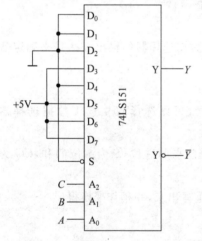

图 3-53 例 3-19 的电路连接图

【**提示**】 数据选择器又称为多路开关,多用在需要有选择、分时地传送数据的场合。利用选通端可以扩展数据选择器的功能。

3.5.5 数据分配器

根据 m 个地址输入,将一个输入信号传送到 2^m 个输出端中的某一个的器件称为数据分配器。数据分配器示意图如图 3-54 所示。下面以 1 路-4 路数据分配器为例,说明数据分配器的工作原理。

1 路-4 路数据分配器有 1 个信号输入端 D ,2 个地址输入端 A_1 、A_0 ,4 个数据输出端 Y_3 、Y_2 、Y_1 、Y_0 ,如图 3-55 所示。

根据数据分配器的定义及图 3-55,可以列出 1 路-4 路数据分配器的真值表,如表 3-25 所示。

表 3-25 1 路-4 路数据分配器的真值表

A_1	A_0	Y_3	Y_2	Y_1	Y_0
0	0	0	0	0	D
0	1	0	0	D	0
1	0	0	D	0	0
1	1	D	0	0	0

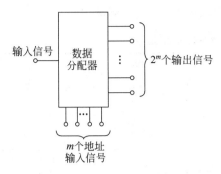

图 3-54 数据分配器示意图

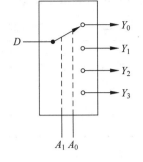

图 3-55 1 路-4 路数据分配器功能示意图

根据表 3-25 可以写出输出逻辑表达式

$$Y_0 = D\overline{A}_1\overline{A}_0$$
$$Y_1 = D\overline{A}_1 A_0$$
$$Y_2 = DA_1\overline{A}_0$$
$$Y_3 = DA_1 A_0$$

(3-44)

根据式(3-44)可以画出 1 路-4 路数据分配器的逻辑图,如图 3-56 所示。

从图 3-56 可以看出,如果将地址输入 A_1、A_0 作为二进制编码输入,D 作为选通控制信号,则数据分配器就成为二进制译码器了。所以数据分配器完全可以用二进制译码器来代替。

由于数据分配器可以用二进制译码器代替,所以集成二进制译码器也是集成数据分配器。如集成 2 线-4 线二进制译码器 74LS139 也是集成 1 路-4 路数据分配器;集成 3 线-8 线二进制译码器 74LS138 也是集成 1 路-8 路数据分配器。

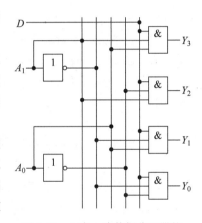

图 3-56 1 路-4 路数据分配器的逻辑图

【提示】 数据分配器多用在需要数据分时传送的场合。

3.5.6 数值比较器

数字电路中,用于比较两个二进制数 A 和 B 数值大小的逻辑电路称为数值比较器。下面首先讨论 1 位数值比较器,然后探讨多位数值比较器。

1. 1 位数值比较器

当两个一位二进制数 A 和 B 比较时,其结果有 3 种情况,即 $A<B$、$A=B$、$A>B$,比较结果分别用 M、G 和 L 表示。设 $A<B$ 时,$M=1$;$A=B$ 时,$G=1$;$A>B$ 时,$L=1$,由此可得 1 位数值比较器的真值表,如表 3-26 所示。

根据表 3-26 可以写出逻辑函数表达式

$$\begin{cases} M = \overline{A}B \\ G = \overline{A}\overline{B} + AB = \overline{\overline{A}B + A\overline{B}} \\ L = A\overline{B} \end{cases}$$

(3-45)

根据式(3-45)可以画出 1 位数值比较器的逻辑图,如图 3-57 所示。

表 3-26   1 位数值比较器的真值表

A	B	M	G	L
0	0	0	1	0
0	1	1	0	0
1	0	0	0	1
1	1	0	1	0

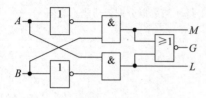

图 3-57   1 位数值比较器的逻辑图

2. 多位数值比较器

如果比较两个多位二进制数,必须逐位比较,使用多位数值比较器。下面以 4 位数值比较器为例说明其工作原理。

设两个 4 位二进制数为 $A = A_3A_2A_1A_0$,$B = B_3B_2B_1B_0$,因此 4 位数值比较器有 8 个数值输入信号。

同样,A 与 B 的比较有三种结果:大于、等于、小于,对应的 3 个输出信号分别为 $Y_{A>B}$、$Y_{A=B}$ 和 $Y_{A<B}$。

(1)如果 $A>B$,则必须使 $A_3>B_3$;或者 $A_3=B_3$ 且 $A_2>B_2$;或者 $A_3=B_3$,$A_2=B_2$ 且 $A_1>B_1$;或者 $A_3=B_3$,$A_2=B_2$,$A_1=B_1$ 且 $A_0>B_0$。

设 A,B 的第 i 位($i=0,1,2,3$)二进制数比较结果的大于、等于、小于用 L_i、G_i、M_i 表示,则

$$Y_{A>B} = L_3 + G_3L_2 + G_3G_2L_1 + G_3G_2G_1L_0 \tag{3-46}$$

(2)如果 $A=B$,则必须使 $A_3=B_3$,$A_2=B_2$,$A_1=B_1$ 且 $A_0=B_0$,所以

$$Y_{A=B} = G_3G_2G_1G_0 \tag{3-47}$$

(3)如果 $A<B$,则必须使 $A_3<B_3$;或者 $A_3=B_3$ 且 $A_2<B_2$;或者 $A_3=B_3$,$A_2=B_2$ 且 $A_1<B_1$;或者 $A_3=B_3$,$A_2=B_2$,$A_1=B_1$ 且 $A_0<B_0$,则

$$Y_{A<B} = M_3 + G_3M_2 + G_3G_2M_1 + G_3G_2G_1M_0 \tag{3-48}$$

另外,也可以由排除法推导出:如果 A 不大于且不等于 B,则 $A<B$,由此得出 $Y_{A<B}$ 的表达式为

$$Y_{A<B} = \overline{Y}_{A>B} \cdot \overline{Y}_{A=B} = \overline{Y_{A>B} + Y_{A=B}} \tag{3-49}$$

由式(3-45)可得 L_i、G_i、M_i 的表达式

$$\begin{cases} L_i = A_i \overline{B_i} \\ G_i = \overline{A_i}\,\overline{B_i} + A_iB_i = \overline{\overline{A_i}B_i + A_i\,\overline{B_i}} \\ M_i = \overline{A_i}B_i \end{cases} \tag{3-50}$$

根据式(3-46)、式(3-47)、式(3-49)和图 3-57 可以画出 4 位数值比较器的逻辑图,如图 3-58 所示。图中 1 位数值比较器是按照式(3-50)得出的,与图 3-57 相同。

集成 4 位数值比较器的典型电路是 74LS85,其简易图形符号如图 3-59 所示。$I_{A>B}$、$I_{A<B}$、$I_{A=B}$ 是扩展端,用于多个芯片之间扩展连接时使用。只比较两个 4 位二进制数时,将 $I_{A>B}$ 接低电平,同时将 $I_{A<B}$、$I_{A=B}$ 接高电平。74LS85 的功能如表 3-27 所示。

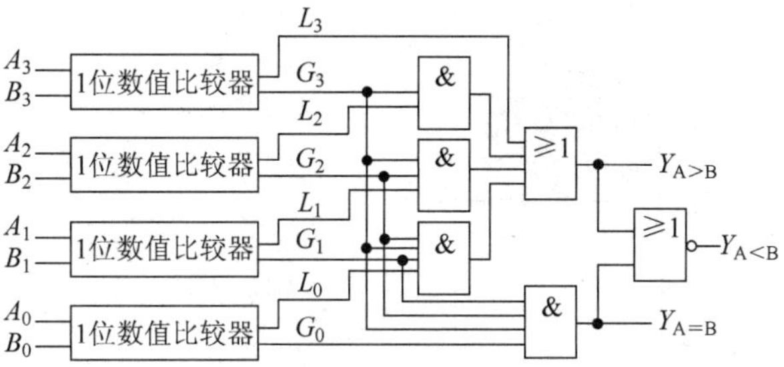

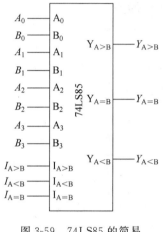

图 3-58　4 位数值比较器的逻辑图

图 3-59　74LS85 的简易
图形符号

表 3-27　74LS85 的功能表

$A_3\ B_3$	$A_2\ B_2$	$A_1\ B_1$	$A_0\ B_0$	$I_{A>B}$	$I_{A<B}$	$I_{A=B}$	$Y_{A>B}$	$Y_{A<B}$	$Y_{A=B}$
$A_3>B_3$	$\times$	$\times$	$\times$	$\times$	$\times$	$\times$	**1**	**0**	**0**
$A_3<B_3$	$\times$	$\times$	$\times$	$\times$	$\times$	$\times$	**0**	**1**	**0**
$A_3=B_3$	$A_2>B_2$	$\times$	$\times$	$\times$	$\times$	$\times$	**1**	**0**	**0**
$A_3=B_3$	$A_2<B_2$	$\times$	$\times$	$\times$	$\times$	$\times$	**0**	**1**	**0**
$A_3=B_3$	$A_2=B_2$	$A_1>B_1$	$\times$	$\times$	$\times$	$\times$	**1**	**0**	**0**
$A_3=B_3$	$A_2=B_2$	$A_1<B_1$	$\times$	$\times$	$\times$	$\times$	**0**	**1**	**0**
$A_3=B_3$	$A_2=B_2$	$A_1=B_1$	$A_0>B_0$	$\times$	$\times$	$\times$	**1**	**0**	**0**
$A_3=B_3$	$A_2=B_2$	$A_1=B_1$	$A_0<B_0$	$\times$	$\times$	$\times$	**0**	**1**	**0**
$A_3=B_3$	$A_2=B_2$	$A_1=B_1$	$A_0=B_0$	1	0	0	**1**	**0**	**0**
$A_3=B_3$	$A_2=B_2$	$A_1=B_1$	$A_0=B_0$	0	1	0	**0**	**1**	**0**
$A_3=B_3$	$A_2=B_2$	$A_1=B_1$	$A_0=B_0$	$\times$	$\times$	1	**0**	**0**	**1**
$A_3=B_3$	$A_2=B_2$	$A_1=B_1$	$A_0=B_0$	0	0	0	**1**	**1**	**0**
$A_3=B_3$	$A_2=B_2$	$A_1=B_1$	$A_0=B_0$	1	1	0	**0**	**0**	**0**

*3.6　利用 Multisim 分析组合逻辑电路

本节用 Multisim 13.0 分别分析由小规模集成门电路构成的组合逻辑电路和中规模组合逻辑电路。

3.6.1　小规模门电路构成的组合逻辑电路的仿真分析

在 Multisim 13.0 中构建如图 3-60 所示的组合逻辑电路。从元件工具栏的 TTL 器件库中找出"与非"门 74LS00N 和"与非"门 74LS10N，也可以使用快捷键 Ctrl＋W，在弹出的对话框中 Group 栏选择 TTL 找出相应器件；逻辑转换仪 XLC1 从虚拟仪器工具栏中找出。

双击逻辑转换仪 XLC1 的图标打开面板图，如图 3-61 所示。单击面板图上的"由电路转换为真值表"按钮，在面板图的真值表区弹出所分析电路的真值表。再单击面板图上的"由真值表转换为最简逻辑函数表达式"按钮，在面板图底部的逻辑函数表达式栏，显示最简逻辑表达式"$Y=AC+AB+BC$"。

分析真值表可知，当 A、B、C 输入变量取值中 **1** 的个数占多数时输出 Y 为 **1**，否则输出 Y 为 **0**，电路实现三人多数表决器的功能。

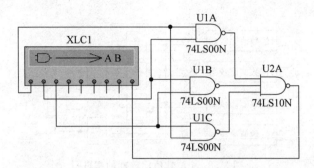

图 3-60   门电路构成的组合逻辑电路

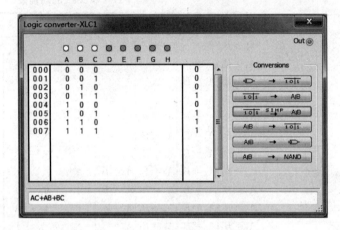

图 3-61   组合逻辑电路的分析

3.6.2   中规模组合逻辑电路的仿真分析

1. 二进制译码器 74LS138 的仿真分析

从 Multisim 13.0 元件工具栏的 TTL 器件库中找出 74LS138N,连接设置 74LS138N 的使能端,在虚拟仪器工具栏中调用字信号发生器(Word Generator)XWG1 和逻辑分析仪(Logic Analyzer)XLA1,组成译码器的仿真电路,如图 3-62 所示。

在图 3-62 中单击字信号发生器图标 XWG1,得到 Word generator-XWG1 对话框,在 Controls 选项组中单击 Cycle 按钮,在 Display 选项组中选中 Dec(十进制)复选框,在字信号编辑区写 0、1、2、3、4、5、6、7。单击 Set 按钮,弹出 Setting(设置)对话框,将 Buffer Size 的值设置为 8。

单击"运行"按钮,双击逻辑分析仪 XLA1 的图标,显示运行结果如图 3-63 所示。

从仿真分析结果中看出,当 74LS138N 的输入代码分别为 **000~111** 时,对应的输出端依次输出低电平。该仿真结果符合二进制译码器 74LS138 的逻辑功能。

2. 集成 BCD 码七段显示译码器 74LS248 仿真分析

在 Multisim 13.0 中构建集成 BCD 码七段显示译码器逻辑功能仿真电路,如图 3-64 所示。从元件工具栏的 TTL 器件库中找出显示译码器 74LS248N;从元件工具栏的基本元件库中找出电阻及单刀双掷开关;从元件工具栏的电源/信号源库中找出电压源及接地端;

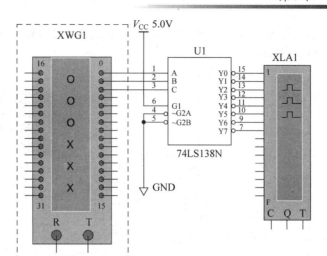

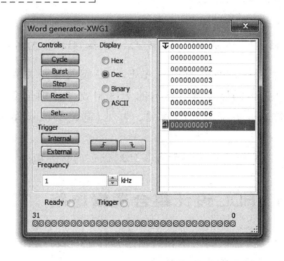

图 3-62 74LS138 测试电路及字函数发生器的设置

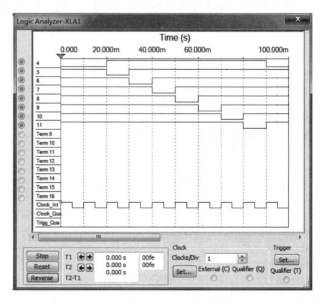

图 3-63 译码器 74LS138 电路的仿真波形

从元件工具栏的指示元件库中找出共阴极 LED 数码显示器；也可以使用快捷键 Ctrl＋W 调出选用元件对话框,再找出相应的元件。

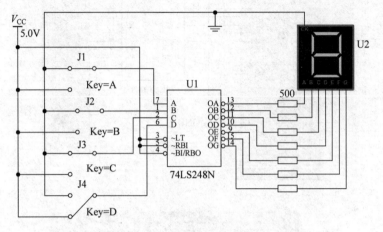

图 3-64　集成 BCD 码七段显示译码器 74LS248 的测试电路

单击仿真开关后,通过键盘上的开关 A、B、C、D 键改变开关的状态,当输入信号的输入组合为 **0000～1001** 时,数码显示器所显示的十进制数字分别是 0～9。图中显示的是输入 8421BCD 码为 **1000**,显示字符为 8 的情况。可见,电路的测试结果符合显示驱动译码器 74LS248 的特性。

【提示】　74LS248N 代码输入变量由高位到低位的排列顺序为 D、C、B、A。

*3.7　利用 VHDL 设计组合逻辑电路

本节用 VHDL 对编码器、译码器和数据选择器进行设计和仿真。

1. 8 线-3 线优先编码器的设计及仿真

设 D(7)～D(0)为输入信号,D(7)的优先级最高,D(0)的优先级最低;A(0)～A(2)为输出编码。源代码为:

```
library ieee;
use ieee.std_logic_1164.all;
use ieee.std_logic_unsigned.all;
entity encoder is
port( D:in std_logic_vector(0 to 7);
      A:out std_logic_vector(0 to 2) );
end ;
architecture xiani of encoder is
begin
    process(D)
      begin
        if (D(7) = '1')then A<= "111";
          elsif (D(6) = '1')then A<= "110";
          elsif (D(5) = '1')then A<= "101";
          elsif (D(4) = '1')then A<= "100";
          elsif (D(3) = '1')then A<= "011";
```

```
                elsif (D(2) = '1')then A <= "010";
                elsif (D(1) = '1')then A <= "001";
                elsif (D(0) = '1')then A <= "000";
                else A <= "zzz";
            end if;
        end process;
end;
```

对源代码进行仿真,仿真结果如图 3-65 所示。

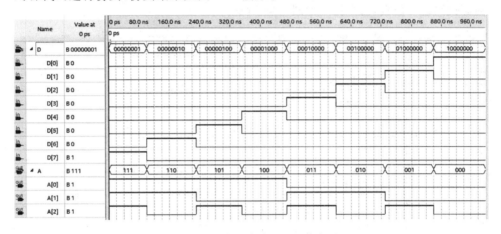

图 3-65　8 线-3 线编码器的仿真图

2. 3 线-8 线译码器的设计及仿真

设 a2、a1、a0 为编码输入,STa、STb、STc 为控制信号,Y(0)～Y(7)为输出信号。当 STa=1 且 STb=STc=0 时,译码器进行译码,否则译码器处于禁止译码状态。源代码为:

```
library ieee;
use ieee. std_logic_1164. all;
entity decoder3 is
    port(a0,a1,a2,STa,STb,STc:in std_logic;
        Y:out std_logic_vector (0 to 7));
end decoder3 ;
architecture rtl of decoder3 is
signal indata :STD_logic_vector (2 downto 0);
begin
    indata <= a2 & a1 & a0;
    process (indata,STa,STb,STc)
        begin
        if (STa = '1' and STb = '0' and STc = '0') then
            case indata is
                when "000" => Y <= "01111111";
                when "001" => Y <= "10111111";
                when "010" => Y <= "11011111";
                when "011" => Y <= "11101111";
                when "100" => Y <= "11110111";
                when "101" => Y <= "11111011";
                when "110" => Y <= "11111101";
```

```
                when "111"  => Y <= "11111110";
                when others  => null;
            end case;
        else
            Y <= "11111111";
        end if;
    end process;
end rtl;
```

对源代码进行仿真,仿真结果如图 3-66 所示。

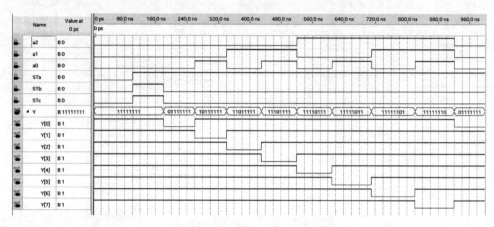

图 3-66 3 线-8 线译码器的仿真图

3. 4 选 1 数据选择器的设计及仿真

设数据选择器的地址输入为 a2、a1,数据输入为 d3、d2、d1、d0,s 为使能端,高电平有效,y 为输出端。源代码为:

```
library ieee;
use ieee.std_logic_1164.all;
entity my4s1 is
port ( d0,d1,d2,d3,s,a1,a2: in std_logic;
                        y: out std_logic);
end my4s1;
architecture Behavioral of my4s1 is
  signal a:std_logic_vector(1 downto 0);
  signal y1:std_logic;
    begin
      process(s,y1)
        begin
          if(s = '1')then
            y <= y1;
             else
            y <= '0';
          end if;
      end process;
        a <= a2&a1;
        y1 <= d0 when a = "00" else
        d1 when a = "01" else
```

```
        d2 when a = "10" else
        d3;
end Behavioral;
```

对源代码进行仿真,仿真结果如图 3-67 所示。

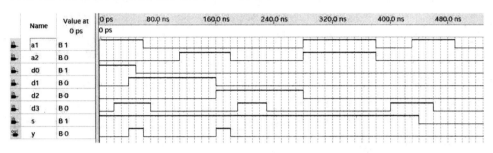

图 3-67 4 选 1 数据选择器的仿真图

本章小结

本章介绍了组合逻辑电路的特点、分析和设计方法,组合逻辑电路的竞争冒险现象以及数字系统中常用组合逻辑电路的原理及应用。本章主要讲述了如下内容。

(1) 组合逻辑电路任何时刻的输出仅取决于该时刻的各种输入变量的状态组合,而与电路过去的状态无关。在电路结构上只包含门电路,没有存储(记忆)单元。

(2) 分析组合逻辑电路的目的是确定已知电路的逻辑功能,可通过写逻辑表达式、列真值表等手段来完成。对于表达式较简单的电路,可以直接通过表达式得知电路的逻辑功能;对于表达式较复杂的电路,要借助于真值表来归纳电路的逻辑功能。

(3) 利用小规模集成电路(门电路)设计组合逻辑电路,常以电路简单、所用器件个数以及种类最少为设计原则。设计过程包括逻辑抽象、逻辑化简、逻辑变换、画出逻辑图。逻辑抽象的方法要视逻辑函数中逻辑变量的多少而定,对于具有较少逻辑变量的逻辑函数,采用列真值表来抽象逻辑表达式;当变量数较多时,可采用列简化真值表的方法抽象逻辑表达式。

(4) 竞争冒险是组合逻辑电路工作状态转换过程中经常会出现的一种现象。如果负载是一些对尖峰脉冲不敏感(例如光电显示器)的器件,就不必考虑冒险问题。

(5) 常用组合逻辑电路有编码器、译码器、加法器、数据选择器和数据分配器、数值比较器等。为使用方便,它们常被做成中规模集成电路组件,利用这些组合逻辑电路可以实现组合逻辑函数。使用中规模集成器件可以大大简化组合逻辑电路的设计。

习题

1. 填空题

(1) 组合电路逻辑功能上的特点是,任意时刻的_____状态仅取决于该时刻_____的状态,而与以前时刻的_____无关。

(2) 组合逻辑电路的功能描述方法主要有_____、_____、_____、_____等。

(3) 将文字描述的逻辑命题转换成逻辑表达式的过程称为_____。

(4) 不考虑来自低位的进位而将两个一位二进制数相加,称为_____;不仅考虑两个一位二进制数相加,而且考虑来自低位进位的加法运算称为_____。

(5) 由于竞争而在输出端可能出现违背稳态下逻辑关系的尖峰脉冲现象叫作_____。

(6) 消除或减弱组合逻辑电路中的竞争冒险,常用的方法是发现并消掉互补变量,增加_____,并在输出端并联_____。

(7) 组合电路由门电路组成,不包含任何_____,没有_____能力。

(8) 常见的中规模组合逻辑器件有_____。

(9) 加法器是一种最基本的算术运算电路,其中的半加器是只考虑本位两个二进制数进行相加而不考虑_____的加法器。

(10) 与 4 位串行进位加法器比较,使用超前进位加法器的目的是_____。

2. 选择题

(1) 组合逻辑电路是由_____组成的。

    A. 触发器   B. 门电路   C. 二极管   D. 场效应管

(2) 16 选 1 路数据选择器的地址输入端有_____个。

    A. 16   B. 4   C. 32   D. 2

(3) 下列逻辑电路中不是组合电路的是_____。

    A. 编码器   B. 数据选择器   C. 计数器   D. 全加器

(4) 用四位数值比较器比较两个四位二进制数时,应先比较_____位。

    A. 最低   B. 次低   C. 最高   D. 次高

(5) 逻辑函数 $Y = \overline{A}C + AB + \overline{B}C$,当变量取值为_____时,将出现冒险现象。

    A. $B=C=1$ B. $B=C=0$ C. $A=1, C=0$ D. $A=B=0$

(6) 分析组合逻辑电路时,不需要进行_____。

    A. 写出输出函数表达式   B. 判断逻辑功能

    C. 列真值表   D. 画逻辑电路图

(7) 16 位输入的二进制编码器,其输出端有_____位。

    A. 256   B. 128   C. 4   D. 3

(8) 可以用作数据分配器的是_____。

    A. 编码器   B. 译码器   C. 数据选择器   D. 数值比较器

(9) 将两片 8 线-3 线编码器进行级联,可以构成_____编码器。

    A. 8 线-3 线   B. 16 线-4 线   C. 16 线-3 线   D. 8 线-4 线

(10) 集成 4 位数值比较器 74LS85 级联输入 $I_{A<B}$、$I_{A=B}$、$I_{A>B}$ 分别接 **001**,当输入两个相等的 4 位数据时,输出 $Y_{A<B}$、$Y_{A=B}$、$Y_{A>B}$ 分别为_____。

    A. **010**   B. **001**   C. **100**   D. **011**

3. 分析图 3-68 所示的电路,写出逻辑函数表达式,列出真值表,指出电路完成的逻辑功能。

4. 分析图 3-69 所示的电路,写出 Y_1、Y_2 的逻辑函数表达式,列出真值表,指出电路完成的逻辑功能。

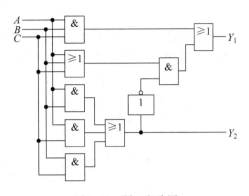

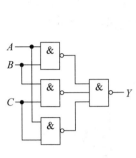

图 3-68　题 3 电路图　　　　　　　　图 3-69　题 4 电路图

5. 已知图 3-70 所示电路的输入、输出都是 8421 码,写出输出逻辑函数表达式,列出真值表,指出电路完成的逻辑功能。

6. 已知逻辑电路如图 3-71 所示,试分析其逻辑功能。

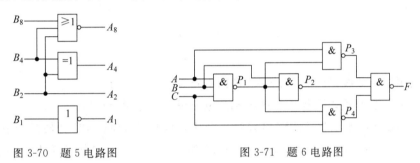

图 3-70　题 5 电路图　　　　　　　图 3-71　题 6 电路图

7. 用"与非"门设计四变量的多数表决器。当输入变量 A、B、C、D 有 3 个或 3 个以上为 **1** 时输出为 **1**,输入为其他状态时输出为 **0**。

8. 某雷达站有 3 部雷达 A、B 和 C,其中 A 和 B 功率消耗相等,C 的消耗功率是 A 的两倍。这些雷达由两台发电机 X,Y 供电,发电机 X 的最大输出功率等于雷达 A 的功率消耗,发电机 Y 的最大输出功率是雷达 A 和 C 的功率消耗总和。要求设计一个组合逻辑电路,能够根据各雷达的启动、关闭信号,以最省电的方式开、停发电机。

9. 设计一个能被 2 或 3 整除的逻辑电路,其中被除数 A、B、C、D 是 8421BCD 编码。规定能整除时,输出为高电平,否则,输出为低电平。要求用最少的"与非"门实现。(设 **0** 能被任何数整除。)

10. 用"与非"门和"异或"门设计一个代码转换电路,以实现 8421 码到余 3 码的转换。

11. 用"异或"门设计一个代码转换电路,以将输入的 4 位二进制代码转换为 4 位循环码。

12. 已知逻辑函数 $Y = \sum(1,3,7,8,9,15)$,当用最少数目的"与非"门实现该逻辑函数时,分析是否存在竞争冒险? 如何消除?

13. 试用卡诺图法判断逻辑函数式

$$Y(A,B,C,D) = \sum m(0,1,4,5,12,13,14,15)$$

是否存在竞争冒险? 若有,则采用增加冗余项的方法消除,并用"与非"门构成相应的电路。

14. 某一组合电路如图 3-72 所示,输入变量(A,B,D)的取值不可能发生$(\mathbf{0},\mathbf{1},\mathbf{0})$的输入组合。分析它的竞争冒险现象,如果存在,则用最简单的电路改动来消除。

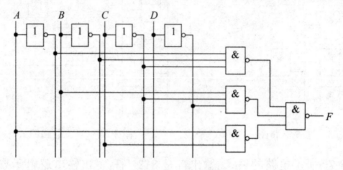

图 3-72　题 14 电路图

15. 试用 3 线-8 线译码器 74LS138 和门电路画出产生下列多输出逻辑函数的逻辑图。

$$\begin{cases} Y_1 = AC \\ Y_2 = \overline{A}\overline{B}C + A\overline{B}\overline{C} + BC \\ Y_3 = \overline{B}\overline{C} + AB\overline{C} \end{cases}$$

16. 试用 3 线-8 线译码器 74LS138 和门电路设计三人表决器。

17. 试用 3 线-8 线译码器 74LS138 和门电路设计二进制全加器。

18. 用超前进位加法器 74LS283 设计一个代码转换器,以将 8421 码转换为余 3 码。

19. 用一个 8 线-3 线优先编码器 74LS148 和一个 3 线-8 线译码器 74LS138 实现 3 位格雷码到 3 位二进制码的转换。

20. 图 3-73 是由双 4 选 1 数据选择器 74LS153 和门电路组成的组合电路。试分析输出 Z 与输入 X_3、X_2、X_1、X_0 之间的逻辑关系。

21. 图 3-74 所示是用两个 4 选 1 数据选择器组成的逻辑电路,试写出输出 Z 与输入 M、N、P、Q 之间的逻辑函数式。

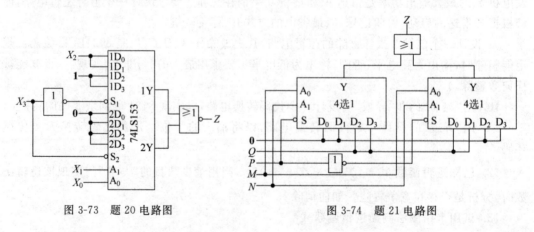

图 3-73　题 20 电路图　　　　　图 3-74　题 21 电路图

22. 图 3-75 所示电路是 3 线-8 线译码器 74LS138 和 8 选 1 数据选择器 74LS151 组成的电路,试分析电路的逻辑功能。

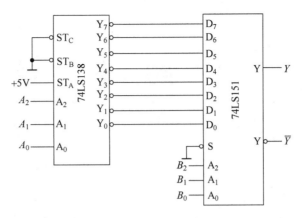

图 3-75 题 22 电路图

23. 试用双 4 选 1 数据选择器 74LS153 设计 1 位二进制全减器。输入为被减数、减数和来自低位的借位；输出为两数之差及向高位的借位。

24. 试用 8 选 1 数据选择器 74LS151 实现交通信号灯监视电路。

25. 试用 8 选 1 数据选择器 74LS151 产生下列逻辑函数。

$$Y = A\overline{C}D + \overline{A}\overline{B}CD + BC + B\overline{C}\overline{D}$$

26. 设计用 3 个开关控制一个电灯的逻辑电路,要求改变任何一个开关的状态都能控制电灯由亮变灭或由灭变亮,要求用数据选择器来实现。

27. 用三片四位数值比较器 74LS85 实现两个 12 位二进制数比较。

28. 用一片 4 位数值比较器 74LS85 和适量的门电路实现两个 5 位数值的比较。

29. 图 3-76 是 74LS283 和 74LS85 构成的电路,分析图中哪个二极管会发光? 说明原因。

30. 用 Multisim 分析图 3-77 所示的由 8 选 1 数据选择器 74LS151 组成的逻辑电路。

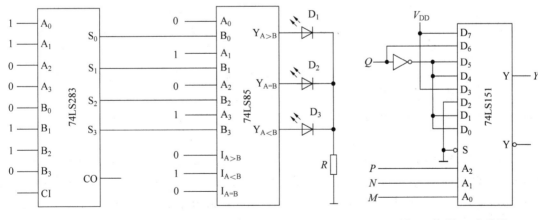

图 3-76 题 29 图   图 3-77 题 30 电路图

31. 用 VHDL 设计四位加法器。

第 4 章

触 发 器

兴趣阅读——戈登·摩尔与一个行业的定律

在今天的 IT 行业有一个神话,就是一条定律把一个企业带到成功的巅峰,这个定律就是"摩尔定律",而这个企业就是 Intel。摩尔定律的发现者不是别人,正是 Intel 公司创始人之一的戈登·摩尔(Gordon Moore)。

1929 年 1 月 3 日,摩尔出生在旧金山南部的一个小镇,1954 年获物理化学博士学位,1956 年同诺伊斯一起创办了具有传奇色彩的仙童半导体公司,主要负责技术研发。1968 年在诺伊斯辞职后,摩尔跟随他而去一起创办了 Intel 公司,1975 年成为公司总裁兼 CEO。

1965 年的某一天,摩尔离开硅晶体车间坐下来,拿了一把尺子和一张纸,画了个草图,纵轴代表不断发展的芯片,横轴为时间,结果显示芯片的发展呈有规律的几何增长。这一发现发表在当年第 35 期《电子》杂志上。这篇不经意之作也是迄今为止半导体历史上最具意义的论文。摩尔指出:集成电路芯片的电路密度及其潜在的计算能力,每隔一年翻番。这也就是后来闻名于 IT 界的"摩尔定律"的雏形。为了使这个描述更准确,1975 年,摩尔做了一些修正,将翻番的时间从一年调整为两年。实际上,后来更准确的时间是两者的平均:18 个月。"摩尔定律"不是一条简明的自然科学定律,以它为发展方针的 Inter 公司,更是取得了巨大的商业成功,而微处理器性能也随着摩尔本人的名望和财富每隔 18 个月提升一倍,成了摩尔定律的最佳体现。

当时,集成电路问世才 6 年。摩尔的实验室也只能将 50 只晶体管和电阻集成在一个芯片上。摩尔当时的预测听起来好像是科幻小说,此后也不断有技术专家认为芯片集成"已经到顶"。但事实证明,摩尔的预言是准确的,遵循着摩尔定律,目前最先进的集成电路已含有超过 17 亿个晶体管。

摩尔定律的伟大不仅仅是促成了 Intel 公司巨大的商业成功,半导体行业的工程师们遵循着这一定律,不仅每 18 个月将晶体管的数量翻一翻,而且更意味着同样性能的芯片每 18 个月体积就可以缩小一半,成本减少一半。也可以说是因为摩尔定律让人们生活中的电子产品性能越来越强大、体积越来越轻薄小巧、价格越来越低廉。

1990 年,已经退休的摩尔从美国前总统布什的手中接过了美国国家技术奖。他的名字就像他提出的"摩尔定律"一样,被半导体行业的每个人所熟知。摩尔定律就像一股不可抗拒的自然力量,统治了硅谷乃至全球计算机业整整三十多年。图 4-1 是戈登·摩尔和他的摩尔定律曲线。

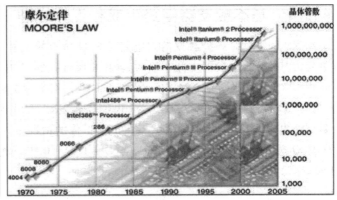

图 4-1 戈登·摩尔和摩尔定律曲线

数字系统中,除了具有逻辑运算和算术运算功能的组合逻辑电路外,还需要具有存储功能的逻辑电路,即时序逻辑电路,而构成时序逻辑电路的主要单元电路是触发器。本章主要介绍各类触发器的电路结构、工作原理和逻辑功能及其描述方法,然后简单介绍不同触发器之间相互转换的方法及触发器的电气特性。此外,还给出了用 Multisim 和 VHDL 分析设计触发器的实例。本章学习要求如下:

(1) 了解触发器的种类;

(2) 掌握各类触发器的电路结构、工作原理、逻辑功能及描述方法;

(3) 掌握不同触发器之间的相互转换方法;

(4) 了解触发器的电气特性;

(5) 了解用 Multisim 和 VHDL 分析设计触发器的方法。

4.1 概述

在数字系统中,不仅要对二进制信号进行算术运算和逻辑运算,还要把运算的结果保存起来,这就需要具有记忆功能的逻辑单元电路。能够存储 1 位二值数码的基本单元电路统称为触发器(Flip-Flop)。为了实现记忆 1 位二值数码的功能,触发器必须具有以下两个基本特征:

第一,具有两个能自行保持的稳定状态,用来表示逻辑状态 **0** 和 **1**,或二进制数 **0** 和 **1**;

第二,在不同输入信号的作用下,触发器可以被置成 **1** 状态或 **0** 状态。

触发器的种类很多,根据电路结构和触发方式的不同,可分为基本触发器、同步触发器、主从触发器及边沿触发器;根据触发器逻辑功能的不同,可分为 RS 触发器、D 触发器、JK 触发器和 T 触发器等几种类型。

4.2 基本触发器

为方便读者理解触发器,本节以基本 RS 触发器为例介绍其电路结构、工作原理、逻辑功能及功能描述方法。基本 RS 触发器是构成其他类型触发器的基础。

4.2.1 基本触发器电路组成和工作原理

基本 RS 触发器是各种触发器中电路结构最简单的一种,也是构成各种功能触发器的基本单元。基本 RS 触发器由两个输入、输出交叉连接的"与非"门或"或非"门组成,"与非"门构成的基本 RS 触发器如图 4-2(a)所示,图 4-2(b)是基本 RS 触发器的图形符号。图 4-2 中, $\overline{R}_D$、$\overline{S}_D$ 为基本 RS 触发器的两个输入端,也称为触发端,低电平有效; Q、$\overline{Q}$ 为基本 RS 触发器的两个输出端,也称为状态输出端。在正常工作的情况下,Q 和 $\overline{Q}$ 总是处于互补的状态。通常定义 Q 端的状态为触发器的状态,当 $Q=1$、$\overline{Q}=0$ 时,称触发器处于 1 状态;当 $Q=0$、$\overline{Q}=1$ 时,称触发器处于 0 状态。

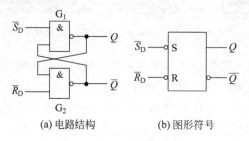

(a) 电路结构   (b) 图形符号

图 4-2 "与非"门构成的基本 RS 触发器

为了分析问题方便,定义触发器接收到输入信号之前的状态为现态,用 Q^n 表示;触发器接收到输入信号之后进入的状态为次态,用 Q^{n+1} 表示。

【提示】 触发器次态与现态和输入信号之间的逻辑关系是贯穿本章始终的基本问题,如何获得、描述和理解这种关系,是本章学习的中心任务。

下面根据图 4-2(a)讨论基本 RS 触发器的工作原理。

(1) 当 $\overline{R}_D=0$,$\overline{S}_D=1$ 时,$Q=0$,$\overline{Q}=1$。即不论触发器原来处于何种状态,此时都将变成 0 状态,这种情况称将触发器置 0 或复位。$\overline{R}_D$ 端称为触发器的直接置 0 端或直接复位端。

(2) 当 $\overline{R}_D=1$,$\overline{S}_D=0$ 时,$Q=1$,$\overline{Q}=0$。即不论触发器原来处于什么状态,此时都将变成 1 状态,这种情况称将触发器置 1 或置位。$\overline{S}_D$ 端称为触发器的直接置 1 端或直接置位端。

(3) 当 $\overline{R}_D=1$,$\overline{S}_D=1$ 时,触发器的状态不能直接确定,和触发器原来的状态有关。如果触发器原来的状态为 0,即 $Q=0$、$\overline{Q}=1$,则由 $\overline{R}_D=1$,$Q=0$ 决定了 $\overline{Q}=1$;再由 $\overline{S}_D=1$,$\overline{Q}=1$ 决定了 $Q=0$,即触发器保持 0 状态不变。反之,若触发器原来的状态为 1,则触发器保持 1 状态不变。可见,当 $\overline{R}_D=1$,$\overline{S}_D=1$ 时,触发器保持原来状态不变,即原来的状态被触发器存储起来,这体现了触发器具有记忆能力。

(4) 当 $\overline{R}_D=0$,$\overline{S}_D=0$ 时,$Q=\overline{Q}=1$,触发器既不是 0 状态,也不是 1 状态,破坏了触发器的互补输出关系。而且当 $\overline{R}_D$ 和 $\overline{S}_D$ 同时由 0 变为 1 时,由于两个"与非"门的延迟时间不可能完全相等,使触发器的次态不确定,这种情况是不允许的。在正常工作的条件下,用 $\overline{R}_D+\overline{S}_D=1$(或者 $R_D S_D=0$)来约束两个输入端,称为约束条件。

4.2.2 基本触发器的功能描述

触发器是最简单的时序逻辑电路,其功能描述方法与组合逻辑电路不同,通常用特性表、特性方程、状态图和时序图来描述。

1. 特性表

表示触发器的次态 Q^{n+1} 与现态 Q^n 和输入信号之间对应关系的表格叫作触发器的特性表。根据对基本 RS 触发器工作原理的分析,可列出其特性表,如表 4-1 所示。

表 4-1 基本 RS 触发器的特性表

$\bar{R}_D$	$\bar{S}_D$	Q^n	Q^{n+1}	功能
0	0	0	(1) ×	不允许
0	0	1	(1) ×	
0	1	0	0	置0
0	1	1	0	
1	0	0	1	置1
1	0	1	1	
1	1	0	0	保持
1	1	1	1	

【提示】 触发器的特性表就是把现态当成输入变量时的真值表。

2. 特性方程

由表 4-1 所示的基本 RS 触发器特性表可以看出:Q^{n+1} 的值不仅与 $\bar{R}_D$ 和 $\bar{S}_D$ 有关,与 Q^n 也有关,即 $\bar{R}_D$、$\bar{S}_D$ 和 Q^n 都是决定 Q^{n+1} 取值的变量。正常情况下 $\bar{R}_D$、$\bar{S}_D$、Q^n 三个变量的取值中 000、001 是不允许出现的,即最小项 $\bar{R}_D\bar{S}_D\bar{Q}^n$、$\bar{R}_D\bar{S}_D Q^n$ 是无关项。根据表 4-1 可以画出基本 RS 触发器的次态 Q^{n+1} 的卡诺图,如图 4-3 所示。

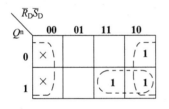

图 4-3 基本 RS 触发器 Q^{n+1} 的卡诺图

通过对卡诺图化简,可以得到式(4-1),这种能高度概括地描述触发器次态与现态和输入之间关系的逻辑表达式,称为触发器的特性方程(也称为状态方程或次态方程)。因此,式(4-1)为基本 RS 触发器的特性方程。

$$\begin{cases} Q^{n+1} = S_D + \bar{R}_D Q^n \\ \bar{R}_D + \bar{S}_D = 1 \quad \text{约束条件} \end{cases} \tag{4-1}$$

式(4-1)中的约束条件表明 $\bar{R}_D$ 和 $\bar{S}_D$ 不能同时为 0。

3. 状态图

状态图是触发器逻辑功能的图形描述法,是能更形象直观地表示出触发器的状态转换关系和转换条件的图形。基本 RS 触发器的状态图如图 4-4 所示。图中两个圆圈表示基本 RS 触发器的两种可能的状态,即状态 0 和状态 1。箭头线表示触发器状态的转换方向,箭头根部为现态,箭头头部为次态。箭头线旁边标注的是状态转换的条件,标注中的"×"符号表示取值 0 或 1 均可。

4. 时序图

时序图是触发器逻辑功能的另外一种图形描述法。时序图又称为工作波形图,是描述触发器的输出状态随时间和输入信号变化规律的图形。下面举例说明触发器时

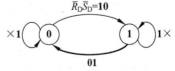

图 4-4 基本 RS 触发器的状态图

序图的画法。

【例 4-1】 已知图 4-2(a)所示基本 RS 触发器的 $\overline{R}_D$ 和 $\overline{S}_D$ 波形如图 4-5 所示,试画出 Q 和 $\overline{Q}$ 的电压波形。

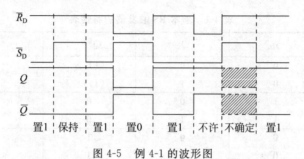

图 4-5 例 4-1 的波形图

解:根据表 4-1 中每个时间段里的 $\overline{R}_D$ 和 $\overline{S}_D$ 状态,可以查出对应的 Q 和 $\overline{Q}$ 的状态,并画出它们的波形。其中阴影部分表示不确定的状态,这是因为输入信号同时由 **0** 翻转成 **1** 造成的。

由“或非”门组成的基本 RS 触发器的电路结构和图形符号如图 4-6 所示,其逻辑功能和动作特点与“与非”门构成的基本 RS 触发器类似。但是,“或非”门构成的基本 RS 触发器的触发信号为高电平有效,正常工作时应当遵守 $R_D S_D = 0$ 的约束条件。读者可以自行分析得出其特性表、特性方程和状态图。

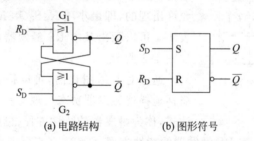

(a) 电路结构   (b) 图形符号

图 4-6 “或非”门构成的基本 RS 触发器

由基本 RS 触发器的工作原理分析可知,基本 RS 触发器的输出状态直接由输入信号控制,如果没有外加触发信号作用,基本 RS 触发器将保持原有状态不变,即具有记忆能力。在外加触发信号有效时,基本 RS 触发器的输出状态才可能发生变化。因此基本 RS 触发器也被称为直接置位、复位触发器,又称为 RS 锁存器。

4.3 同步触发器

直接置位、复位触发器不仅抗干扰能力差,而且不能实现多个触发器的同步工作。在数字系统中,常常要求某些触发器同步工作,因此需要在触发器中引入同步信号,使触发器只有在同步信号到达时,才按触发信号改变状态;无同步信号时,触发器保持原状态不变。通常在触发器中增加一个时钟控制端 CP,用时钟脉冲作为同步信号,这种受时钟脉冲控制的触发器称为同步触发器或钟控触发器。

4.3.1 同步 RS 触发器

同步 RS 触发器是在基本 RS 触发器的基础上增加两个控制门 G_3、G_4 和一个时钟控制端 CP 构成的,如图 4-7(a)所示。

同步 RS 触发器的图形符号如图 4-7(b)所示,符号采用了关联标注法,目的是为了充分说明逻辑单元各输入之间、各输出之间以及各输入与各输出之间的关系。符号中输入信号 R 和 S 是否有效,受到输入信号 CP 的影响。只有 CP 上升沿来到时,输入信号 R 和 S 才起作用。CP 是"影响输入",R 和 S 是"受影响输入",加在标识符 R 和 S 前面的 1 表示受 C1 的影响。

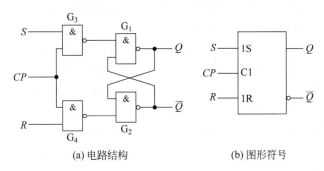

(a) 电路结构   (b) 图形符号

图 4-7 同步 RS 触发器

同步 RS 触发器的工作原理如下:

当 $CP=\mathbf{0}$ 时,门 G_3 和 G_4 被封闭,由 G_1 和 G_2 组成的基本 RS 触发器的输入均为 $\mathbf{1}$,触发器保持原来的状态不变。

当 $CP=\mathbf{1}$ 时,门 G_3 和 G_4 被打开,S、R 信号能通过门 G_3、G_4 加到由 G_1 和 G_2 组成的基本 RS 触发器上,触发同步 RS 触发器,其输出状态取决于 R 和 S 的值。因此,当 $CP=\mathbf{1}$ 时,同步 RS 触发器的状态变化与基本 RS 触发器相同。

根据以上分析结果,可以列出同步 RS 触发器的特性表,如表 4-2 所示。

表 4-2 同步 RS 触发器的特性表

CP	R	S	Q^n	Q^{n+1}	功能
0	×	×	×	Q^n	保持
1	**0**	**0**	**0**	**0**	保持
1	**0**	**0**	**1**	**1**	
1	**0**	**1**	**0**	**1**	置1
1	**0**	**1**	**1**	**1**	
1	**1**	**0**	**0**	**0**	置0
1	**1**	**0**	**1**	**0**	
1	**1**	**1**	**0**	(1) ×	不允许
1	**1**	**1**	**1**	(1) ×	

由表 4-2 可以画出同步 RS 触发器在 $CP=1$ 时的卡诺图,如图 4-8 所示。

通过卡诺图化简,可以得到同步 RS 触发器的特性方程

$$\begin{cases} Q^{n+1} = S + \bar{R}Q^n \\ RS = \mathbf{0} \quad \text{约束条件} \end{cases} \tag{4-2}$$

由表 4-2 还可以画出同步 RS 触发器在 $CP=1$ 期间的状态图,如图 4-9 所示。

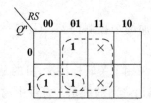

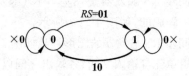

图 4-8 同步 RS 触发器 Q^{n+1} 的卡诺图   图 4-9 同步 RS 触发器的状态图

【例 4-2】 已知图 4-7(a)所示电路的 CP 和 R、S 的波形如图 4-10 所示,试画出 Q 和 $\bar{Q}$ 的电压波形。设触发器初始状态为 $Q=0$。

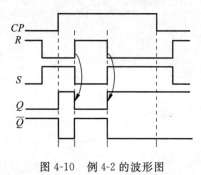

图 4-10 例 4-2 的波形图

解:由给定的波形可见,在 CP 上沿来到时,输入信号 R、S 的组合为 **01**,触发器置成 **1** 状态;之后,R、S 的组合变为 **10**,触发器又置成 **0** 状态;再之后,R、S 的组合又变为 **01**,触发器又置成 **1** 状态;当 $CP=0$ 时,触发器维持原状态 **1** 不变。

从上面的分析可以看出,在 $CP=1$ 的全部时间内,输入信号 S、R 都能通过门 G_3、G_4 加到门 G_1、G_2 的输入端,同步 RS 触发器的状态可以发生改变。但如果在 $CP=1$ 期间内,输入信号 S、R 发生多次变化,则触发器的状态也可能发生多次变化,图 4-10 中输出状态的多次翻转就是这种情况。把这种在一个 CP 周期内触发器发生 2 次及 2 次以上翻转的现象称为空翻。这种现象在触发器的实际应用中是不允许的。

【提示】 空翻现象降低了电路的抗干扰能力。

4.3.2 同步 D 触发器

R、S 之间的约束限制了同步 RS 触发器的使用。为解决这一问题,可以在 R 和 S 之间接一个反相器,这样就限制了 R、S 取值,即 RS 只能取 **01** 和 **10**,如图 4-11(a)所示。这种单端输入的触发器称为 D 触发器(D 锁存器),其图形符号如图 4-11(b)所示。下面分析其工作原理。

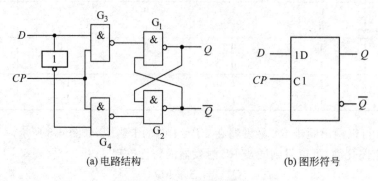

(a) 电路结构   (b) 图形符号

图 4-11 同步 D 触发器

当 $CP=0$ 时,G_3 和 G_4 门被封闭,其输出均为 **1**,触发器保持原来的状态不变。

当 $CP=1$ 时,G_3 和 G_4 门被打开,触发器接收输入端 D 的信号。如果 $D=1$,则 G_3 门输出为 **0**,G_4 门输出为 **1**,触发器置成 **1** 状态;如果 $D=0$,则 G_3 门输出为 **1**,G_4 门输出为 **0**,触发器置成 **0** 状态。

根据以上分析结果,可列出同步 D 触发器的特性表,见表 4-3。

表 4-3 同步 D 触发器的特性表

CP	D	Q^n	Q^{n+1}	功能
0	×	×	Q^n	保持
1	**0**	**0**	**0**	置0
1	**0**	**1**	**0**	
1	**1**	**0**	**1**	置1
1	**1**	**1**	**1**	

从表 4-3 可看出,同步 D 触发器在 $CP=0$ 时,保持原状态不变;在 $CP=1$ 时,触发器的输出状态与输入信号 D 保持一致。因此,同步 D 触发器在 $CP=1$ 时的特性方程为

$$Q^{n+1} = D \qquad (4\text{-}3)$$

由表 4-3 还可以画出同步 D 触发器在 $CP=1$ 期间的状态图,如图 4-12 所示。

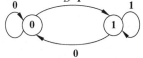

图 4-12 同步 D 触发器的状态图

【例 4-3】 已知图 4-11(a)所示同步 D 触发器的 CP 和 D 的波形如图 4-13 所示,试画出 Q 和 $\overline{Q}$ 的电压波形。设触发器初始状态为 $Q=0$。

解:根据表 4-3 可知,在 $CP=1$ 期间,D 触发器的输出状态与输入信号 D 保持一致;而在 $CP=0$ 时,D 触发器的输出状态维持 $CP=0$ 以前的状态不变,Q 和 $\overline{Q}$ 的电压波形如图 4-13 所示。

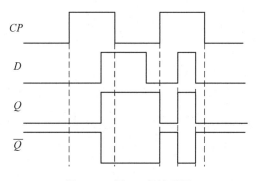

图 4-13 例 4-3 的波形图

通过以上分析可知,同步 D 触发器虽然解决了同步 RS 触发器使用时 R、S 之间的约束限制,但因为在 $CP=1$ 期间,同步 D 触发器的状态是随着输入信号 D 的变化而变化的,所以仍然可能发生空翻现象,比如图 4-13 中第二个时钟脉冲期间,D 触发器就发生了空翻。

4.3.3 同步 JK 触发器

为克服同步 RS 触发器在输入信号 S、R 同为 **1** 时,触发器新状态不确定的缺陷,也可以在同步 RS 触发器上增加两条反馈线,将触发器的两个互补输出端信号反馈到输入端,就构成了同步 JK 触发器。同步 JK 触发器的电路结构如图 4-14(a)所示,图形符号如图 4-14(b)所示。下面分析其工作原理。

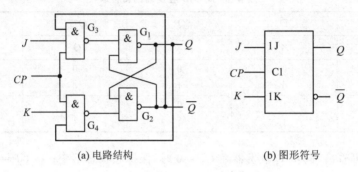

(a) 电路结构　　　　　　　　　(b) 图形符号

图 4-14　同步 JK 触发器

当 $CP=0$ 时,G_3 和 G_4 门被封闭,其输出均为 **1**,触发器保持原来的状态不变。

当 $CP=1$ 时,G_3 和 G_4 门被打开,触发器接收 J、K 输入端的信号,分析如下:

(1) 当 $J=K=0$ 时,G_3 和 G_4 门被封闭,其输出均为 **1**,触发器保持原来的状态不变。

(2) 当 $J=0$、$K=1$ 时,若 $Q^n=0$,$\overline{Q^n}=1$,则 G_3 门输出为 **1**,G_4 门输出为 **1**,触发器保持原状态不变,即 $Q^{n+1}=0$;若 $Q^n=1$,$\overline{Q^n}=0$,则 G_3 门输出为 **1**,G_4 门输出为 **0**,触发器被置成 **0** 状态,即 $Q^{n+1}=0$。可见,$J=0$、$K=1$ 时,触发器置 **0**。

(3) 当 $J=1$、$K=0$ 时,若 $Q^n=0$,$\overline{Q^n}=1$,则 G_3 门输出为 **0**,G_4 门输出为 **1**,触发器被置成 **1** 状态,即 $Q^{n+1}=1$;若 $Q^n=1$,$\overline{Q^n}=0$,则 G_3 门输出为 **1**,G_4 门输出为 **1**,触发器保持原状态不变,即 $Q^{n+1}=1$。可见,$J=1$、$K=0$ 时,触发器置 **1**。

(4) 当 $J=K=1$ 时,若 $Q^n=0$,$\overline{Q^n}=1$,则 G_3 门输出为 **0**,G_4 门输出为 **1**,触发器被置成 **1** 状态,即 $Q^{n+1}=1$;若 $Q^n=1$,$\overline{Q^n}=0$,则 G_3 门输出为 **1**,G_4 门输出为 **0**,触发器被置成 **0** 状态,即 $Q^{n+1}=0$。可见,$J=1$、$K=1$ 时,触发器状态翻转。

根据以上分析结果,可列出同步 JK 触发器的特性表,见表 4-4。

表 4-4　同步 JK 触发器的特性表

CP	J	K	Q^n	Q^{n+1}	功能
0	×	×	×	Q^n	保持
1	**0**	**0**	**0**	**0**	保持
1	**0**	**0**	**1**	**1**	
1	**0**	**1**	**0**	**0**	置 **0**
1	**0**	**1**	**1**	**0**	
1	**1**	**0**	**0**	**1**	置 **1**
1	**1**	**0**	**1**	**1**	
1	**1**	**1**	**0**	**1**	翻转
1	**1**	**1**	**1**	**0**	

由表 4-4 可画出图 4-14 所示同步 JK 触发器在 $CP=1$ 时的卡诺图,如图 4-15 所示。

通过化简,可得到同步 JK 触发器的特性方程

$$Q^{n+1} = J\,\overline{Q^n} + \overline{K}Q^n \tag{4-4}$$

由表 4-4 还可以画出同步 JK 触发器在 $CP=1$ 期间的状态图,如图 4-16 所示。

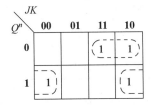

图 4-15　同步 JK 触发器 Q^{n+1} 的卡诺图

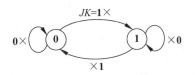

图 4-16　同步 JK 触发器的状态图

【**例 4-4**】　已知图 4-14(a)所示同步 JK 触发器的 CP 和 J、K 的波形如图 4-17 所示,试画出 Q 和 $\overline{Q}$ 的电压波形。设触发器初始状态为 $Q=0$。

解:根据表 4-4 可知,同步 JK 触发器的状态没有不确定的情况,当 $CP=1$ 期间,触发器的状态由 J、K 决定;$CP=0$ 时,触发器的状态维持 $CP=0$ 以前的状态不变。Q 和 $\overline{Q}$ 的电压波形如图 4-17 所示。

通过以上分析可知,同步 JK 触发器虽然也可以解决同步 RS 触发器使用时 R、S 之间的约束限制,但因为在 $CP=1$ 期间同步 JK 触发器的状态是随着输入信号 J、K 的变化而变化的,所以仍然可能发生空翻现象,如图 4-17 所示。

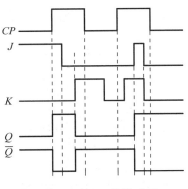

图 4-17　例 4-4 的波形图

4.3.4　同步 T 触发器

在某些应用场合,需要具有翻转功能的触发器,即当控制信号有效时,每来到一个时钟脉冲,触发器的状态就翻转一次;当控制信号无效时,时钟脉冲到达后,触发器将维持原状态不变。

将 JK 触发器的 J 端和 K 端连在一起,称为 T 端,就构成了 T 触发器。T 触发器就是具有翻转功能的触发器。同步 T 触发器的电路结构如图 4-18(a)所示,图形符号如图 4-18(b)所示。

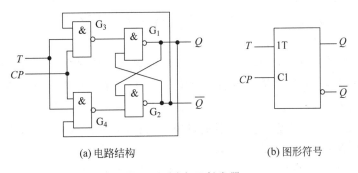

(a)电路结构　　　　　　　　　(b)图形符号

图 4-18　同步 T 触发器

显然,同步 T 触发器的特性表可由表 4-4 直接得到,见表 4-5。

表 4-5　同步 T 触发器的特性表

CP	T	Q^n	Q^{n+1}	功能
0	×	×	Q^n	保持
1	0	0	0	保持
1	0	1	1	
1	1	0	1	翻转
1	1	1	0	

由表 4-5 可见,同步 T 触发器在 $CP=0$ 时,保持原状态不变。在 $CP=1$ 期间,当 $T=0$ 时触发器保持原状态不变,即 $Q^{n+1}=Q^n$;当 $T=1$ 时,触发器状态"翻转",即 $Q^{n+1}=\overline{Q^n}$。

同样,利用式(4-4)得到同步 T 触发器的特性方程为

$$Q^{n+1}=J\overline{Q^n}+\overline{K}Q^n=T\overline{Q^n}+\overline{T}Q^n=T\oplus Q^n \tag{4-5}$$

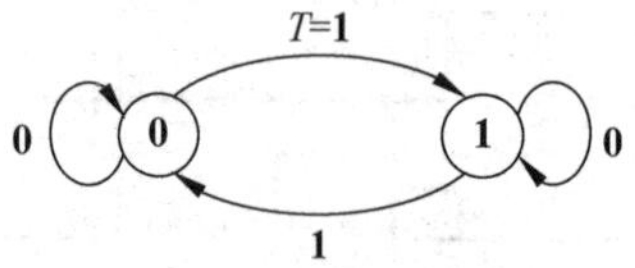

同步 T 触发器的状态图如图 4-19 所示。

同步 T 触发器作为同步 JK 触发器的特例,在 $CP=1$ 期间,触发器的状态也是随着输入信号 T 的变化而变化的,所以仍然可能发生空翻现象。

图 4-19　同步 T 触发器的状态图

【提示】　如果将 T 输入端恒接高电平,则成为 T' 触发器。T' 触发器是 T 触发器在 $T=1$ 时的特例。

4.4　主从触发器

为了克服同步触发器的空翻现象,提高触发器工作的可靠性,使触发器在每个时钟脉冲周期内状态只改变一次,在同步 RS 触发器的基础上设计了主从型的触发器。

4.4.1　主从 RS 触发器

主从结构的 RS 触发器(简称主从 RS 触发器)由两个相同的同步 RS 触发器组成,它们的时钟信号存在互补关系。主从 RS 触发器的电路结构如图 4-20(a)所示,图形符号如图 4-20(b)所示。图 4-20(a)中,由"与非"门 G_1、G_2、G_3、G_4 组成的同步 RS 触发器称为从触发器,由"与非"门 G_5、G_6、G_7、G_8 组成的同步 RS 触发器称为主触发器。

当 $CP=1$ 时,G_7、G_8 门被打开,接收 S、R 端输入信号,主触发器工作;G_3、G_4 门被封锁,从触发器保持原状态不变。

当 CP 由 1 跳变到 0 时,G_7、G_8 门被封锁,即主触发器被封锁,状态保持不变;与此同时,G_3、G_4 门被打开,从触发器接收主触发器在 $CP=1$ 时存入的状态,从触发器按照主触发器的状态更新状态。

在 $CP=0$ 的全部时间里,主触发器被封锁,不再接收输入信号,输出状态保持不变,因此受其控制的从触发器的状态也保持不变。

综上所述,主从 RS 触发器虽然在 $CP=1$ 期间能够接收 S、R 端的输入信号,但触发器

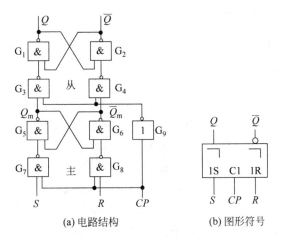

(a) 电路结构　　(b) 图形符号

图 4-20　主从 RS 触发器

的输出状态并不发生改变。只有当 CP 由 **1** 跳变到 **0** 时,从触发器才有可能根据主触发器的状态更新状态,并在 $CP=0$ 的全部时间内从触发器始终保持这一状态。因此,在 CP 的一个变化周期中,主从 RS 触发器输出状态的改变只发生在 CP 的下降沿,所以图 4-20 所示的主从 RS 触发器属于 CP 下降沿动作型触发器。在图 4-20(b)所示的图形符号中的"┐"符号表示"延迟输出",即当时钟 CP 返回 **0** 以后,电路的输出状态才发生改变。

　　根据工作原理的分析,可以列出主从 RS 触发器的特性表,见表 4-6。表中 CP 栏中"┌┐"符号表示输出状态的变化发生在 CP 的下降沿。

表 4-6　主从 RS 触发器的特性表

CP	R	S	Q^n	Q^{n+1}	功能
×	×	×	×	Q^n	保持
┌┐	0	0	0	0	保持
┌┐	0	0	1	1	
┌┐	0	1	0	1	置1
┌┐	0	1	1	1	
┌┐	1	0	0	0	置0
┌┐	1	0	1	0	
┌┐	1	1	0	(1) ×	不允许
┌┐	1	1	1	(1) ×	

　　从同步 RS 触发器到主从 RS 触发器的这一演变,克服了 $CP=1$ 期间触发器输出状态可能的多次翻转问题,但由于主触发器本身是同步 RS 触发器,所以在 $CP=1$ 期间 Q_m 和 $\overline{Q_m}$ 的状态仍然会随 S、R 状态的变化而多次变化,而且输入信号仍需遵守约束条件 $SR=0$。

　　由主从 RS 触发器的特性表可以得到其特性方程

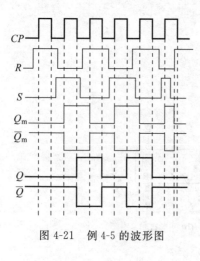

图 4-21 例 4-5 的波形图

$$\begin{cases} Q^{n+1} = S + \bar{R}Q^n \\ RS = 0 \quad (CP \text{ 下降沿有效}) \end{cases} \tag{4-6}$$

主从 RS 触发器的状态图与同步 RS 触发器的状态图相同。

【例 4-5】 已知主从 RS 触发器如图 4-20(a)所示，其 CP 和 R、S 的波形如图 4-21 所示，试画出 Q 和 $\bar{Q}$ 的电压波形。设触发器初始状态为 $Q=0$。

解：首先根据 $CP=1$ 期间的 R、S 状态画出主触发器 Q_m 和 $\bar{Q}_m$ 波形，然后根据 CP 下降沿到达时 Q_m 和 $\bar{Q}_m$ 的状态画出 Q 和 $\bar{Q}$ 的电压波形，如图 4-21 所示。在最后一个时钟脉冲期间，Q_m 和 $\bar{Q}_m$ 的状态改变了两次，但 Q 和 $\bar{Q}$ 的状态并未改变。

4.4.2 主从 JK 触发器

主从 RS 触发器虽然解决了空翻现象，但在 $CP=1$ 期间，R、S 之间的约束限制了主从 RS 触发器的使用。为解决这一问题，可以在主从 RS 触发器上增加两条反馈线，将主从 RS 触发器的两个互补输出端信号作为一对附加的控制信号反馈到输入端，这样就构成了主从结构的 JK 触发器(简称主从 JK 触发器)。主从 JK 触发器的电路结构如图 4-22(a)所示，图形符号如图 4-22(b)所示。

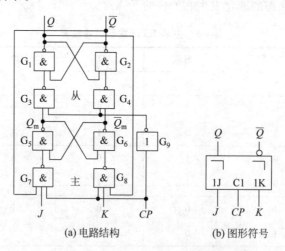

(a) 电路结构　　　　(b) 图形符号

图 4-22 主从型 JK 触发器

当 $J=K=0$ 时，由于门 G_7、G_8 被封锁，触发器保持原来的状态不变，即 $Q^{n+1}=Q^n$。

当 $J=0$，$K=1$ 时，则 $CP=1$ 时主触发器被置成 0，待 CP 回到 0 以后，从触发器也随之置成 0，即 $Q^{n+1}=0$。

当 $J=1$，$K=0$ 时，则 $CP=1$ 时主触发器被置成 1，待 CP 回到 0 以后，从触发器也随之置成 1，即 $Q^{n+1}=1$。

当 $J=K=1$ 时，分两种情况讨论：

若假设 $Q^n=0$，这时 G_8 门被 Q 端的低电平封锁，$CP=1$ 时 G_7 门输出为低电平，主触发器被置成 1。待 CP 回到 0 以后,从触发器也随之置成 1,即 $Q^{n+1}=1$。

若假设 $Q^n=1$,这时 G_7 门被 $\overline{Q}$ 端的低电平封锁,因而在 $CP=1$ 时仅 G_8 门输出低电平,主触发器被置成 0。待 CP 回到 0 以后,从触发器也随之置成 0,即 $Q^{n+1}=0$。

综合以上两种情况可知,当 $J=K=1$ 时,则有 $Q^{n+1}=\overline{Q^n}$。也就是说,当 $J=K=1$ 时,CP 下降沿到达后,触发器将翻转为与原来的状态相反的状态。

根据以上分析结果,可列出主从 JK 触发器的特性表,如表 4-7 所示。

表 4-7 主从 JK 触发器的特性表

CP	J	K	Q^n	Q^{n+1}	功能
×	×	×	×	Q^n	保持
⊓	0	0	0	0	保持
⊓	0	0	1	1	
⊓	0	1	0	0	置0
⊓	0	1	1	0	
⊓	1	0	0	1	置1
⊓	1	0	1	1	
⊓	1	1	0	1	翻转
⊓	1	1	1	0	

主从 JK 触发器的特性方程和状态图与同步 JK 触发器的特性方程和状态图相同。

【提示】 主从触发器工作过程分为两步:

① 当 $CP=1$ 时,主触发器接收输入信号,从触发器被封锁而状态保持不变;

② 当 CP 下降沿到来时,主触发器被封锁,从触发器接收主触发器的状态,触发器的状态发生相应变化;$CP=0$ 期间,触发器状态保持不变。

【例 4-6】 已知主从 JK 触发器如图 4-22(a)所示,其 CP 和 J、K 的波形如图 4-23 所示,试画出 Q 和 $\overline{Q}$ 的电压波形。设触发器初始状态为 $Q=0$。

解:由于 J、K 在每个 CP 期间均保持不变,所以可以根据 CP 下降沿时的 J、K 状态查出特性表中对应的输出状态,进而画出 Q 和 $\overline{Q}$ 的电压波形,如图 4-23 所示。

主从 JK 触发器虽然解决了同步触发器的空翻现象和主从 RS 触发器 R、S 之间的约束限制,但由于其主触发器本身是一个同步 RS 触发器,所以在 $CP=1$ 的全部时间里,输入信号 J、K 都将对主触发器起控制作用。在 $Q=0$,$\overline{Q}=1$ 时,只有 J 的变化可能使 Q_m 由 0 变为 1,且只改变一次;在 $Q=1$,$\overline{Q}=0$ 时,只有 K 的变化可能使 Q_m 由 1 变为 0,且只改变一次。这种现象为主从 JK 触发器的一次翻转现象,即在 $CP=1$ 期间,主触发器接收到输入触发信号,其状态发生一次翻转后,主触发器状态就一直保持不变,不再随着触发信号 J、K 的变化而变化。

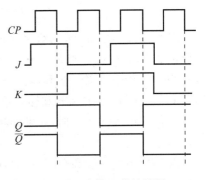

图 4-23 例 4-6 的波形图

一次翻转现象限制了主从 JK 触发器的使用,也降低了它的抗干扰能力。在 $CP=1$ 期间,可能会由于干扰而使主从 JK 触发器错误动作,所以为保证主从 JK 触发器正常工作,要求在 $CP=1$ 期间保持 J、K 的输入状态不变,而边沿触发器可以解决这个问题。

4.5 边沿触发器

同时具备以下条件的触发器称为边沿触发器:一是触发器仅在 CP 脉冲的上升沿或下降沿到来时,才接收输入信号,状态才能发生改变;二是在 $CP=0$ 或 $CP=1$ 期间,输入信号的变化不会引起触发器输出状态的变化。因此,边沿触发器不仅克服了空翻现象,还大大提高了抗干扰能力。

边沿触发方式的触发器有两种类型:一种是维持-阻塞式触发器,它是利用直流反馈来维持翻转后的新状态,阻塞触发器在同一时钟内再次产生翻转;另一种是边沿触发器,它是利用触发器内部逻辑门之间延迟时间的不同,使触发器只在约定时钟跳变时才接收输入信号。

4.5.1 维持-阻塞式 D 触发器

维持-阻塞式 D 触发器的电路结构如图 4-24(a)所示,是在四个"与非"门构成的同步 RS 触发器(由 G_1、G_2、G_3、G_4 构成)的基础上,增加了两个"与非"门 G_5、G_6 和 4 根直流反馈线组成的。图形符号如图 4-24(b)所示。

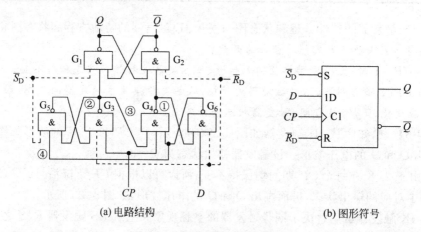

(a) 电路结构 (b) 图形符号

图 4-24 维持-阻塞式 D 触发器

图 4-24 中,$\overline{R}_D$ 和 $\overline{S}_D$ 为直接复位、置位端,低电平有效。其操作不受 CP 控制,因此也称异步复位、置位端。当 $\overline{R}_D=0$,$\overline{S}_D=1$ 时,G_2 门、G_3 门、G_6 门锁定,使 $\overline{Q}=1$,G_3 门输出为 1,故 $Q=0$,此时,无论 CP 和输入信号处于何种状态,都能保证触发器可靠置 0。同理,当 $\overline{R}_D=1$,$\overline{S}_D=0$ 时,无论 CP 和输入信号处于何种状态,都能保证触发器可靠置 1。

只有当 $\overline{R}_D=\overline{S}_D=1$ 时,触发器状态才可能随 CP 和输入信号的变化而改变。工作原理分析如下:

当 $CP=0$ 时,G_3 和 G_4 门被封锁,输出为 1,触发器状态维持不变,$Q^{n+1}=Q^n$。同时,G_3 和 G_4 门的输出反馈到 G_5 和 G_6 门输入端,将 G_5 和 G_6 门打开,使 G_5 门输出等于 D,G_6 门

输出等于$\bar{D}$,触发器处于接收输入信号D的状态。

当CP由0变为1时,G_3门输出等于$\bar{D}$,G_4门输出等于D,代入式(4-1)基本RS触发器的特性方程中,便可得到维持-阻塞式D触发器的特性方程

$$Q^{n+1} = S_D + \bar{R}_D Q^n$$
$$= D + DQ^n$$
$$= D \tag{4-7}$$

即触发器的输出状态由CP上升沿到达前瞬间的输入信号D来决定,且不存在约束条件。

当$CP=1$时,若输入信号D发生了变化,由于G_4门输出D变化之前的值,故G_6门输出为1,使得G_3、G_5形成正反馈回路,维持G_3门和G_4门的输出不变,所以触发器的状态不受输入端D的影响。

设CP上升沿到达前,$D=0$,由于$CP=0$,则G_3、G_4门输出为1,使G_5门输出为0,G_6门输出为1。当CP上升沿到达后,G_3门输出为1,G_4门输出为0,使$Q^{n+1}=0$。如果此时D由0变为1,由于反馈线①将G_4门的输出0反馈到G_6门,使G_6门被封锁,D信号变化不会引起触发器状态变化,即维持原来的$Q^{n+1}=0$状态,因此反馈线①称为置0维持线。G_4门输出为0和$D=0$经G_6门后,再经连线④使G_5输出保持为0,G_3门被封锁,使G_3门输出为1,这样触发器不会再翻向1状态,故④线称为置1阻塞线。

同理,若CP上升沿到达前,$D=1$,由于$CP=0$,则G_3、G_4门输出为1,使G_5门输出为1,G_6门输出为0,当CP上升沿到达后,G_3门输出为0,G_4门输出为1,使$Q^{n+1}=1$。如果此时D由1变为0,反馈线②将$G_3=0$信号反馈到G_5门,使G_5门输出为1,G_3门输出为0,即维持原来$Q^{n+1}=1$状态,反馈线②称为置1维持线。同时$G_3=0$经反馈线③送至G_4门,将G_4门封锁,使G_4门输出保持为1,这样触发器不会再翻向0状态,故③线称为置0阻塞线。

综上所述,维持-阻塞式D触发器在CP上升沿到达前接收输入信号,上升沿到达时刻触发器翻转,上升沿以后输入被封锁。可见,维持-阻塞式D触发器具有边沿触发的功能,不仅有效避免了多次空翻现象,同时克服了一次空翻现象。在图4-24(b)所示图形符号中,符号">"是动态输入符号,表示上升沿触发。若触发器为下降沿触发,则应在CP输入端加上一个小圆圈。这种结构的D触发器简称为边沿D触发器。

维持-阻塞式D触发器的特性表如表4-8所示,表中"↑"符号表示边沿触发,而且为上升沿触发。若为下降沿触发,则用"↓"符号表示。状态图如图4-12所示。

表4-8 维持-阻塞式D触发器的特性表

CP	$\bar{R}_D$	$\bar{S}_D$	D	Q^{n+1}	功能
×	0	1	×	0	异步置0
×	1	0	×	1	异步置1
0	1	1	×	Q^n	保持
↑	1	1	0	0	同步置0
↑	1	1	1	1	同步置1

【例4-7】 已知维持-阻塞式D触发器如图4-24(a)所示,其CP和D的波形如图4-25所示,试画出Q的电压波形。设触发器初始状态为$Q=0$。

解:由维持-阻塞式D触发器的特性表可知,触发器的次态仅取决于CP上升沿时刻的

D 端状态,于是可以画出 Q 的电压波形,如图 4-25 所示。

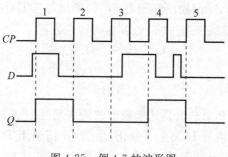

图 4-25 例 4-7 的波形图

4.5.2 边沿 JK 触发器

利用逻辑门的传输延迟时间实现的边沿 JK 触发器的电路结构图和图形符号如图 4-26(a)、(b)所示,电路实现 JK 触发器的逻辑功能是依靠"与非"门 G_7、G_8 的延时实现的。

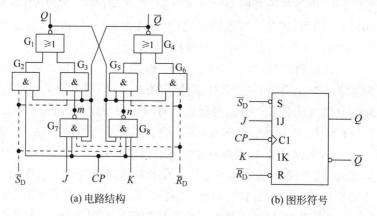

(a)电路结构   (b)图形符号

图 4-26 边沿 JK 触发器

图 4-26 中,$\overline{R}_D$、$\overline{S}_D$ 为直接复位、置位端,低电平有效。

当 $\overline{R}_D = \overline{S}_D = 1$ 时,触发器状态才可能随 CP 和输入信号 J、K 的变化而改变。工作原理分析如下:

当 $CP = 0$ 时,G_7 和 G_8 门输出为 1,G_2 和 G_6 门输出为 0,若初态 $Q=1$、$\overline{Q}=0$,则门 G_5 输出为 1,同时 G_3 输出为 0,G_1 输出为 1,触发器的状态没有改变。若初态 $Q=0$、$\overline{Q}=1$,触发器的状态仍不会改变。因此,在 $CP=0$ 时,触发器保持原状态不变,即 $Q^{n+1}=Q^n$。

在 CP 由 0 变化到 1 时,触发器的状态仍保持不变。

当 $CP=1$ 时,若初态 $Q=0$、$\overline{Q}=1$,则 G_5 和 G_6 门的输出为 0,G_4 输出为 1,反馈到 G_2 门,则 G_2 门输出为 1,从而 G_1 门输出为 0,即触发器状态保持;若初态 $Q=1$、$\overline{Q}=0$,同样处于保持状态。因此,在 $CP=1$ 时,触发器保持原状态不变,即 $Q^{n+1}=Q^n$。

在 CP 由 1 变化到 0 时,门 G_7、G_8 的传输延迟时间比基本触发器的延迟时间长,时钟信号的下降沿首先封锁 G_2 和 G_6 门,使其输出为 0,而由于 G_7、G_8 门瞬时的延时,G_7 门的输出 $m = \overline{\overline{J}\,\overline{Q}^n}$、$G_8$ 门的输出 $n = \overline{KQ^n}$ 将被 G_3、G_5 门接收,因此电路的输出为

$$Q^{n+1} = \overline{\overline{\overline{J\,\overline{Q^n}}\,\overline{K Q^n}Q^n}} = J\,\overline{Q^n} + \overline{K}Q^n \tag{4-8}$$

式(4-8)为边沿 JK 触发器的特性方程。可见,电路实现了 JK 触发器的功能。

通过以上分析,实现 JK 触发器的边沿触发是利用电路的传输延迟时间达到的,触发器的次态仅仅取决于 CP 下降沿到达时的输入状态,下降沿到达时刻触发器翻转,下降沿以后输入被封锁,可见边沿 JK 触发器具有边沿触发的功能。

【提示】　边沿触发提高了触发器的抗干扰能力和工作可靠性。

边沿 JK 触发器的特性表如表 4-9 所示,状态图与同步 JK 触发器的状态图完全相同。

表 4-9　边沿 JK 触发器的特性表

CP	$\overline{R}_{\mathrm{D}}$	$\overline{S}_{\mathrm{D}}$	J	K	Q^{n+1}	功能
$\times$	0	1	$\times$	$\times$	0	异步置 0
$\times$	1	0	$\times$	$\times$	1	异步置 1
0	1	1	$\times$	$\times$	Q^n	保持
$\downarrow$	1	1	0	0	Q^n	保持
$\downarrow$	1	1	0	1	0	同步置 0
$\downarrow$	1	1	1	0	1	同步置 1
$\downarrow$	1	1	1	1	$\overline{Q^n}$	翻转

【例 4-8】　已知边沿 JK 触发器如图 4-26(a)所示,其 CP 和 J、K 的波形如图 4-27 所示,试画出 Q 的电压波形。设触发器初始状态为 $Q=0$。

解：由边沿 JK 触发器的特性表可知,触发器的次态仅取决于 CP 下降沿时刻的 J、K 端状态,所以可以根据 CP 下降沿时的 J、K 状态查出特性表中对应的输出状态,进而画出 Q 的电压波形,如图 4-27 所示。

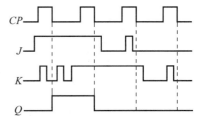

【提示】　将边沿 JK 触发器的 J、K 两端连在一起,定义为 T 端,则构成边沿 T 触发器。

对于存在直接复位、置位端的触发器,由于 $\overline{R}_{\mathrm{D}} = 0$、$\overline{S}_{\mathrm{D}} = 0$ 时,触发器的 $Q=1$、$\overline{Q}=1$,破坏了输出的互补特性,将导致输出状态的不确定。因此,在实际工作中应避免 $\overline{R}_{\mathrm{D}}$ 和 $\overline{S}_{\mathrm{D}}$ 同时为低电平的情况。

图 4-27　边沿 JK 触发器的时序图

4.6　不同类型触发器之间的转换

在实际应用中,经常需要用已有的触发器来构造其他具有特定功能的触发器,这就是不同类型触发器之间的转换问题。转换的一般方法是：先比较已有触发器和待求触发器的特性方程,求出转换电路的逻辑函数表达式,再根据转换逻辑画出逻辑电路图。

4.6.1　JK 触发器转换成 RS、D 触发器

1. 将 JK 触发器转换为 RS 触发器

JK 触发器的特性方程为 $Q^{n+1} = J\,\overline{Q^n} + \overline{K}Q^n$,而 RS 触发器的特性方程为

$$\begin{cases} Q^{n+1} = S + \overline{R}Q^n \\ RS = 0 \end{cases}$$

为了将 JK 触发器转换成 RS 触发器,需将 RS 触发器特性方程进行相应的变换,使其形式与 JK 触发器的特性方程相同。

$$Q^{n+1} = S + \overline{R}Q^n = S(Q^n + \overline{Q^n}) + \overline{R}Q^n = S\overline{Q^n} + \overline{S}RQ^n \tag{4-9}$$

将式(4-9)与 JK 触发器的特性方程进行比较,可得

$$J = S, \quad K = R\overline{S} \tag{4-10}$$

将 RS 触发器的约束条件 $RS = 0$ 代入式(4-10),可得

$$J = S$$
$$K = R\overline{S} + RS = R(S + \overline{S}) = R \tag{4-11}$$

根据式(4-11)可以画出由主从 JK 触发器转换为主从 RS 触发器的逻辑电路,如图 4-28 所示。

2. 将 JK 触发器转换为 D 触发器

JK 触发器的特性方程为 $Q^{n+1} = J\overline{Q^n} + \overline{K}Q^n$,而 D 触发器的特性方程为 $Q^{n+1} = D$。

将 D 触发器特性方程变换为 JK 触发器的特性方程形式

$$Q^{n+1} = D = D(Q^n + \overline{Q^n}) = DQ^n + D\overline{Q^n} \tag{4-12}$$

将式(4-12)与 JK 触发器的特性方程比较可得

$$J = D, \quad K = \overline{D} \tag{4-13}$$

根据式(4-13)可以画出由 JK 触发器和"非"门构成的 D 触发器的逻辑电路,如图 4-29 所示。

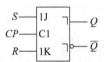

图 4-28 JK 触发器转换成 RS 触发器

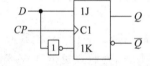

图 4-29 JK 触发器转换成 D 触发器

4.6.2 D 触发器转换成 RS、JK 触发器

1. 将 D 触发器转换成 RS 触发器

D 触发器的特性方程为 $Q^{n+1} = D$,而 RS 触发器的特性方程为

$$\begin{cases} Q^{n+1} = S + \overline{R}Q^n \\ RS = 0 \end{cases}$$

将 RS 触发器特性方程与 D 触发器特性方程比较并作"与非"变换得

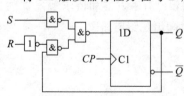

图 4-30 D 触发器转换成 RS 触发器

$$D = S + \overline{R}Q^n = \overline{\overline{S + \overline{R}Q^n}} = \overline{\overline{S} \cdot \overline{\overline{R}Q^n}} \tag{4-14}$$

根据式(4-14)可以画出由 D 触发器和"与非"门、"非"门构成的 RS 触发器的逻辑电路,如图 4-30 所示。

2. 将 D 触发器转换成 JK 触发器

D 触发器的特性方程为 $Q^{n+1} = D$,将 JK 触发器的

特性方程为 $Q^{n+1} = J\overline{Q^n} + \overline{K}Q^n$ 进行相应变换并与 D 触发器特性方程比较得

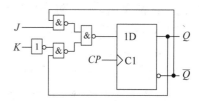

图 4-31　D 触发器转换成 JK 触发器

$$D = J\overline{Q^n} + \overline{K}Q^n = \overline{\overline{J\overline{Q^n} + \overline{K}Q^n}} = \overline{\overline{J\overline{Q^n}} \cdot \overline{\overline{K}Q^n}}$$

$$(4\text{-}15)$$

根据式(4-15)可以画出由 D 触发器和"与非"门、"非"门构成的 JK 触发器的逻辑电路,如图 4-31 所示。

4.7　触发器的电气特性

触发器的电气特性是逻辑功能的载体,是触发器性能的重要方面。CMOS 反相器和 TTL 反相器静态特性也适用于相应的触发器,这里不再分析。本节主要介绍触发器的动态特性。

1. 建立时间 t_{set}

在有些时钟触发器中,输入信号必须先于 CP 信号建立起来,电路才能可靠地翻转,而输入信号必须提前建立的这段时间称为建立时间,用 t_{set} 表示,如图 4-32 所示。

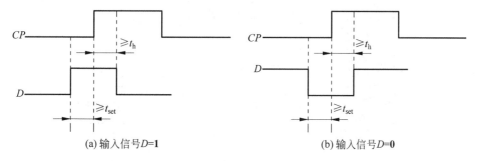

(a) 输入信号D=1　　　　　　　　　　(b) 输入信号D=0

图 4-32　维持-阻塞式 D 触发器的建立时间和保持时间

2. 保持时间 t_h

为了保证触发器正确翻转,输入信号的状态在 CP 信号到来后还必须保持一段足够长的时间不变,这段时间称为保持时间,用 t_h 表示,如图 4-32 所示。

图 4-32(a)所示是 $D=1$ 时的情况,D 信号先于 CP 上升沿建立起来的时间不得小于建立时间 t_{set},而在 CP 上升沿到来后 D 仍保持 1 的时间不得小于保持时间 t_h。图 4-32(b)所示是接收输入信号 $D=0$ 时的情况。只有这样,维持-阻塞式 D 触发器才能正确翻转。

3. 传输延迟时间

从 CP 上升沿到达时间开始计算,至输出端新状态稳定建立起来的时间称为传输延迟时间。t_{PLH} 是输出从低电平变为高电平的延迟时间,t_{PHL} 则是输出从高电平变为低电平的延迟时间,应用中有时取其平均传输延迟时间 t_{pd}。

$$t_{pd} = \frac{t_{PLH} + t_{PHL}}{2} \tag{4-16}$$

4. 最高时钟频率 f_{max}

由于时钟控制的触发器中每一级门电路都有传输延迟,因此电路状态改变总是需要一定时间才能完成。当时钟信号频率升高到一定程度之后,触发器将来不及翻转。显然,在保证触发器正常翻转条件下,CP 信号的频率有一个上限值,该上限值就是触发器的最高时钟频率,用 f_{max} 表示。

*4.8 利用 Multisim 分析触发器

4.8.1 同步 RS 触发器的仿真分析

在 Multisim 13.0 中构建如图 4-33 所示的仿真电路。从原件工具栏的 TTL 器件库中找出"与非"门 74LS10N;从虚拟仪器工具栏中找出字信号发生器 XWG1 及四踪示波器 XSC1、XSC2。四踪示波器 XSC1 显示 CP、R、S 及 $\overline{R}_D$ 信号,四踪示波器 XSC2 显示 Q 和 $\overline{Q}$ 信号。

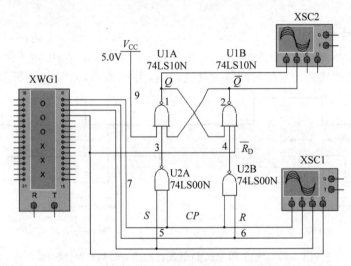

图 4-33 同步 RS 触发器的仿真电路

双击字信号发生器的图标打开面板图,在字信号编辑区以十六进制(Hex)形式依次输入 2,9,B,9,8,C,D,9,C,E,F,9,8,E,F,F,E,A,B,9,A,A 共 22 个字组数据,以确定 CP、R、S 及 $\overline{R}_D$ 信号的波形,右击最后一个字组数据进行循环字组信号终止设置(Set Final Position),完成所有字组信号的设置;在 Frequency 区设置输出字信号的频率。

单击字信号发生器面板图 Control 区中的 Brust,电路仿真开始,字信号发生器从第一个字组信号开始逐个字组输出直到终止字组信号。

分别双击两个四踪示波器的图标打开面板图,显示波形如图 4-34 所示,当接通仿真开关时,两个示波器同时开始工作,从而实现各波形的同步显示。在 Channel 区,通过通道选择旋钮调整各通道波形的位置及显示幅度,各通道均设置为 DC 耦合方式,各面板 Timebase 区中的 Scale、X pos、Y/T 要设置一致。

图 4-34 中,由上至下依次为 CP、R、S、$\overline{R}_D$、Q 和 $\overline{Q}$ 的波形,仿真结果表明,图 4-34 波形与同步 RS 触发器的特性一致。

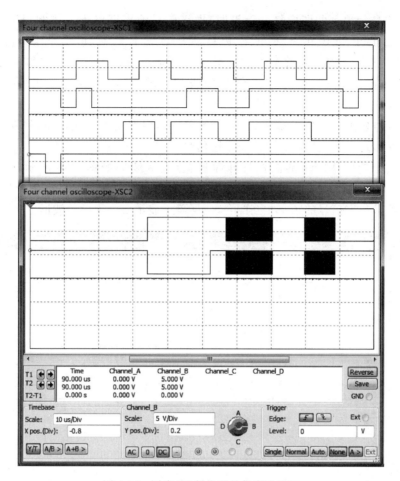

图 4-34 同步 RS 触发器的仿真波形图

4.8.2 边沿 JK 触发器的仿真分析

在 Multisim 13.0 中构建如图 4-35 所示的仿真电路。从元件工具栏的 TTL 器件库中找出负边沿触发的 JK 触发器 74LS112N；从虚拟仪器工具栏中找出字信号发生器 XWG1、逻辑分析仪 XLA1。

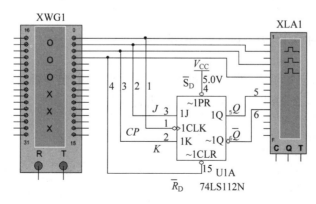

图 4-35 负边沿触发的 JK 触发器仿真电路

双击字信号发生器的图标打开面板图,在字信号编辑区以十六进制(Hex)形式依次输入 0、8、9、B、D、F、9、B、A、A、E、E、E、F、D、9、B、D、F、E、C、C 共 22 个字组数据,以确定输入信号 CP、J、K 和 $\overline{R}_D$ 的波形。右击最后一个字组数据进行循环字组信号终止设置(Set Final Position),完成所有字组信号的设置;在 Frequency 区设置输出字信号的频率。

单击字信号发生器面板图 Control 区中的 Brust,电路仿真开始,字信号发生器从第一个字组信号开始逐个字组输出直到终止字组信号。

双击逻辑分析仪 XLA1 的图标打开面板图,显示波形如图 4-36 所示。在面板图的 Clock 选项区通过 Clocks/Div 框设置波形显示区每个水平刻度显示的时钟脉冲个数,要与字信号发生器输出字信号的频率相互配合,使屏幕上显示一个周期的波形。

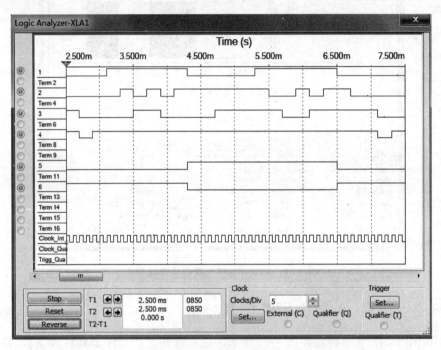

图 4-36 负边沿触发的 JK 触发器仿真波形图

仿真结果表明,图 4-36 所示波形与负边沿触发的 JK 触发器特性功能一致。

*4.9 利用 VHDL 设计触发器

本节用 VHDL 对边沿 JK 触发器进行设计和仿真。JK 触发器的两个数据输入端为 j 和 k,时钟输入端为 clk,输出端为 q 和 nq。源代码为:

```
library ieee;
use ieee.std_logic_1164.all;
entity jk is
port(j,k,clk: in std_logic;
     q,nq: buffer std_logic);
```

```
end;
architecture behave of jk is
  signal q_s,nq_s:std_logic;
    begin
      process(clk)
        begin
          if(clk'event and clk = '1')then
            if(j = '0')and(k = '1')then q_s < = '0';
              nq_s < = '1';
            elsif (j = '1')and(k = '0')then q_s < = '1';
              nq_s < = '0';
            elsif(j = '1')and(k = '1')then q_s < = not q;
              nq_s < = not nq;
            end if;
        end if;
        q < = q_s;
        nq < = nq_s;
      end process;
end;
```

对源代码进行仿真,仿真结果如图 4-37 所示。

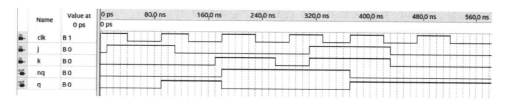

图 4-37　边沿 JK 触发器的仿真图

本章小结

本章介绍的触发器是具有记忆功能的逻辑单元电路,是数字系统中极其重要的一种基本逻辑单元。每个触发器都能存储一位二值信息,所以又将触发器称为存储单元或记忆单元。本章主要讲述了如下内容。

(1) 根据触发器逻辑功能的不同,触发器可分为 RS 触发器、D 触发器、JK 触发器和 T 触发器等几种类型,其逻辑功能可以用特性表、特性方程、状态图和时序图来描述。

(2) 根据电路结构不同,又可以将触发器分为基本触发器、同步触发器、主从触发器及边沿触发器。本章分别从其电路组成、工作原理、功能描述做了介绍,重点介绍次态与现态及输入信号之间的逻辑关系,说明了由于电路结构不同而带来的不同的动作特点。

(3) 特别需要指出的是,触发器的电路结构形式和逻辑功能是两个不同的概念,两者之间没有必然联系。同一逻辑功能的触发器可以有不同的电路组成;同一种电路结构的触发器可以组成不同的逻辑功能。因此在选用触发器时,不仅要知道它的电路功能还需要知道它的电路结构。

（4）不同类型触发器之间可以相互转换，一般采用已有触发器和待求触发器的特性方程相比较的方法来实现转换。

（5）触发器的动态特性包括建立时间、保持时间、传输延迟时间和最高时钟频率。

习题

1. 填空题

（1）触发器具有_____个稳定状态，它可存储_____位二进制信息。若要存储 8 位二进制信息需要_____个触发器。

（2）触发器有两个互补输出端 Q 和 $\bar{Q}$，定义 $Q=0$，$\bar{Q}=1$ 为触发器的_____状态；$Q=1$，$\bar{Q}=0$ 为触发器的_____状态。触发器的状态是指_____端的状态。

（3）根据触发器的逻辑功能不同，可分为_____、_____、_____和_____等几种类型，其逻辑功能可用_____、_____、_____和_____描述。

（4）基本 RS 触发器有_____、_____、_____三种可用功能。一个基本 RS 触发器正常工作时的约束条件是_____。

（5）主从 RS 触发器由两个_____组成，但它们的时钟信号 CP 相位_____。

（6）边沿触发器的次态仅取决于 CP 脉冲的_____或_____到来时的输入信号，而在此时刻之前或以后，输入信号的变化对触发器输出状态_____。

2. 选择题

（1）下列触发器中，输入信号直接控制输出状态的触发器是_____。

  A. 基本 RS 触发器   B. 同步 RS 触发器

  C. 主从 JK 触发器   D. 边沿 D 触发器

（2）下列触发器中，有约束条件的是_____。

  A. 主从 JK 触发器   B. 同步 D 触发器

  C. 同步 RS 触发器   D. 维持-阻塞式 D 触发器

（3）下列触发器中，不能克服空翻现象的触发器是_____。

  A. 边沿型 D 触发器   B. 边沿型 JK 触发器

  C. 同步 RS 触发器   D. 主从 JK 触发器

（4）下列触发器中，存在一次翻转问题的触发器是_____。

  A. 基本 RS 触发器   B. 主从 RS 触发器

  C. 主从 JK 触发器   D. 维持-阻塞 D 触发器

（5）具有直接复位端 $\bar{R}_D$ 和直接置位端 $\bar{S}_D$ 的触发器，只有当这两端的输入_____时，触发器的状态才可能随着 CP 信号和输入信号的变化而变化。

  A. $\bar{R}_D\bar{S}_D=00$ B. $\bar{R}_D\bar{S}_D=01$ C. $\bar{R}_D\bar{S}_D=10$ D. $\bar{R}_D\bar{S}_D=11$

（6）假设 JK 触发器的现态 $Q=0$，要求 $Q^{n+1}=0$，则应使_____。

  A. $J=\times$，$K=0$ B. $J=0$，$K=\times$

  C. $J=1$，$K=\times$ D. $J=K=1$

（7）对于 T 触发器，若现态 $Q=1$，要求 $Q^{n+1}=1$，则应使_____。

A. $T=0$ B. $T=1$ C. $T=Q$ D. $T=\bar{Q}$

（8）对于 D 触发器，欲使 $Q^{n+1}=Q$，则应使_____。

A. $D=0$ B. $D=1$ C. $D=Q$ D. $D=\bar{Q}$

（9）对于 JK 触发器，若 $J=K$，则可完成_____触发器的逻辑功能。

A. RS B. D C. T D. T'

（10）JK 触发器工作时，输出状态始终保持为 1，则可能的原因是_____。

A. 没有 CP 信号输入 B. 异步置 1 端始终有效

C. $J=K=0$ D. $J=1$，$K=0$

3. 试画出如图 4-2 所示由"与非"门构成的基本 RS 触发器在如图 4-38 所示输入信号作用下的输出波形。

4. 图 4-39 所示是由两个"与或非"门组成的电路，分析电路功能，列出特性表，写出特性方程并画出状态图。

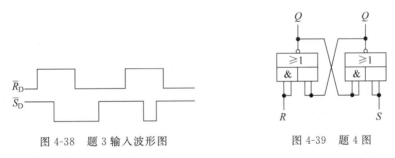

图 4-38　题 3 输入波形图 　　　　图 4-39　题 4 图

5. 若同步 RS 触发器电路中，已知 CP、S、R 的波形如图 4-40 所示，试画出 Q 和 $\bar{Q}$ 端的电压波形，假设触发器的初始状态 $Q=0$。

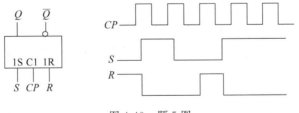

图 4-40　题 5 图

6. 若主从 RS 触发器电路中，已知 CP、S、R 的波形如图 4-41 所示，试画出 Q 和 $\bar{Q}$ 端的电压波形，假设触发器的初始状态 $Q=0$。

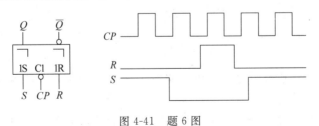

图 4-41　题 6 图

7. 若主从 JK 触发器电路中,已知 CP、J、K 的波形如图 4-42 所示,试画出 Q 和 $\overline{Q}$ 端的电压波形,假设触发器的初始状态 $Q=0$。

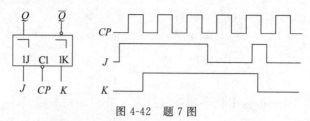

图 4-42 题 7 图

8. 若维持-阻塞式 D 触发器电路中,已知 CP、$\overline{R}_D$、$\overline{S}_D$、D 的波形如图 4-43 所示,试画出 Q 和 $\overline{Q}$ 端的电压波形。

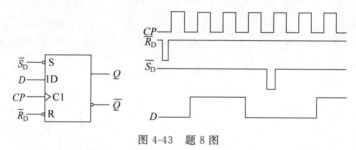

图 4-43 题 8 图

9. 若边沿 JK 触发器电路中,已知 CP、J、K 的波形如图 4-44 所示,试画出 Q 和 $\overline{Q}$ 端的电压波形,假设触发器的初始状态 $Q=0$。

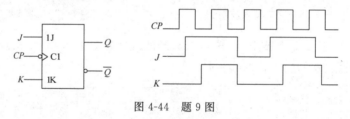

图 4-44 题 9 图

10. 若边沿 JK 触发器电路中,已知 CP、$\overline{S}_D$、$\overline{D}_D$、J、K 的波形如图 4-45 所示,试画出 Q 和 $\overline{Q}$ 端的电压波形。

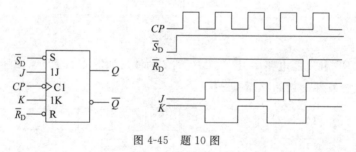

图 4-45 题 10 图

11. 设各触发器的初态均为 **0**,试画出如图 4-46 所示电路在 CP 脉冲作用下的 Q 端电压波形。

12. 在如图 4-47(a)所示电路中,输入 CP、A、B 的波形如图 4-47(b)所示,试写出它的特性方程,并画出输出端 Q 的波形。假设触发器的初始状态 $Q=0$。

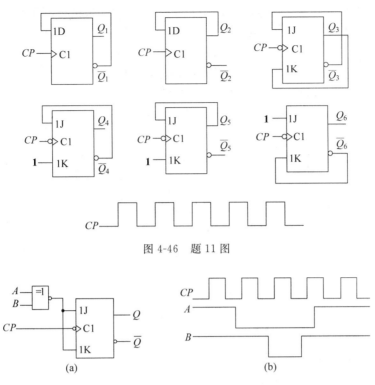

图 4-46 题 11 图

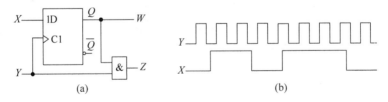

图 4-47 题 12 图

13. 在如图 4-48(a)所示电路中,输入 X、Y 的波形如图 4-48(b)所示,试写出它的特性方程,并画出输出 W 和 Z 的波形。假设触发器的初始状态 $Q=0$。

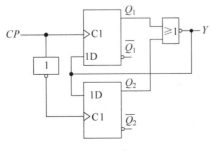

图 4-48 题 13 图

14. 图 4-49 是用维持-阻塞式 D 触发器组成的电路,试画出在一系列 CP 信号作用下输出端 Y 对应的波形。假设触发器的初始状态均为 $Q=0$。

图 4-49 题 14 图

15. 在如图 4-50 所示电路中,已知输入 CP 和 A 的波形,试分别画出 Q_1、Q_2 的波形。假设触发器的初始状态 $Q_1 = Q_2 = 0$。

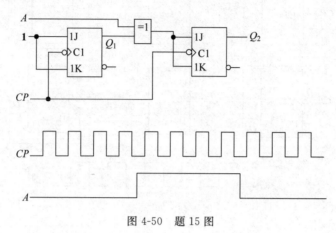

图 4-50   题 15 图

16. 在主从 T 触发器电路中,已知输入 CP、T 的波形如图 4-51 所示,试画出 Q 和 $\overline{Q}$ 端的电压波形。假设触发器的初始状态 $Q = 0$。

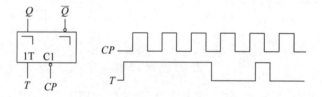

图 4-51   题 16 图

17. 用 Multisim 分析图 4-22(a)所示的主从 JK 触发器。

18. 用 Multisim 分析维持-阻塞式 D 触发器 74LS74N。

19. 用 VHDL 设计边沿 T 触发器。

第 5 章

时序逻辑电路

兴趣阅读——微处理器发明者霍夫

特德·霍夫(Ted Hoff)生于 1937 年,从小生活在美国纽约州的罗切斯特市郊区,虽然就读于一所乡村小学,但受电气工程师父亲和化学工程师叔叔的影响,他从少年时就开始对电子科学产生了浓厚的兴趣。1954 年,霍夫进入了美国纽约特洛伊的 Rensselear 综合工学院攻读电子工程专业。在此期间,他发明了电子火车探测器和雷电探测器,并获得了专利。1958 年,他凭借一篇名为《晶体管中的电流转换方式》的论文取得了电子工程学士学位。随后霍夫进入了斯坦福大学,在取得了硕士和博士学位后,继续留在导师身边做了六年的研究工作,当然又取得了几项专利。

1968 年,霍夫来到硅谷成为 Intel(英特尔)公司的一员。起初,英特尔只为他和一名同事提供一间小实验室以供他们从事半导体存储芯片的研究工作。1969 年 6 月 20 日这一天,日本 ETI 公司的人员找到霍夫,想请他设计出一套极其复杂的芯片用于当时的计算器。这种设计方案已经超出了当时英特尔的业务范围,但霍夫却从日本人的方案中得到了启发。于是,"能否以一种微型的通用计算机芯片取代计算器中的整套芯片"的大胆念头渐渐在霍夫脑子中萌生。不过,当时的计算机并不像计算器那样已有明确的定义,而人们更多的认为计算机应该是一种大型的计算设备,这与霍夫的设想大相径庭。

幸运的是,英特尔公司总裁诺伊斯早在几年前就预见了微处理器的可能性,这次更是坚决支持霍夫的方案。霍夫与从仙童半导体公司跳槽来的斯坦·麦卓尔合作,成立了研发小组,研发目标是将一台通用计算机造在一个芯片系统上。霍夫的最大突破是对芯片组织结构的设计,在他的方案中,计算机的"大脑"由四个部分组成:一是中央处理器(CPU),二是存储指令的只读存储器(ROM),三是存储动态数据的随机存取存储器(RAM),四是用作输入输出的移位寄存器。就这样,世界上第一台真正可运转的微处理器 4004 在 1971 年问世了,该芯片上集成了 2000 个晶体管,处理能力相当于世界上第一台计算机。英特尔公司看到了 4004 的市场潜力,同年即在《电子新闻》杂志上刊登了 4004 微处理器的广告:一个集成电子新纪元的到来——能把计算机的程序控制核心全部放入一块半导体芯片中。随后,霍夫等人继续改进,相继推出了 8 位微处理器 8008、8080 和 IBM 采用的芯片 8088,微处理器市场开始红火起来。

霍夫为英特尔和全世界的微处理器领域做出了无可替代的贡献,"摩尔定律"发明者摩尔这样评价他:"(因为有了霍夫,)我们全力投入微处理器的时间比其他公司早得多,我们跑在了大家的前面,至今仍然领先。在微处理器领域,我们真的非常幸运。"图 5-1 是霍夫和他发明的微处理器。

图 5-1 霍夫和他发明的微处理器

本章首先介绍时序逻辑电路在逻辑功能和电路结构上的特点,然后着重讨论时序逻辑电路的分析和设计方法,最后分别介绍了寄存器和计数器这两类常用的时序逻辑电路。此外,还给出了用 Multisim 和 VHDL 分析设计时序逻辑电路的实例。本章学习要求如下:

(1) 理解时序逻辑电路在逻辑功能及电路结构上的特点;

(2) 熟悉时序逻辑电路逻辑功能的描述方法;

(3) 掌握时序逻辑电路的一般分析方法;

(4) 掌握同步时序逻辑电路的设计方法,能设计简单的同步时序逻辑电路;

(5) 掌握寄存器的结构和工作原理;

(6) 掌握集成计数器的结构、工作原理和使用方法;

(7) 了解用 Multisim 和 VHDL 分析设计时序逻辑电路的方法。

5.1 概述

5.1.1 时序逻辑电路的基本概念

从对组合逻辑电路的讨论中可知,组合逻辑电路任一时刻的输出仅仅取决于当前时刻的输入,与之前各时刻的输入无关。除此之外,还有一类逻辑电路,它在任一时刻的输出不仅与当前时刻的输入有关,还与电路原来的状态有关,具备这种特点的逻辑电路称为时序逻辑电路,简称时序电路。

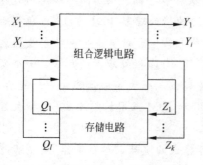

图 5-2 时序电路的一般结构模型

1. 时序逻辑电路的一般模型和结构特点

因为时序电路的输出与电路原来的状态有关,所以在时序电路中,除了有能反映当前各输入状态的组合电路之外,还应该有能够记住电路原来状态的存储电路,因此时序电路是由组合电路和起记忆作用的存储电路两部分组成,其中存储电路一般由各类触发器组成。时序电路的一般结构模型如图 5-2 所示。

图 5-2 中,$X(X_1, X_2, \cdots, X_i)$ 为时序电路的(外部)输入信号;$Y(Y_1, Y_2, \cdots, Y_j)$ 为时序电路的(外部)输出信

号；$Z(Z_1, Z_2, \cdots, Z_k)$为存储电路的输入信号；$Q(Q_1, Q_2, \cdots, Q_l)$为存储电路的输出信号。这些信号之间的逻辑关系可以用下面三组方程表示

$$Y = F(X, Q^n) \tag{5-1}$$

$$Z = G(X, Q^n) \tag{5-2}$$

$$Q^{n+1} = H(X, Q^n) \tag{5-3}$$

式(5-1)称为输出方程；式(5-2)称为驱动方程或激励方程；式(5-3)称为状态方程。其中：Q^n为存储电路当前时刻的输出信号，称为存储电路的现态；Q^{n+1}为现态Q^n和输入信号X共同作用下存储电路建立的新状态，称为存储电路的次态。

2. 时序电路的分类

时序电路的类型很多，有不同的分类方法。

(1) 根据触发器的动作特点不同，时序电路可以分为同步时序电路和异步时序电路两类。

若时序电路中，所有触发器状态的变化是在同一时钟信号作用下同时发生的，就称为同步时序电路。

若时序电路中，没有统一的时钟信号，各触发器状态的变化不是同时发生的，而是有先有后的，这类时序电路称为异步时序电路。

(2) 根据输出信号的特点可以将时序电路分为米里(Mealy)型和摩尔(Moore)型两类。

若时序电路的输出不仅与电路的现态有关，还与该时刻的输入有关，则这类时序电路称为米里型时序电路。

若时序电路的输出仅与电路的现态有关，而与当前时刻的输入无关，或者根本就不存在独立设置的输出，而是以电路的状态作为输出，则这类时序电路称为摩尔型时序电路。

(3) 根据电路实现的逻辑功能不同，时序电路可以分为计数器、寄存器、顺序脉冲发生器、读/写存储器等类型。

5.1.2　时序逻辑电路的功能描述方法

由于组合电路和时序电路的结构、性能不同，因此在逻辑功能的描述方法上也有所不同。时序电路逻辑功能的描述方法除逻辑表达式外，还有用来描述时序电路状态转换全过程的状态转换表、状态表、状态转换图和时序图等。

1. 逻辑表达式

用于描述时序电路功能的逻辑表达式为输出方程、驱动方程和状态方程，如式(5-1)～式(5-3)所示。

2. 状态转换表

状态转换表，也称为状态转换真值表，是用列表的方式描述时序电路输出、次态与电路输入、现态之间的逻辑关系。具体做法是，把时序电路的输入和现态的各种可能取值，代入状态方程和输出方程进行计算，求出相应的次态和输出，将全部的计算结果列成真值表的形式，就得到了状态转换表，其结构如表5-1所示。

表 5-1　时序电路的状态转换表

$X_1, X_2, \cdots, X_i$	$Q_r^n \cdots Q_1^n Q_0^n$	$Q_r^{n+1} \cdots Q_1^{n+1} Q_0^{n+1}$	$Y_1, Y_2, \cdots, Y_j$

3. 状态表

状态表是由状态转换表转化而来的。对米里型时序电路,其表的第一行为输入 X 的各种可能取值,表的第一列为现态 S,表的中间部分表示在相应输入和现态作用下时序电路的次态 S^{n+1} 和当前输出 Y,其结构如表 5-2 所示。对摩尔型时序电路,因为输出与输入无关,所以将输出放在最后一列,只和状态建立关系,其结构如表 5-3 所示。状态表能更直观、更清晰地反映出时序电路的状态转换关系。

表 5-2　米里型时序电路的状态表　　　　**表 5-3　摩尔型时序电路的状态表**

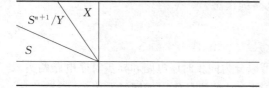　

4. 状态转换图

为了能更形象直观地表示出时序电路的状态转换规律,还可以将状态表的内容用图形的方式表示,即状态转换图(简称状态图)。时序电路状态图的画法与触发器状态图的画法一致,即以圆圈表示时序电路的各种状态,以箭头线表示状态转换方向。同时,在箭头线旁注明状态转换前的输入变量 X 的取值和输出变量 Y 的值。通常将 X 的取值标在斜线以上,将 Y 的值标在斜线以下。如果没有输入或输出信号,则对应的位置上为空,如图 5-3(a)所示。

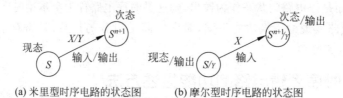

(a) 米里型时序电路的状态图　　　　(b) 摩尔型时序电路的状态图

图 5-3　时序电路的状态图

图 5-3(a)是适合于米里型时序电路的状态图。对于摩尔型时序电路,由于电路输出只与现态有关,与输入无关,所以在绘制状态图时,输出可以不标注在箭头线旁,可与状态一起标注在圆圈中,中间用斜线分隔,通常斜线以上标状态值,斜线以下标 Y 值,如图 5-3(b)所示。

5. 时序图

时序图又称为工作波形图,是描述时序电路在输入信号和时钟脉冲序列作用下,电路状态及输出随时间变化的波形图,其画法与触发器时序图的画法一致。

以上各个功能描述方法都可以用来描述同一个时序电路的逻辑功能,这些描述方法在本质上是相同的,所以它们之间可以相互转换。

5.2　同步时序电路的分析

所谓同步时序电路的分析,就是指出给定同步时序电路的逻辑功能。其关键是找出同步时序电路在输入信号及时钟信号作用下,电路的状态及输出的变化规律。

5.2.1 同步时序电路的分析方法

同步时序电路的分析过程一般可归纳为如下几个步骤：

（1）根据给定的时序电路，列出时序电路的输出方程和各触发器的驱动方程；

（2）将触发器的驱动方程代入各自的特性方程，求出各触发器的次态方程，从而得到时序电路的状态方程；

（3）根据求得的状态方程和输出方程，列出时序电路的状态转换表；

（4）根据状态转换表列出状态表，画出状态图或时序图；

（5）总结分析时序电路的逻辑功能。

以上步骤是分析时序电路的一般步骤，实际分析过程中，可以根据电路的具体情况灵活运用，而没有严格的固定程序。

5.2.2 同步时序电路分析举例

以下通过实例来阐述同步时序电路的分析方法。

【例 5-1】 时序电路如图 5-4 所示，试分析该电路。

（1）列出时序电路的输出方程和驱动方程；

（2）求出电路的状态方程；

（3）列出电路的状态转换表；

（4）列出状态表，画出状态图，当输入序列 $x=1100110$ 时，求出输出序列 Y；

（5）指出电路的类型和逻辑功能。

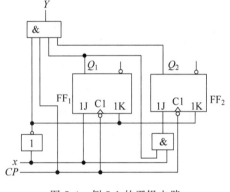

图 5-4　例 5-1 的逻辑电路

解： 由图 5-4 可知，该电路由门电路和 JK 触发器组成。电路的输入为 x、输出为 Y。输出 Y 与输入 x 和状态 Q 均有关系，而且两个触发器共用一个时钟脉冲。所以，该电路是米里型同步时序电路。

（1）列出同步时序电路的输出方程和驱动方程。

$$Y = \bar{x} Q_1 Q_2 （这里省略了 CP）$$

$$\begin{cases} J_1 = x, & K_1 = \bar{x} \\ J_2 = x Q_1, & K_2 = \bar{x} \end{cases}$$

（2）将驱动方程式代入 JK 触发器的特性方程，求出时序电路的状态方程。

$$Q_1^{n+1} = J_1 \overline{Q_1} + \overline{K_1} Q_1 = x \overline{Q_1} + x Q_1 = x$$

$$Q_2^{n+1} = J_2 \overline{Q_2} + \overline{K_2} Q_2 = x Q_1 \bar{Q_2} + x Q_2 = x(Q_1 + Q_2)$$

【提示】 以上各式中的 Q_2、Q_1 均表示触发器的现态，即为 Q_2^n、Q_1^n，为简化书写，后面的章节中均略去了右上角的 n。

（3）根据状态方程和输出方程列出时序电路的状态转换表，如表 5-4 所示。

（4）根据状态转换表列出状态表，画出状态图。

电路的状态表如表 5-5 所示，表中的第一行为该时序电路输入 x 的两种可能取值，表中

第一列 S 为该时序电路的四种现态,即设 $S_0 = 00, S_1 = 01, S_2 = 10, S_3 = 11$。表的中间部分表示在相应的输入 x、现态 S 以及 CP 脉冲的作用下建立的次态 S^{n+1} 和输出 Y。

表 5-4 例 5-1 的状态转换表

x	Q_2	Q_1	Q_2^{n+1}	Q_1^{n+1}	Y
0	0	0	0	0	0
0	0	1	0	0	0
0	1	0	0	0	0
0	1	1	0	0	1
1	0	0	0	1	0
1	0	1	1	1	0
1	1	0	1	1	0
1	1	1	1	1	0

表 5-5 例 5-1 的状态表

S^{n+1}/Y x S	0	1
S_0	$S_0/0$	$S_1/0$
S_1	$S_0/0$	$S_3/0$
S_2	$S_0/0$	$S_3/0$
S_3	$S_0/1$	$S_3/0$

为了更清楚地表示出状态的变化规律,还可以根据状态表画出状态图,如图 5-5 所示。

当输入序列 $x = 1100110$ 时,对应的时序图如图 5-6 所示。从图中可以看出,输出序列 $Y = 0010001$。

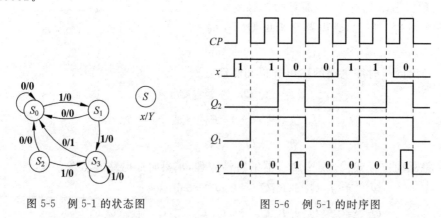

图 5-5 例 5-1 的状态图   图 5-6 例 5-1 的时序图

【注意】 时序图中 Y 的脉冲与时钟脉冲等宽,原因是 Y 的表达式中实际上含有 CP。

(5) 由状态图 5-5 可知,当输入一个 1 时,电路转到 S_1 状态;当输入两个 1 时,电路转到 S_3 状态;当第三个输入为 0 时,电路回到 S_0 状态,且输出一个 1。结合时序图中的输出序列,故该电路是 110 序列检测器,当输入序列中出现连续的 110 时,输出为 1,否则输出为 0。图中状态 S_2 是多余状态。

【例 5-2】 分析如图 5-7 所示电路的逻辑功能。

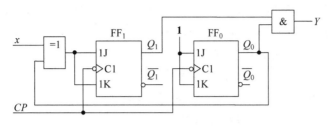

图 5-7 例 5-2 的逻辑电路

解：由图 5-7 可知,该电路是由门电路和 JK 触发器组成的同步摩尔型时序电路。

(1) 列出电路的驱动方程和输出方程。

$$\begin{cases} J_1 = K_1 = x \oplus Q_0 \\ J_0 = K_0 = 1 \end{cases}$$

$$Y = Q_1 Q_0$$

(2) 将驱动方程代入 JK 触发器的特性方程,得状态方程为

$$\begin{cases} Q_1^{n+1} = J_1 \overline{Q_1} + \overline{K_1} Q_1 = (x \oplus Q_0)\overline{Q_1} + \overline{x \oplus Q_0} Q_1 = x \oplus Q_0 \oplus Q_1 \\ Q_0^{n+1} = J_0 \overline{Q_0} + \overline{K_0} Q_0 = \overline{Q_0} \end{cases}$$

(3) 列出电路的状态转换表如表 5-6 所示。

表 5-6 例 5-2 的状态转换表

x	Q_1	Q_0	Q_1^{n+1}	Q_0^{n+1}	Y
0	**0**	**0**	**0**	**1**	**0**
0	**0**	**1**	**1**	**0**	**0**
0	**1**	**0**	**1**	**1**	**0**
0	**1**	**1**	**0**	**0**	**1**
1	**0**	**0**	**1**	**1**	**0**
1	**0**	**1**	**0**	**0**	**0**
1	**1**	**0**	**0**	**1**	**0**
1	**1**	**1**	**1**	**0**	**1**

(4) 根据状态转换表列出状态表,设状态 $S_0 = 00, S_1 = 01, S_2 = 10, S_3 = 11$,得状态表如表 5-7 所示。因输出只和现态有关,故单独一列列出,此表为摩尔型电路的状态表。

表 5-7 例 5-2 的状态表

S^{n+1} $\quad x$ S	**0**	**1**	Y
S_0	S_1	S_3	**0**
S_1	S_2	S_0	**0**
S_2	S_3	S_1	**0**
S_3	S_0	S_2	**1**

（5）由表 5-7 可以画出状态图，如图 5-8 所示。

（6）由状态图 5-8 可见，当外部输入 $x=0$ 时，每来四个时钟脉冲，电路的状态依次经过 S_0，S_1，S_2，S_3 回到 S_0，即按 **00→01→10→11→00** 规律变化，当状态从 **11** 向 **00** 转换时，在输出端产生一个进位脉冲信号。可见，此时电路实现四进制加法计数器的功能。

当 $x=1$ 时，每来四个时钟脉冲，电路的状态依次经过 S_0，S_3，S_2，S_1 回到 S_0，状态按 **00→11→10→01→00** 规律变化，当状态从 **00** 向 **11** 转换时，在输出端产生一个借位脉冲信号。可见，此时电路实现四进制减法计数器的功能。

所以，该电路是一个同步四进制可逆计数器。x 为加/减控制信号，Y 为进位、借位输出。电路的时序图如图 5-9 所示。

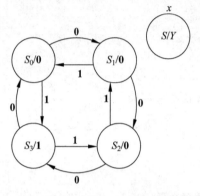

图 5-8　例 5-2 的状态图

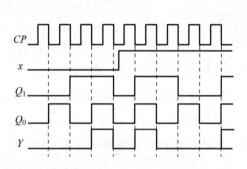

图 5-9　例 5-2 的时序图

【**例 5-3**】　分析如图 5-10 所示电路的逻辑功能。

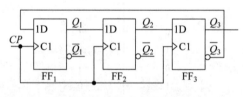

图 5-10　例 5-3 逻辑电路

解：这是一个由三个 D 触发器组成的时序电路，电路没有外部输入和外部输出，所以该时序电路是同步摩尔型时序电路。

（1）电路的驱动方程为

$$D_3 = Q_2$$
$$D_2 = Q_1$$
$$D_1 = \bar{Q}_3$$

（2）将驱动方程代入 D 触发器的特性方程，得状态方程为

$$Q_3^{n+1} = D_3 = Q_2$$
$$Q_2^{n+1} = D_2 = Q_1$$
$$Q_1^{n+1} = D_1 = \bar{Q}_3$$

（3）根据状态方程列出状态转换表，如表 5-8 所示。

表 5-8　例 5-3 的状态转换表

Q_3	Q_2	Q_1	Q_3^{n+1}	Q_2^{n+1}	Q_1^{n+1}
0	0	0	0	0	1
0	0	1	0	1	1
0	1	0	1	0	1
0	1	1	1	1	1
1	0	0	0	0	0
1	0	1	0	1	0
1	1	0	1	0	0
1	1	1	1	1	0

（4）根据状态转换表画出状态图，如图 5-11 所示。

（5）由状态图可以看出，图中左边的序列为格雷码计数序列，称为有效序列。若电路进入 $Q_3Q_2Q_1=010$ 或 $Q_3Q_2Q_1=101$ 状态时，电路进入一个无效的循环中，无法自动返回正常的计数序列，必须通过复位才能正常工作，这种情况称为电路无自启动能力。因此，该电路是一个不能自启动的六进制格雷码计数器。电路的时序图如图 5-12 所示。

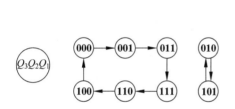

图 5-11　例 5-3 的状态图

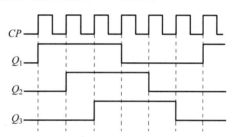

图 5-12　例 5-3 的时序图

【提示】　例 5-3 没有列出状态表，直接从状态转换表得到状态图。

【例 5-4】　分析如图 5-13 所示时序电路的逻辑功能。

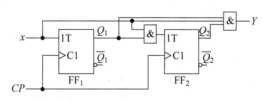

图 5-13　例 5-4 的逻辑电路

解：由图 5-13 可知，该电路是由两个 T 触发器和两个"与"门组成的米里型同步时序电路。

（1）电路的输出方程和驱动方程为

$$Y = xQ_1Q_2$$

$$\begin{cases} T_1 = x \\ T_2 = xQ_1 \end{cases}$$

（2）将驱动方程式代入 T 触发器的特性方程，求出电路的状态方程。

$$Q_1^{n+1} = T_1 \oplus Q_1 = x \oplus Q_1$$
$$Q_2^{n+1} = T_2 \oplus Q_2 = (xQ_1) \oplus Q_2$$

（3）根据状态方程和输出方程列出电路的状态转换表，如表 5-9 所示。

表 5-9　例 5-4 的状态转换表

x	Q_2	Q_1	Q_2^{n+1}	Q_1^{n+1}	Y
0	0	0	0	0	0
0	0	1	0	1	0
0	1	0	1	0	0
0	1	1	1	1	0
1	0	0	0	1	0
1	0	1	1	0	0
1	1	0	1	1	0
1	1	1	0	0	1

（4）根据状态转换表列出状态表，设 $S_0 = 00$，$S_1 = 01$，$S_2 = 10$，$S_3 = 11$，如表 5-10 所示。

表 5-10　例 5-4 的状态表

S^{n+1}/Y ＼ x ＼ S	0	1
S_0	$S_0/0$	$S_1/0$
S_1	$S_1/0$	$S_2/0$
S_2	$S_2/0$	$S_3/0$
S_3	$S_3/0$	$S_0/1$

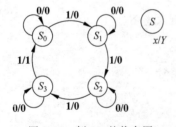

图 5-14　例 5-4 的状态图

根据状态表画出状态图，如图 5-14 所示。

（5）由图 5-14 所示状态图可知，若把 x 作为时序电路的控制输入端，当 $x = 0$ 时，时序电路的状态将停留在原状态不变，输出也不变，即 $Y = 0$；当 $x = 1$ 时，每来四个时钟脉冲，电路就输出一个进位脉冲，因此本时序电路是一个四进制可控加法计数器。

在逻辑电路的分析过程中，首先应根据给定的逻辑电路，分析电路组成，从而判断属于哪种逻辑电路，进而采用正确的分析方法进行分析。在分析过程中也要根据电路的实际情况，合理选择各种逻辑功能的描述方法。

5.3　同步时序电路的设计

时序电路的设计，也称为时序电路的综合，就是根据给定的逻辑功能要求，选择适当的逻辑器件，设计出符合设计要求的最简时序电路。

5.3.1 同步时序电路的设计方法

1. 同步时序电路的设计步骤

同步时序电路设计的一般步骤如图 5-15 所示。

（1）建立原始状态表。通常，所要设计的同步时序电路的逻辑功能是通过文字、图形或波形来描述的，首先必须将它们变换成规范的状态图或状态表。这种直接从文字描述得到的状态图或状态表称为原始状态图或原始状态表。

具体做法是：首先根据设计要求，确定输入变量、输出变量及电路应包含的状态数，然后定义输入、输出逻辑状态和每个电路状态的含义，最后按照设计要求建立原始状态图，进而建立原始状态表（也可直接建立原始状态表）。

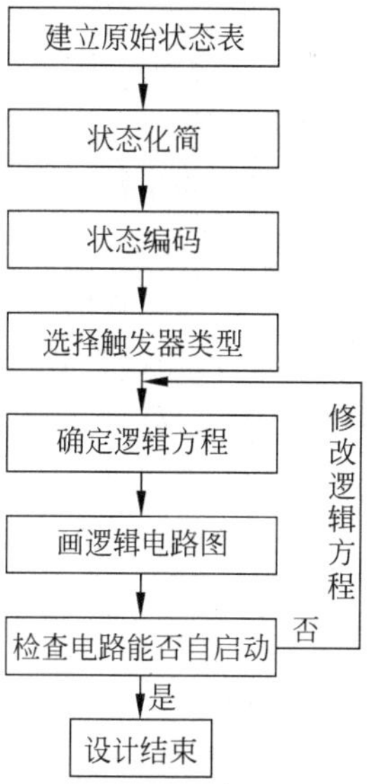

（2）状态化简。原始状态表（或图）中可能包含多余的状态，消除多余状态的过程称为状态化简。状态化简是建立在等价状态基础上的。如果两个状态在相同的输入条件下有同样的输出，并转换到同一个次态，那么这两个状态就称作等价状态。显然等价状态是重复的，可以合并成一个状态。合并等价状态可以削去多余的状态，以便建立最简状态表（或图）。

（3）状态编码。给最简状态表中的每一个状态指定一个特定的二进制代码，形成编码状态表的过程称为状态编码，也称为状态分配。编码方案不同，设计出的时序电路结构也就不同。

图 5-15　同步时序电路的一般设计步骤

（4）选择触发器类型。不同触发器的驱动方式不同，选用不同的触发器设计出的时序电路是不一样的。因此，在设计具体时序电路之前，必须选定触发器的类型。

（5）确定逻辑方程。根据编码状态表和选定的触发器类型，写出时序电路的状态方程、驱动方程和输出方程。

（6）画逻辑电路图。根据得到的驱动方程和输出方程，画出逻辑电路图。

（7）检查电路能否自启动。有些同步时序电路设计中会出现没用的无效状态，当电路上电后可能会进入这些无效状态而无法退出。因此，同步时序电路设计的最后一步必须检查所设计的电路能否进入有效状态，即是否具有自启动的能力。如果不能自启动，则需修改逻辑方程，再根据修改后的逻辑方程画逻辑电路图。

2. 建立原始状态表

从文字描述的设计要求建立原始状态表是同步时序电路设计的第一步，是后面所有设计工作的基础。但迄今为止，还没有一个系统的方法可以遵循，主要依赖设计者的经验和对设计任务的理解。

建立原始状态表，实质上就是要确定电路应具备哪些状态及如何进行状态转换，进而得到设计者要求的输入、输出时序关系。因此在建立原始状态图（或表）时，应关注的是正确性，尽可能不要遗漏任何一个状态，至于状态是否多余，此时不必注意。

常用的建立原始状态表的方法是：

（1）分析给定的设计要求，确定输入变量和输出变量。

（2）先假定一个初态，从这个初态开始，每加入一个输入，就可以确定其次态（该次态可能是已有现态本身，也可能是已有的另一个状态，或者是一个新的状态）和输出。这个过程一直继续下去，直到每个现态向其次态的转换都被考虑到，且不再构成新的状态为止。这样就建立了所需的原始状态图。

（3）根据原始状态图建立原始状态表。

【例 5-5】 试列出一个逢五进一的可逆同步计数器的状态表。

解：逢五进一的计数器显然应具有五个状态，分别用 A、B、C、D、E 表示，用来记住所输入的计数脉冲个数。可逆计数器既可累加又可累减，故需要设定一个控制信号 x，并假定 $x=0$ 时进行累加计数，$x=1$ 时进行累减计数。

假定该计数器的初始状态为 A，则在 $x=0$ 时，输入一个计数脉冲，计数器的状态由 A 转换到 B，且输出为 0；再输入一个计数脉冲，计数器的状态由 B 转换到 C，输出为 0，以此类推，当输入第五个计数脉冲后，计数器的状态由 E 状态返回到初始状态 A，并使输出为 1；当 $x=1$ 时，计数器按上述相反方向改变状态，并在累减五个计数脉冲后，回到初始状态 A。通过以上分析，可以画出本例的原始状态图，如图 5-16 所示，根据状态图列出状态表，如表 5-11 所示。

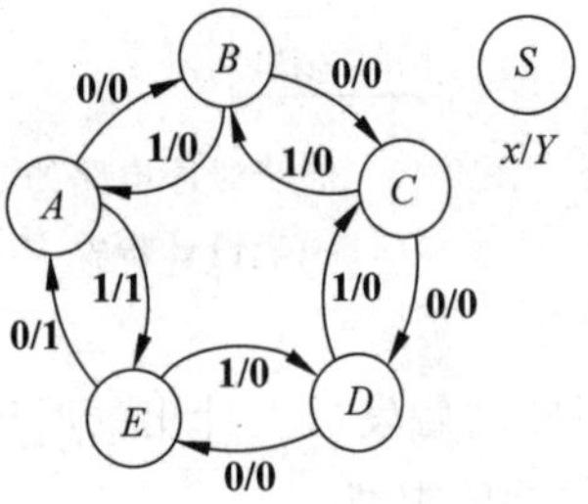

表 5-11　例 5-5 的状态表

图 5-16　例 5-5 的状态图

S^{n+1}/Y＼x＼S	0	1
A	$B/0$	$E/1$
B	$C/0$	$A/0$
C	$D/0$	$B/0$
D	$E/0$	$C/0$
E	$A/1$	$D/0$

【例 5-6】 试列出111序列检测器的状态表。

解：根据设计要求，电路应有一个串行输入端 x，用来输入信号序列；一个串行输出端 Y，用来指示对 111 序列的检测结果。输入和输出之间的关系是输入连续的 111 时，输出为 1，其余情况输出均为 0。则有

输入序列 x：0　1　1　1

输出序列 Y：0　0　0　1

对应状态 S：A　B　C　D

设初态为 A，若第一个输入为 $x=0$，不属于要检测的序列，电路停留在状态 A 上；若 $x=1$，电路从状态 A 转入状态 B。在状态 B 下，若 $x=0$，电路返回状态 A；若 $x=1$，电路从状态 B 转入状态 C。在状态 C 下，若 $x=0$，电路返回状态 A；若 $x=1$，电路从状态 C 转入状态 D。在 D 状态下，若 $x=0$，电路返回状态 A；若 $x=1$，电路状态停留在状态 D。根据分析结果可画出状态图，如图 5-17 所示。

由状态图可作出状态表如表 5-12 所示。

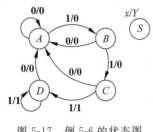

图 5-17 例 5-6 的状态图

表 5-12 例 5-6 状态表

S^{n+1}/Y 　　　　　x		
S	0	1
A	$A/0$	$B/0$
B	$A/0$	$C/0$
C	$A/0$	$D/1$
D	$A/0$	$D/1$

【**例 5-7**】 有一代码检测器,用以检测串行输入的 8421 码,其输入的顺序是先低位后高位,当出现无效码(即输入 1010,1011,1100,1101,1110,1111)时,电路的输出为 1。试建立该代码检测器的原始状态图和原始状态表。

解:根据设计要求,该电路有一个输入 x 和一个输出 Y。由于输入的 8421 码是先低位后高位,因此,在判断输入码是否为无效码时,也应从低位到高位检测各位的输入值。设状态 A 为初始状态;状态 B 和状态 C 表示最低一位代码分别取 0 和 1 两种情况;状态 D,E,F,G 分别表示低两位代码的四种不同取值,即 00~11;状态 H,I,J,K,L,M,N,P 分别表示低三位代码的八种不同取值,即 000~111。

当 x 输入的第四位代码到来时,电路即可对输入码进行判断,若出现无效码,检测器输出为 1,否则为 0。当 4 位代码检测完成后,应能返回原始状态 A,以便下一组代码的检测。根据分析结果,可得到原始状态图,如图 5-18 所示。

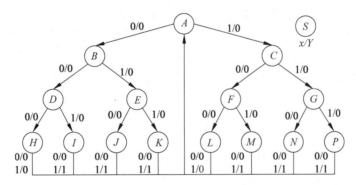

图 5-18 例 5-7 的原始状态图

由原始状态图可转换出原始状态表,如表 5-13 所示。

表 5-13 例 5-7 的原始状态表

S^{n+1}/Y 　　　　　x		
S	0	1
A	$B/0$	$C/0$
B	$D/0$	$E/0$
C	$F/0$	$G/0$
D	$H/0$	$I/0$
E	$J/0$	$K/0$

续表

S^{n+1}/Y $\diagdown$ x S	0	1
F	L/0	M/0
G	N/0	P/0
H	A/0	A/0
I	A/0	A/1
J	A/0	A/1
K	A/0	A/1
L	A/0	A/0
M	A/0	A/1
N	A/0	A/1
P	A/0	A/1

在时序电路的设计过程中,原始状态表的建立方法并不是唯一的,只要能够正确建立原始状态表(图),即使比较复杂的方法也没有关系,因为在后续的状态化简中,多余的状态就会被消掉。

3. 状态化简

建立原始状态表时,为避免状态遗漏,可能会引入多余的状态。为了使设计出的电路更简单,就必须将原始状态表中的多余状态消除掉。消除多余状态的过程称为状态化简。

时序电路的状态表有完全定义和不完全定义两种类型。完全定义的状态表中,状态和输出值都是完全确定的。不完全定义状态表中,部分次态和输出值不能完全确定,需要在设计中逐步加以确定。下面以完全定义状态表的化简为例,介绍状态表的化简方法。

完全定义状态表的化简可以通过合并等价状态来实现。在介绍具体的化简方法之前,先介绍几个概念。

(1) 等价状态:是指能满足以下条件的两个状态 S_i 和 S_j,记为 $\{S_i, S_j\}$。

① 在各种输入取值下,输出完全相同。

② 在各种输入取值下,次态满足下列条件之一:

- 两个次态完全相同;
- 两个次态为其现态本身或交错;
- 两个次态为状态对循环中的一个状态对;
- 两个次态的某一后续状态对可以合并。

(2) 等价状态的传递性:若状态 S_i 和 S_j 等价,状态 S_j 和 S_m 等价,则状态 S_i 必和 S_m 等价,记为 $\{S_i, S_j\}\{S_j, S_m\} \rightarrow \{S_j, S_m\}$。

(3) 等价类:是指彼此等价的状态构成的集合。如,若有 $\{S_i, S_j\}$ 和 $\{S_j, S_m\}$,则有等价类 $\{S_i, S_j, S_m\}$。

(4) 最大等价类:不能被其他任何等价类包含的等价类。

状态表化简的根本任务就是从原始状态表中找出最大等价类,并用一个状态代替。确定最大等价类最常用的方法是隐含表法。

隐含表是一种斜边为阶梯形的直角三角形表格。该表格两个直角边上的方格数目相等,等于原始状态数减1。隐含表的纵向由上到下、横向从左到右均按照原始状态表中的状态顺序标注,但纵向"缺头",横向"少尾"。表中的每个小方格用来表示相应的状态对之间是否存在等价关系。如图 5-19 所示就是根据具有 A、B、C、D、E 这五个状态的原始状态表作出的隐含表。

利用隐含表化简完全定义状态表的步骤如下:

(1) 构造隐含表,并在表中每个方格中标明相应状态对是否等价。

① 状态对肯定不等价的,在隐含表相应方格中标注"×";

② 状态对肯定等价的,在隐含表相应方格中标注"√";

③ 状态对条件等价的,在隐含表相应方格中标注等价条件。

(2) 顺序比较。先将隐含表中所有的状态按照一定顺序对照原始状态表逐一进行比较,并将比较结果按上面的约定标注在隐含表中每一个小方格内。

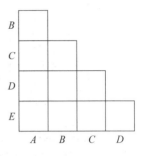

图 5-19 隐含表的画法

(3) 关联比较。追查填有等价条件的那些方格,若发现所填的等价条件肯定不能满足,就在该方格右上角加一个"×"。

(4) 确定原始状态表的最大等价类。从隐含表的最右边开始,逐列检查各个小方格,凡是未打"×"的方格,都代表一个等价状态对。彼此等价的几个状态可合并到一个等价类中,最终形成若干个最大等价类。如果有的状态没有包含在任何一个最大等价类中,则该状态自己就是一个最大等价类。

(5) 建立最简状态表。将每个最大等价类用一个状态来代替,将这种替代关系应用于原始状态表,并删除多余行,就得到了最简状态表。

【例 5-8】 试化简表 5-14 所示的原始状态表。

表 5-14 例 5-8 的原始状态表

S^{n+1}/Y $\qquad x$ S	0	1
A	$C/0$	$B/1$
B	$F/0$	$A/1$
C	$D/0$	$G/0$
D	$D/1$	$E/0$
E	$C/0$	$E/1$
F	$D/0$	$G/0$
G	$C/1$	$D/0$

解:(1) 作隐含表如图 5-20 所示。

(2) 顺序比较。从原始状态表中可看出,状态 C 和状态 F 在 $x=0$ 和 $x=1$ 时,它们的输出及次态均相等,因此 C 和 F 是等价状态对,在隐含表中 C 和 F 交叉的方格中画"√"。此外,A、B 等价的条件是 C、F 等价,A、E 等价的条件是 B、E 等价,B、E 等价的条件是 A、E 和 C、F 分别等价,D、G 等价的条件是 C、D 和 D、E 分别等价。将这些等价条件分别填入隐含表中对应的小方格。剩余的状态对均为不等价的状态对,在图中对应的小方格中画"×"。

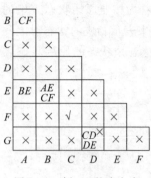

图 5-20　例 5-8 的隐含表

（3）关联比较。状态对 A、B 等价的条件是 C、F 等价，而 C、F 的确是等价状态对，因此 A、B 等价的条件满足。同理，状态对 A、E 和状态对 B、E 等价的条件也满足；状态对 D、G 等价的条件是 C、D 和 D、E 分别等价，但是从图 5-20 可以看出，C、D 和 D、E 均不等价，因此，D、G 等价条件不满足，D、G 不等价，在相应小方格的右上角加"×"。

（4）确定原始状态表的最大等价类。隐含表中未打"×"的方格都代表一个等价状态对。根据图 5-20 可以得到全部等价对：$\{A,B\}$、$\{A,E\}$、$\{B,E\}$、$\{C,F\}$。因此可得到最大等价类 $\{A,B,E\}$、$\{C,F\}$、$\{D\}$、$\{G\}$。

（5）建立最简状态表。令 $a=\{G\}$，$b=\{C,F\}$，$c=\{A,B,E\}$，$d=\{D\}$，并将这种替代关系应用于表 5-14 所示的原始状态表，便可得到其最简状态表，如表 5-15 所示。

表 5-15　例 5-8 的最简状态表

S^{n+1}/Y ╲ x S	0	1
a	$b/1$	$d/0$
b	$d/0$	$a/0$
c	$b/0$	$c/1$
d	$d/1$	$c/0$

【提示】　在进行同步时序电路设计时，若所建立的原始状态表较简单时，可以直接采用观察法对状态表进行化简。

4．状态编码

建立最简状态表后，要设计的同步时序电路所需的状态数 N 就被确定下来，进而电路所需要的触发器个数 K 也被确定下来，K 和 N 应满足下列关系

$$2^{K-1} < N \leqslant 2^K \tag{5-4}$$

状态编码是给最简状态表中用字母表示的 N 个状态分别指定一个二进制代码的过程，该代码就是这 K 个触发器的状态组合。一般而言，采用的编码方案不同，设计出的时序电路的复杂程度也不同。状态编码的主要任务有两个：一是根据设计所要求的状态数，确定触发器的个数；二是找到一种合适的状态编码方案，使依据该方案所设计的时序电路最简。

当状态数 N 和触发器的个数（即二进制代码的位数）K 确定以后，状态编码的方案数 M 也被确定下来，即

$$M = \frac{2^K!}{(2^K - N)!} \tag{5-5}$$

M 的数目将随着 K 的增加而急剧增大。在这种情况下，想要对全部编码方案进行一一对比，从中选取最佳方案是十分困难的。因此，在实际工作中常采用经验法，按一定原则进行状态编码，来获得接近最佳的方案。其基本思想是：在选择状态编码时，尽可能使状态和输出函数在卡诺图上 **1** 方格的分布为相邻，以便形成更大的包围圈，从而有利于状态函数和输出函数的化简。

状态编码依据的原则为:

(1) 相同输入条件下,次态相同,现态应给予相邻编码。所谓相邻编码,就是指各二进制代码中只有一位代码不同。

(2) 在不同输入条件下同一现态的各个次态编码应相邻。

(3) 输出相同,现态编码应相邻。

【例 5-9】 对表 5-16 所示的状态表进行状态编码。

图 5-16 例 5-9 的状态表

S^{n+1}/Y $\quad x$ S	0	1
A	C/0	D/0
B	C/0	A/0
C	B/0	D/0
D	A/1	B/1

解:状态 $A \sim D$ 的编码确定过程如下:

根据编码原则(1),状态 A 和 B,A 和 C 应分别给予相邻编码。

根据编码原则(2),状态 C 和 D,A 和 C,B 和 D,A 和 B 应分别给予相邻编码。

根据编码原则(3),状态 A,B 和 C 应分别给予相邻编码。

综合上面的分析结果,状态 A 和 B,A 和 C,一定要取相邻编码,可利用卡诺图表示上述相邻要求的状态编码方案,如图 5-21 所示。

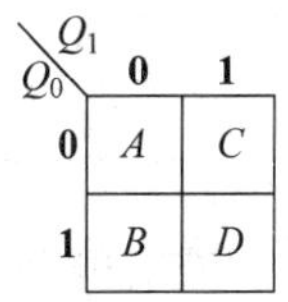

Q_1 Q_0	0	1
0	A	C
1	B	D

图 5-21 例 5-9 的状态分配方案

这样就可以确定 $A \sim D$ 的状态编码方案

$$A = 00, B = 01, C = 10, D = 11$$

代入表 5-16,可得到如表 5-17 所示的编码状态表。需要指出的是,该编码方案不是唯一的。

表 5-17 例 5-9 的编码状态表

$Q_1^{n+1}Q_0^{n+1}/Y$ $\quad x$ Q_1Q_0	0	1
00	10/0	11/0
01	10/0	00/0
10	01/0	11/0
11	00/1	01/1

5.3.2 同步时序电路设计举例

【例 5-10】 用门电路和 D 触发器设计一个同步串行加法器,实现最低位在前的两个串行二进制整数相加,输出为最低位在前的两个数之和。

解:(1)建立原始状态表。设 x_1 和 x_2 为加数和被加数的串行输入,Y 为两数之和的串行输出。两数相加的结果有两种可能：一种是无进位，一种是有进位。故电路需要两个内部状态，即无进位状态和有进位状态，分别设为 a 和 b。建立的原始状态图如图 5-22 所示。

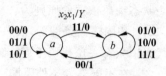

图 5-22　例 5-10 的状态图

由图 5-22 可以得到原始状态表，如表 5-18 所示。

表 5-18　例 5-10 的状态表

S^{n+1}/Y ⟍ $x_2 x_1$ S	00	01	10	11
a	$a/0$	$a/1$	$a/1$	$b/0$
b	$a/1$	$b/0$	$b/0$	$b/1$

（2）状态化简。由表 5-18 可知，该状态表不能再化简，为最简状态表。

（3）状态编码。电路有两个状态，故选一个触发器，设 $a=0$，$b=1$，代入表 5-18 得编码状态表，如表 5-19 所示。

表 5-19　例 5-10 的编码状态表

Q^{n+1}/Y ⟍ $x_2 x_1$ Q	00	01	11	10
0	$0/0$	$0/1$	$1/0$	$0/1$
1	$0/1$	$1/0$	$1/1$	$1/0$

（4）求出电路的驱动方程和输出方程。表 5-19 中的 $x_2 x_1$ 和 Q 已经按格雷码排列，所以可将其看作卡诺图，通过化简得到状态方程和输出方程

$$Q^{n+1} = x_2 x_1 + x_2 Q + x_1 Q$$

$$Y = x_1 \oplus x_2 \oplus Q$$

由于 D 触发器的特性方程为 $Q^{n+1}=D$，所以驱动方程为

$$D = x_2 x_1 + x_2 Q + x_1 Q$$

（5）画出逻辑电路图，如图 5-23 所示。

（6）检查电路能否自启动。由电路的状态图 5-22 可知，电路中所有的状态都在有效序列中，所以电路能够自启动。

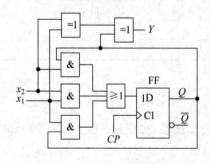

图 5-23　例 5-10 的逻辑电路图

【例 5-11】　用 JK 触发器和门电路设计一个 111 序列检测器，以检测输入的信号序列是否为连续的 111。

解：（1）根据例 5-6 的分析可知，该电路的输入变量为 x，输出变量为 Y。原始状态表的建立可以按照例 5-6 中介绍的方法，也可按照下面的方法建立。

设该电路的初始状态为 A，根据题意列出电路在不同 x 序列输入下的状态变化规律及输出 Y 的值，也

就是电路的原始状态图,如图 5-24 所示。

设电路的初始状态为 A,若输入 $x=0$,则电路进入状态 B,且输出 $Y=0$;若输入 $x=1$,则电路进入状态 C,且输出 $Y=0$。当电路进入状态 C 时,若 $x=0$,则电路进入状态 F,且 $Y=0$;若 $x=1$,则电路进入状态 G,且输出 $Y=0$。当电路进入 G 状态时,若 $x=0$,则电路进入 F 状态,且 $Y=0$;若 $x=1$,则电路进入状态 G,且输出 $Y=1$,因为此时输入的 x 序列就是所要检测的序列 **111**。值得注意的是,在电路的状态为 B、C 时,电路根据输入为 **0** 或 **1**,分别转向状态 D、E、F、G。由于检测序列 **111** 的长度为 **3** 位,因此电路只需要记忆前面两个时刻的输入情况即可,这样,当第三个输入到达时,就可判断其结果是否为所要检测的序列。因此,不需要再设新的状态。

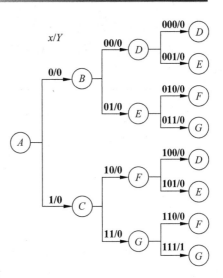

图 5-24　例 5-11 的原始状态图

根据图 5-24 可以建立该电路的原始状态表,如表 5-20 所示。

表 5-20　例 5-11 的原始状态表

S^{n+1}/Y ＼ x ＼ S	0	1
A	$B/0$	$C/0$
B	$D/0$	$E/0$
C	$F/0$	$G/0$
D	$D/0$	$E/0$
E	$F/0$	$G/0$
F	$D/0$	$E/0$
G	$F/0$	$G/1$

(2) 根据表 5-20 绘制如图 5-25 所示的隐含表。由隐含表可以得到全部等价对:$\{A,B\}$、$\{A,D\}$、$\{A,F\}$、$\{B,D\}$、$\{B,F\}$、$\{C,E\}$、$\{D,F\}$。最大等价类为 $\{A,B,D,F\}$、$\{C,E\}$、$\{G\}$。

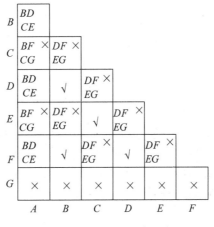

图 5-25　例 5-11 的隐含表

令 $a=\{A,B,D,F\}$, $b=\{C,E\}$, $c=\{G\}$, 并将这种替代关系应用于表 5-20 所示的原始状态表, 便可得到最简状态表, 如表 5-21 所示。可见, 例 5-6 得出的状态表并非最简。

表 5-21　例 5-11 的最简状态表

S^{n+1}/Y ⟍ x S	0	1
a	$a/0$	$b/0$
b	$a/0$	$c/0$
c	$a/0$	$c/1$

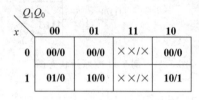

图 5-26　例 5-11 的状态/输出卡诺图

（3）最简状态表中有三个状态, 应选用两个触发器。根据编码规则, 状态 a 和 b, a 和 c 一定要取相邻编码, 这样确定的 a、b、c 状态编码方案为: $a=00$, $b=01$, $c=10$。

（4）根据表 5-21 和状态编码方案画出电路的状态/输出卡诺图（相当于编码状态表）, 如图 5-26 所示。

将图 5-26 所示卡诺图分解成 Q_1^{n+1}、Q_0^{n+1} 和输出 Y 的三个卡诺图, 如图 5-27(a)、(b)、(c)所示, 利用卡诺图可求得各触发器的状态方程和输出方程。

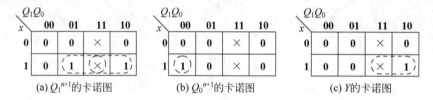

(a) Q_1^{n+1}的卡诺图　　(b) Q_0^{n+1}的卡诺图　　(c) Y的卡诺图

图 5-27　例 5-11 的卡诺图分解

由图 5-27 可得电路的状态方程、输出方程

$$Q_1^{n+1} = xQ_1 + xQ_0 = xQ_1 + xQ_0(Q_1+\bar{Q}_1) = xQ_0\bar{Q}_1 + xQ_1$$

$$Q_0^{n+1} = x\bar{Q}_1\bar{Q}_0 = x\bar{Q}_1\bar{Q}_0 + \bar{1} \cdot Q_0$$

$$Y = xQ_1$$

将状态方程与 JK 触发器的特性方程相比较, 便可得到驱动方程

$$\begin{cases} J_1 = xQ_0 & K_1 = \bar{x} \\ J_0 = x\bar{Q}_1 & K_0 = 1 \end{cases}$$

（5）根据驱动方程和输出方程可以画出本例的逻辑电路图, 如图 5-28 所示。

（6）电路的状态图如图 5-29 所示。由图可知, 当电路进入无效状态 11 后, 若 $x=0$, 则电路转入 00 状态; 若 $x=1$, 则电路转入 10 状态。因此, 所设计的电路能够自启动。

【例 5-12】　设计一个饮料自动售货机的逻辑电路。它的投币口每次只能投入一枚五角或一元的硬币, 投入一元五角硬币后机器自动给出一杯饮料; 投入两元（两枚一元）硬币后, 在给出饮料的同时自动找回一枚五角的硬币。

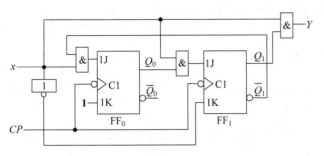

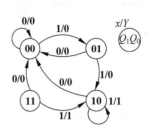

图 5-28 例 5-11 的逻辑电路图   图 5-29 例 5-11 的状态图

解：(1) 取投币信号为输入逻辑变量，投入一枚一元硬币时用 $A=1$ 表示，未投入时用 $A=0$ 表示；投入一枚五角硬币时用 $B=1$ 表示，未投入时用 $B=0$ 表示。给出饮料和找钱为两个输出变量，分别以 Y、Z 表示，给出饮料时 $Y=1$，未给出时 $Y=0$；找回一枚五角硬币时 $Z=1$，不找回时 $Z=0$。

假定通过传感器产生的投币信号（$A=1$ 或 $B=1$）在电路转入新的状态时也随之消失，否则将被误认为是再一次投币的信号。

设未投币前电路的初始状态为 S_0，投入五角硬币以后为 S_1，投入一元硬币（包括投入一枚一元硬币或两枚五角硬币的情况）以后为 S_2。再投入一枚五角硬币后电路返回 S_0，同时输出为 $Y=1$、$Z=0$；如果投入的是一枚一元硬币，则电路也应返回 S_0，同时输出为 $Y=1$、$Z=1$。根据以上分析，可以画出如图 5-30 所示的原始状态图。

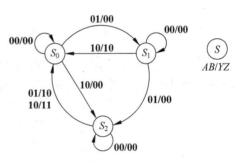

图 5-30 例 5-12 的原始状态图

由图 5-30 可以列出原始状态表，如表 5-22 所示。

表 5-22 例 5-12 的状态表

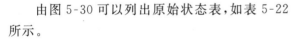

S^{n+1}/YZ ＼ AB ／ S	00	01	10	11
S_0	$S_0/00$	$S_1/00$	$S_2/00$	$\times/\times\times$
S_1	$S_1/00$	$S_2/00$	$S_0/10$	$\times/\times\times$
S_2	$S_2/00$	$S_0/10$	$S_0/11$	$\times/\times\times$

因为正常工作时不会出现 $AB=11$ 的情况，所以与之相关的项可以作为无关项处理。

(2) 由表 5-22 可知，该状态表不能再化简，为最简状态表。

(3) 根据以上分析可知，电路有三个状态，故选用两个触发器。设 $S_0=00$、$S_1=01$、$S_2=10$，代入表 5-22，即可得到编码状态表，如表 5-23 所示。

表 5-23　例 5-12 的编码状态表

$Q_1^{n+1}Q_0^{n+1}/YZ$ \ AB \ Q_1Q_0	00	01	10	11
00	00/00	01/00	10/00	×/××
01	01/00	10/00	00/10	×/××
10	10/00	00/10	00/11	×/××

(4) 因为设计要求中没有对触发器的选择做具体规定，在本例中选用 D 触发器完成该时序电路设计。根据表 5-23 可以画出电路的状态/输出卡诺图，如图 5-31 所示。

Q_1Q_0 \ AB	00	01	11	10
00	00/00	01/00	××/××	10/00
01	01/00	10/00	××/××	00/10
11	××/××	××/××	××/××	××/××
10	10/00	00/10	××/××	00/11

图 5-31　例 5-12 电路状态/输出卡诺图

将图 5-31 所示卡诺图分解成 Q_1^{n+1}、Q_0^{n+1}、Y 和 Z 四个卡诺图，如图 5-32(a)、(b)、(c)、(d)所示，利用卡诺图可求得各触发器的状态方程和输出方程。

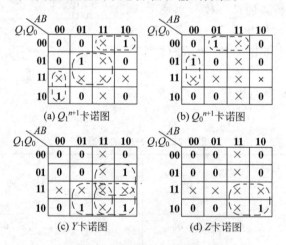

(a) Q_1^{n+1}卡诺图　(b) Q_0^{n+1}卡诺图

(c) Y卡诺图　(d) Z卡诺图

图 5-32　例 5-12 的卡诺图分解

由图 5-32 可得电路的状态方程、输出方程

$$Q_1^{n+1} = Q_1\overline{A}\overline{B} + \overline{Q}_1\overline{Q}_0A + Q_0B$$

$$Q_0^{n+1} = \overline{Q}_1\overline{Q}_0B + Q_0\overline{A}\overline{B}$$

$$Y = Q_1B + Q_1A + Q_0A$$

$$Z = Q_1A$$

将状态方程与 D 触发器的特性方程相比较，便可得到驱动方程

$$D_1 = Q_1\overline{A}\overline{B} + \overline{Q}_1\overline{Q}_0A + Q_0B$$

$$D_0 = \overline{Q}_1 \overline{Q}_0 B + Q_0 \overline{A}\overline{B}$$

（5）根据驱动方程和输出方程可画出本例的逻辑电路图，如图 5-33 所示。

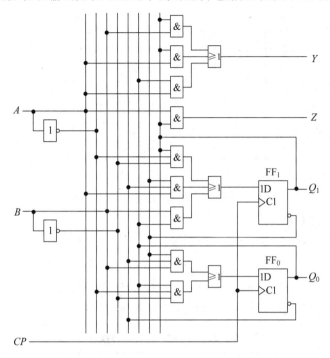

图 5-33 例 5-12 的逻辑电路图

（6）电路的状态图如图 5-34 所示。由图可知，当电路进入无效状态 **11** 后，在没有输入信号的情况下（即 $AB = 00$ 时）不能自行返回有效循环，所以不能自启动。当 $AB = 01$ 或 $AB = 10$ 时，电路在时钟信号作用下，虽然能返回有效循环中，但收费结果是错误的。因此，在开始工作时应将电路置为 **00** 状态。

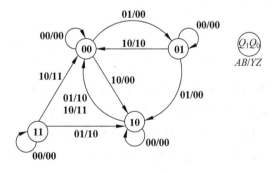

图 5-34 例 5-12 的状态图

*5.4 异步时序电路

5.4.1 异步时序电路的分析

异步时序电路的分析步骤和同步时序电路的分析步骤基本相同，但因为异步时序电路没有统一的时钟信号来控制所有存储电路的状态变化，因此，分析时应特别注意状态变化与时钟的一一对应关系。下面举例来说明异步时序电路的分析方法。

【例 5-13】 分析图 5-35 所示时序电路的逻辑功能。

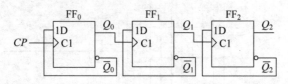

图 5-35　例 5-13 的电路图

解：(1)电路的时钟方程为

$$CP_2 = Q_1, \quad CP_1 = Q_0, \quad CP_0 = CP$$

驱动方程为

$$D_2 = \overline{Q}_2, \quad D_1 = \overline{Q}_1, \quad D_0 = \overline{Q}_0$$

(2)电路的状态方程为

$$Q_2^{n+1} = D_2 = \overline{Q}_2, CP_2(即 Q_1)上升沿有效$$
$$Q_1^{n+1} = D_1 = \overline{Q}_1, CP_1(即 Q_0)上升沿有效$$
$$Q_0^{n+1} = D_0 = \overline{Q}_0, CP_0(即 CP)上升沿有效$$

(3)根据状态方程列出时序电路的状态转换表，如表 5-24 所示。

表 5-24　例 5-13 的状态转换表

Q_2	Q_1	Q_0	Q_2^{n+1}	Q_1^{n+1}	Q_0^{n+1}	CP_2	CP_1	CP_0
0	0	0	1	1	1	↑	↑	↑
0	0	1	0	0	0	—	↓	↑
0	1	0	0	0	1	↓	↑	↑
0	1	1	0	1	0	—	↓	↑
1	0	0	0	1	1	↑	↑	↑
1	0	1	1	0	0	—	↓	↑
1	1	0	1	0	1	↓	↑	↑
1	1	1	1	1	0	—	↓	↑

　　在根据状态方程计算时，还要依据各触发器的时钟方程来确定触发器的时钟脉冲信号是否有效。如果有效，可按照状态方程计算出触发器的次态；如果无效，则触发器将保持原来的状态不变。例如，当电路的现态为 $Q_2Q_1Q_0 = 010$ 时，由状态方程计算出的电路次态为 $Q_2^{n+1}Q_1^{n+1}Q_0^{n+1} = 101$。如果 CP 出现一个上升沿，由时钟方程可知，CP_0 为上升沿，CP_0 有效，触发器 FF_0 的状态 Q_0 由 0 变到 1；当 Q_0 由 0 变到 1 时，CP_1 为上升沿，CP_1 有效，触发器 FF_1 的状态 Q_1 由 1 变到 0；当 Q_1 由 1 变到 0 时，CP_2 为下降沿，CP_2 无效，触发器 FF_2 保持原状态不变，即 Q_2 仍为 0。因此，电路的实际次态为 $Q_2^{n+1}Q_1^{n+1}Q_0^{n+1} = 001$。

　　(4)根据表 5-24 画出状态图和时序图，分别如图 5-36、图 5-37 所示。

　　(5)由状态图可以看出，在时钟脉冲 CP 的作用下，电路的八个状态按递减规律循环变化，电路具有递减计数功能，是一个摩尔型的 3 位二进制异步减法计数器，且具有自启动功能。

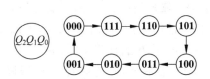

图 5-36　例 5-13 的状态图

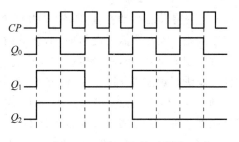

图 5-37　例 5-13 的时序图

5.4.2　异步时序电路的设计

异步时序电路中各触发器状态的改变不是同时进行的,因而在设计异步时序电路时,要为各个触发器选择合适的时钟脉冲信号。下面举例来说明异步时序电路的设计方法。

【例 5-14】　试设计一个异步六进制加法计数器。

解：（1）建立如图 5-38 所示的状态图。本设计中状态数目和编码方案是确定的,因此可略去状态化简和状态编码两步。

电路具有六个状态,因此在设计中应选用三个触发器,这里选用三个 CP 上升沿触发的 D 触发器来实现设计。根据状态图 5-38 可以画出电路的时序图,如图 5-39 所示。

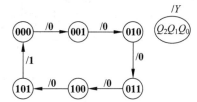

图 5-38　例 5-14 的状态图

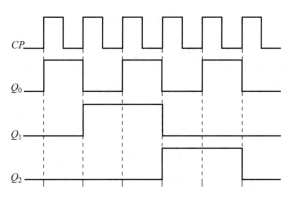

图 5-39　例 5-14 的时序图

（2）根据状态图 5-38 可以得到状态转换表,如表 5-25 所示。

表 5-25　例 5-14 的状态转换表

Q_2	Q_1	Q_0	Q_2^{n+1}	Q_1^{n+1}	Q_0^{n+1}	Y	CP_2	CP_1	CP_0
0	0	0	0	0	1	0	0	0	1
0	0	1	0	1	0	0	0	1	1
0	1	0	0	1	1	0	0	0	1
0	1	1	1	0	0	0	1	1	1
1	0	0	1	0	1	0	0	0	1
1	0	1	0	0	0	1	1	0	1

（3）要获得最简驱动方程，首先要为每个触发器选择适当的时钟脉冲。选择时钟脉冲的基本原则是：触发器需要翻转时，必须有时钟有效沿到达（$CP=1$），且触发沿越少越好。

从时序图 5-39 可知，每当电路状态变化，触发器 FF_0 都要翻转。因此，只有使用外部输入时钟才能满足触发器 FF_0 的翻转要求，故触发器 FF_0 选用外部时钟信号 CP；CP_1 选用 CP、$\bar{Q}_0$ 都可以，但依据触发沿最少的要求，应选择 $\bar{Q}_0$；FF_2 从 **0** 翻转到 **1** 时，Q_1 和 $\bar{Q}_1$ 都无法满足触发条件，因此 CP_2 只能选 CP、$\bar{Q}_0$，同样考虑触发沿最少，应选择 $\bar{Q}_0$。根据以上分析，可以得到电路的时钟方程为

$$CP_0 = CP, \quad CP_1 = \bar{Q}_0, \quad CP_2 = \bar{Q}_0$$

根据表 5-25 画出电路输出信号和各触发器的次态卡诺图，如图 5-40 所示。

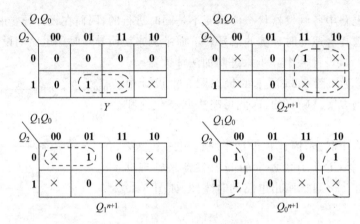

图 5-40　例 5-14 的卡诺图

画卡诺图时要注意的是，除了可将无效状态的最小项作为任意项处理外，在输入 CP 到来后且电路状态变化时，不具备时钟条件的触发器的现态所对应的最小项，也可以当作任意项来处理。本例中，因为 CP_1 和 CP_2 选用的是 $\bar{Q}_0$，凡是 $\bar{Q}_0$ 不变或由 **1** 变到 **0** 的最小项 **000**、**010**、**100** 也作为任意项处理。由卡诺图 5-40 可以求得电路的输出方程、状态方程

$$Y = Q_2 Q_0$$
$$Q_2^{n+1} = Q_1$$
$$Q_1^{n+1} = \bar{Q}_2 \bar{Q}_1$$
$$Q_0^{n+1} = \bar{Q}_0$$

将状态方程与 D 触发器的特性方程 $Q^{n+1}=D$ 进行比较，可获得电路的驱动方程

$$D_2 = Q_1$$
$$D_1 = \bar{Q}_2 \bar{Q}_1$$
$$D_0 = \bar{Q}_0$$

（4）将无效状态 **110** 和 **111** 代入状态方程求其次态，其结果表明电路能够自启动。完整的状态图如图 5-41 所示。

（5）根据时钟方程、输出方程及驱动方程，可以画出本例的逻辑电路图，如图 5-42 所示。

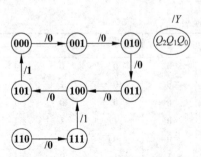

图 5-41　例 5-14 的完整状态图

【提示】　在异步时序电路的设计中，时钟脉冲 CP

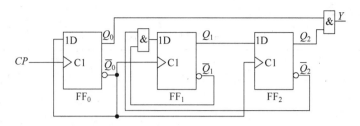

图 5-42 例 5-14 的逻辑电路图

也可以看作是触发器的另一个输入端。

5.5 常用时序逻辑电路

在实际工作中,最常用的时序逻辑电路是寄存器、计数器、顺序脉冲发生器等,它们与各种组合电路一起可以构成逻辑功能极其复杂的数字系统。目前,人们根据需要设计了很多种类的中规模集成时序电路定型产品,可以一片或多片扩展构成所需的功能模块,应用于多种数字装置中。下面主要介绍寄存器和计数器的结构、类型、特点及逻辑功能。

5.5.1 寄存器

寄存器是用来暂时存放一组二进制数码的逻辑电路,广泛应用于数字系统中。寄存器具有清除数码、接收数码、存放数码和传送数码等功能,由具有存储功能的触发器和门电路组合起来构成。因为一个触发器只能存储一位二进制数码,所以存储 N 位二进制数码的寄存器需要用 N 个触发器组成。按逻辑功能的不同,寄存器可分为数码寄存器和移位寄存器。

1. 数码寄存器

数码寄存器又称为基本寄存器或数据寄存器,只能并行送入数码,需要时也只能并行输出。对数码寄存器中的触发器,只要求它具有置 **1**、置 **0** 的功能即可,因此,不论是同步 RS 触发器,还是主从结构或边沿触发的触发器,都可以构成数码寄存器。

图 5-43 所示是由四个边沿 D 触发器组成的 4 位集成寄存器 74LS175 的逻辑电路图。其中,$\bar{R}_D$ 是异步置 **0** 端,$D_3 \sim D_0$ 是并行数据输入端,CP 为时钟控制端,$Q_3 \sim Q_0$ 是并行数据输出端。

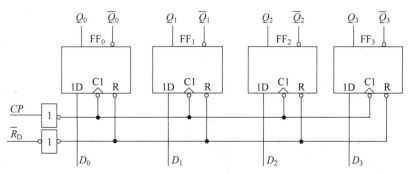

图 5-43 74LS175 的逻辑电路图

74LS175 的功能如表 5-26 所示。

表 5-26　74LS175 的功能表

$\overline{R}_D$	CP	D_3	D_2	D_1	D_0	Q_3^{n+1}	Q_2^{n+1}	Q_1^{n+1}	Q_0^{n+1}	工作状态
0	$\times$	$\times$	$\times$	$\times$	$\times$	**0**	**0**	**0**	**0**	异步置零
1	↑	D_3	D_2	D_1	D_0	D_3	D_2	D_1	D_0	送数
1	1	$\times$	$\times$	$\times$	$\times$	Q_3	Q_2	Q_1	Q_0	保持
1	0	$\times$	$\times$	$\times$	$\times$	Q_3	Q_2	Q_1	Q_0	保持

当 $\overline{R}_D=0$ 时,寄存器异步置零。无论寄存器中原来的内容是什么,只要 $\overline{R}_D=0$,就立即将 4 个 D 触发器都复位到 **0** 状态。

当 $\overline{R}_D=1$ 时,在 CP 上升沿送数。无论寄存器中原来存储的数码是什么,当 $\overline{R}_D=1$ 时,在 CP 上升沿到来时刻,加在并行输入端的数码 $D_3 \sim D_0$ 马上被并行送入到寄存器中。寄存器的输出数据可以并行从 $Q_3 \sim Q_0$ 端引出,即 $Q_3^{n+1} Q_2^{n+1} Q_1^{n+1} Q_0^{n+1} = D_3 D_2 D_1 D_0$,实现并行输入、并行输出的功能。

当 $\overline{R}_D=1$,CP 为上升沿以外的时间,寄存器内容保持不变,即各个输出端的状态与输入无关。

2. 移位寄存器

移位寄存器不仅具有存储数码的功能,而且存储的数码还能在移位脉冲(时钟脉冲)的作用下,依次向左或向右移动。因此,移位寄存器不但可以用来存储数码,还可以用来实现数据的串行-并行转换、数值的运算及数据处理等。根据移位方式不同,移位寄存器可分为单向移位寄存器和双向移位寄存器两类。

1) 单向移位寄存器

单向移位寄存器又分为左移移位寄存器和右移移位寄存器,图 5-44 所示是用四个边沿 D 触发器构成的 4 位右移移位寄存器。电路中 D_1 为外部串行输入端,在触发脉冲作用下将数据依次移入寄存器;D_O 为串行输出端;$Q_0 \sim Q_3$ 为并行输出端。

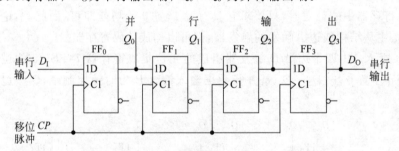

图 5-44　用 D 触发器构成的 4 位右移移位寄存器

图 5-44 所示电路中各触发器的驱动方程为

$$D_3 = Q_2$$
$$D_2 = Q_1$$
$$D_1 = Q_0$$
$$D_O = D_1$$

(5-6)

将驱动方程式(5-6)代入 D 触发器的特性方程可得到状态方程

$$Q_3^{n+1} = Q_2$$
$$Q_2^{n+1} = Q_1$$
$$Q_1^{n+1} = Q_0 \qquad\qquad (5-7)$$
$$Q_0^{n+1} = D_1$$

通过状态方程式(5-7)可以看出,在 CP 脉冲作用下,外部串行输入 D_1 移入 Q_0,Q_0 移入 Q_1,Q_1 移入 Q_2,Q_2 移入 Q_3,总的效果相当于移位寄存器原有数据依次右移一位。根据状态方程可列出如表 5-27 所示的状态转换表。

表 5-27　4 位右移移位寄存器的状态转换表

D_1	CP	Q_0	Q_1	Q_2	Q_3	Q_0^{n+1}	Q_1^{n+1}	Q_2^{n+1}	Q_3^{n+1}
1	↑	0	0	0	0	1	0	0	0
1	↑	1	0	0	0	1	1	0	0
1	↑	1	1	0	0	1	1	1	0
1	↑	1	1	1	0	1	1	1	1
0	↑	1	1	1	1	0	1	1	1
0	↑	0	1	1	1	0	0	1	1
0	↑	0	0	1	1	0	0	0	1
0	↑	0	0	0	1	0	0	0	0

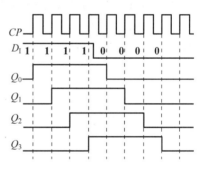

图 5-45　4 位右移移位寄存器的时序图

从表 5-27 可看出,当寄存器经过四个 CP 脉冲后,依次输入的 4 位数据全部移入了移位寄存器中,这种依次输入数据的方式称为串行输入方式,每输入一个脉冲,数据向右移动一位。若数据由 $Q_0 \sim Q_3$ 同时输出,则为并行输出方式;若数据由 Q_3 端逐次输出,则为串行输出方式。图 5-45 是表 5-27 中串行输入情况下的时序图。

图 5-46 所示为 4 位左移移位寄存器,其工作原理与右移移位寄存器无本质区别,只是连接相反,所以移位方向变为由右向左。

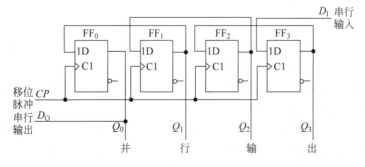

图 5-46　用 D 触发器构成的 4 位左移移位寄存器

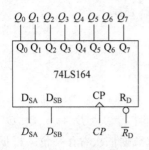

图 5-47　74LS164 的简易图形符号

集成的单向移位寄存器产品很多,这里以比较典型的 8 位单向移位寄存器 74LS164 为例,做简单介绍。

8 位单向移位寄存器 74LS164 的简易图形符号如图 5-47 所示。图中,D_{SA}、D_{SB} 为串行数据输入端,实际使用时把它们连接在一起,即 $D_S = D_{SA} \cdot D_{SB}$；$CP$ 是移位脉冲,当 CP 信号为上升沿时,数据右移一位；$\overline{R}_D$ 是异步清零输入端,低电平有效；$Q_0 \sim Q_7$ 是并行数据输出端,同时 Q_7 也是串行数据输出端。

74LS164 的功能见表 5-28。

表 5-28　74LS164 的功能表

$\overline{R}_D$	$D_{SA} \cdot D_{SB}$	CP	Q_0^{n+1}	Q_1^{n+1}	Q_2^{n+1}	Q_3^{n+1}	Q_4^{n+1}	Q_5^{n+1}	Q_6^{n+1}	Q_7^{n+1}	工作状态
0	×	×	0	0	0	0	0	0	0	0	异步置零
1	×	0	Q_0	Q_1	Q_2	Q_3	Q_4	Q_5	Q_6	Q_7	保持
1	1	↑	1	Q_0	Q_1	Q_2	Q_3	Q_4	Q_5	Q_6	输入一个 1
1	0	↑	0	Q_0	Q_1	Q_2	Q_3	Q_4	Q_5	Q_6	输入一个 0

由表 5-28 可知,74LS164 具有以下功能:

当 $\overline{R}_D = \mathbf{0}$,74LS164 异步置零。

当 $\overline{R}_D = \mathbf{1}$、$CP = \mathbf{0}$时,74LS164 保持状态不变,$Q_i^{n+1} = Q_i (i=0 \sim 7)$。

当 $\overline{R}_D = \mathbf{1}$、$CP$ 的上升沿到来时,将加在 $D_S = D_{SA} \cdot D_{SB}$ 端的二进制数码依次送入 74LS164 中。状态方程为

$$\begin{cases} Q_0^{n+1} = D_{SA} \cdot D_{SB} \\ Q_1^{n+1} = Q_0 \\ Q_2^{n+1} = Q_1 \\ Q_3^{n+1} = Q_2 \\ Q_4^{n+1} = Q_3 \\ Q_5^{n+1} = Q_4 \\ Q_6^{n+1} = Q_5 \\ Q_7^{n+1} = Q_6 \end{cases} \qquad (5\text{-}8)$$

2) 双向移位寄存器

综合左移和右移移位寄存器电路,若增加移位方向控制信号和控制电路,就可以构成双向移位寄存器。为了方便扩展逻辑功能和增加使用的灵活性,在定型生产的移位寄存器集成电路上还附加了异步清零、状态保持、数据并行输入和并行输出等功能。图 5-48 所示的 74LS194A 就是一个典型的 4 位双向移位寄存器。

74LS194A 由四个触发器 FF_0、FF_1、FF_2、FF_3 和各自的输入控制电路组成。图中的 D_{IR} 为数据右移串行输入端；D_{IL} 为数据左移串行输入端；$D_0 \sim D_3$ 为数据并行输入端；$Q_0 \sim Q_3$ 为数据的并行输出端；移位寄存器的工作状态由控制端 S_0 和 S_1 的状态指定；$\overline{R}_D$ 是异步清零输入端,低电平有效；CP 是移位脉冲。74LS194A 的简易图形符号如图 5-49 所示。

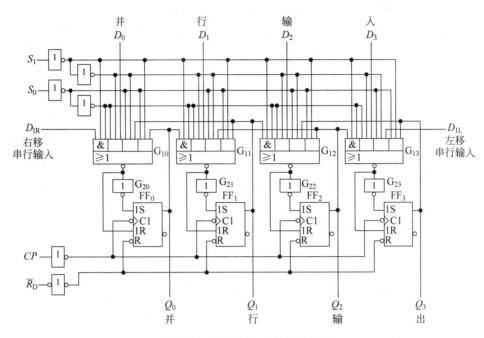

图 5-48 74LS194A 的逻辑电路图

图 5-48 中,当 $\overline{R}_D = 0$ 时,所有触发器将同时置 **0**,而且置 **0** 操作不受其他输入端状态的影响;只有当 $\overline{R}_D = 1$ 时,74LS194A 才能正常工作。现以第二位触发器 FF_1 为例,分析一下当 $\overline{R}_D = 1$,S_0、S_1 取不同值时移位寄存器的工作状态。由图 5-48 可知,FF_1 的输入控制电路是由"与或非"门 G_{11} 和反相器 G_{21} 组成的一个具有互补输出的 4 选 1 数据选择器。它的互补输出作为 FF_1 的输入信号。

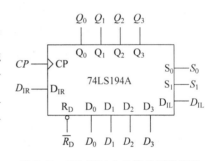

图 5-49 74LS194A 的简易图形符号

当 $S_0 = S_1 = 0$ 时,G_{11} 最右边的输入信号 Q_1 被选中,使触发器 FF_1 的输入为 $S = Q_1$,$R = \overline{Q}_1$。所以当 CP 上升沿到达时,FF_1 被置成 $Q_1^{n+1} = Q_1$。此时寄存器工作在保持状态。

当 $S_0 = 0$,$S_1 = 1$ 时,G_{11} 右边第二个输入信号 Q_2 被选中,使触发器 FF_1 的输入为 $S = Q_2$,$R = \overline{Q}_2$,所以当 CP 上升沿到达时,FF_1 被置成 $Q_1^{n+1} = Q_2$。此时寄存器工作在左移状态。

当 $S_0 = 1$,$S_1 = 0$ 时,G_{11} 最左边的输入信号 Q_0 被选中,使触发器 FF_1 的输入为 $S = Q_0$,$R = \overline{Q}_0$,所以当 CP 上升沿到达时,FF_1 被置成 $Q_1^{n+1} = Q_0$。此时寄存器工作在右移状态。

当 $S_0 = S_1 = 1$ 时,G_{11} 左边第二个输入信号 D_1 被选中,使触发器 FF_1 的输入为 $S = D_1$,$R = \overline{D}_1$,所以当 CP 上升沿到达时,FF_1 被置成 $Q_1^{n+1} = D_1$。此时寄存器处于并行输入状态。

其他三个触发器的工作原理与 FF_1 基本相同,这里不再赘述。根据以上分析,可以列出 4 位双向移位寄存器 74LS194A 的功能表,如表 5-29 所示。

表 5-29   74LS194A 的功能表

$\overline{R}_D$	S_1	S_0	工作状态
0	×	×	异步置零
1	**0**	**0**	保持
1	**0**	**1**	右移
1	**1**	**0**	左移
1	**1**	**1**	并行输入

当一片移位寄存器的位数不够用时,可使用多片移位寄存器进行扩展。图 5-50 所示是用两片 74LS194A 扩展成的八位双向移位寄存器的连接图。只需将两片 74LS194A 的 CP、$\overline{R}_D$、S_0、S_1 分别并联,再将一片的 Q_3 接至另一片的 D_{IR} 端,而另一片的 Q_0 接到这一片的 D_{IL} 端即可。

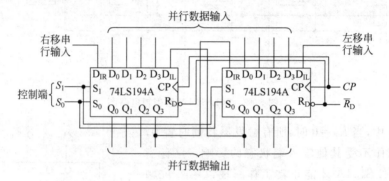

图 5-50   两片 74LS194A 扩展成的 8 位双向移位寄存器

5.5.2   计数器

数字系统中,把记忆输入时钟脉冲个数的操作称为计数,能实现计数操作的电路称为计数器。计数器所能记忆的最大脉冲个数称为计数器的模(计数容量)。除了用于对脉冲的计数外,计数器还可以用于分频、定时、数字运算、产生节拍脉冲和脉冲序列等。

计数器的种类很多,按时钟控制方式的不同可分为异步计数器和同步计数器;按计数器中数字编码方式的不同可分为二进制计数器、二-十进制计数器、格雷码计数器等;按计数器计数容量的不同可分为十进制计数器、十三进制计数器、四十进制计数器等;按计数过程中数值增减的不同可分为加法计数器、减法计数器和可逆计数器。

1. 二进制计数器

当输入计数脉冲到来时,按二进制规律进行计数的电路称为二进制计数器,包括同步二进制计数器和异步二进制计数器两种主要类型。

1) 同步二进制计数器

(1) 同步二进制加法计数器

图 5-51 所示是由三个 JK 触发器构成的 3 位同步二进制加法计数器的逻辑电路图。电路中三个 JK 触发器各自的输入端 J、K 连接在一起构成了 T 触发器应用模式,因此也可以看成是三个 T 触发器构成的 3 位同步二进制加法计数器。图中,CP 是计数脉冲输入端,C 为进位信号输出端。

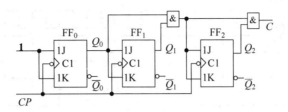

图 5-51　3 位同步二进制加法计数器

由图 5-51 可见,各触发器的驱动方程为

$$J_0 = K_0 = 1$$
$$J_1 = K_1 = Q_0$$
$$J_2 = K_2 = Q_1 Q_0$$

电路的输出方程为

$$C = Q_2 Q_1 Q_0$$

将驱动方程代入 JK 触发器的特性方程得到电路的状态方程

$$Q_0^{n+1} = \overline{Q}_0$$
$$Q_1^{n+1} = \overline{Q}_1 Q_0 + Q_1 \overline{Q}_0$$
$$Q_2^{n+1} = Q_2 \overline{Q}_1 + Q_2 \overline{Q}_0 + \overline{Q}_2 Q_1 Q_0$$

表 5-30 是电路的状态转换表。由表 5-30 可知,每来一个计数脉冲,计数器就加一个 1。随着输入计数脉冲个数的增加,计数器中的数值也增大,当计数器记满,即 $Q_2 Q_1 Q_0 = 111$ 时,再来一个计数脉冲,计数器归零的同时给高位进位,即 $C=1$。

表 5-30　图 5-51 的状态转换表

计数脉冲	电 路 状 态			进位输出
	Q_2	Q_1	Q_0	C
0	0	0	0	0
1	0	0	1	0
2	0	1	0	0
3	0	1	1	0
4	1	0	0	0
5	1	0	1	0
6	1	1	0	0
7	1	1	1	1
8	0	0	0	0

图 5-52 和图 5-53 分别是电路的状态图和时序图。

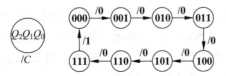

图 5-52　图 5-51 的状态图

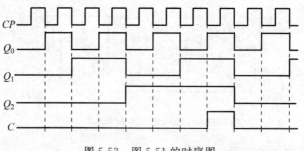

图 5-53　图 5-51 的时序图

由状态图 5-52 可以看出,二进制计数器是一个满足模 $M=2^n$ 的计数器,其中 n 是触发器的个数。又因为每输入 M 个计数脉冲计数器工作一个循环,并在输出端产生一个进位脉冲,所以二进制计数器也可称为 M 进制计数器。

由图 5-53 可以看出,若计数输入脉冲的频率为 f_0,则 Q_0、Q_1、Q_2 端输出脉冲的频率依次为 $\frac{1}{2}f_0$,$\frac{1}{4}f_0$,$\frac{1}{8}f_0$。针对计数器的这种分频功能,也将计数器称为分频器。

(2) 同步二进制减法计数器

图 5-54 所示是由三个 JK 触发器构成的 3 位同步二进制减法计数器的逻辑电路图。同样,也可以由三个 T 触发器构成。图中,CP 是计数脉冲输入端,B 为借位信号输出端。

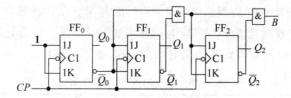

图 5-54　3 位同步二进制减法计数器

由图 5-54 可见,各触发器的驱动方程为

$$J_0 = K_0 = 1$$
$$J_1 = K_1 = \bar{Q}_0$$
$$J_2 = K_2 = \bar{Q}_1\bar{Q}_0$$

电路的输出方程为

$$B = \bar{Q}_2\bar{Q}_1\bar{Q}_0$$

电路的状态方程为

$$Q_0^{n+1} = \bar{Q}_0$$
$$Q_1^{n+1} = \bar{Q}_1\bar{Q}_0 + Q_1 Q_0$$
$$Q_2^{n+1} = Q_2 Q_1 + Q_2 Q_0 + \bar{Q}_2\bar{Q}_1\bar{Q}_0$$

表 5-31 是电路的状态转换表。由表 5-31 可知,每输入一个计数脉冲,计数器减一个 1,当不够减时向高位借位,显然向高位借来的 1 应当作 8,$8-1=7$。因此在表 5-31 中,当状态为 000 时,输入一个计数脉冲,不够减,向高位借 1 当作 8,减 1 后剩 7,计数器的状态由 000 转向 111,同时向高位送出借位信号,即 $B=1$。

图 5-55 是电路的状态图。

表 5-31 图 5-54 的状态转换表

计数脉冲	电 路 状 态			借位输出
	Q_2	Q_1	Q_0	B
0	0	0	0	1
1	1	1	1	0
2	1	1	0	0
3	1	0	1	0
4	1	0	0	0
5	0	1	1	0
6	0	1	0	0
7	0	0	1	0
8	0	0	0	1

异步计数器中各触发器的时钟信号不再统一输入计数脉冲,有的触发器的时钟信号是其他触发器的输出,各触发器输出状态的更新要视有无自己的时钟信号而定。异步计数器较同步计数器电路构成简单,但计数速度低。异步二进制计数器在异步时序电路的分析和设计中,均已进行了介绍,这里就不再赘述。

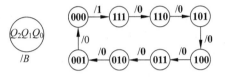

图 5-55 图 5-54 的状态图

2)集成二进制计数器

(1)4 位同步二进制加法计数器

图 5-56 为集成 4 位同步二进制加法计数器 74161 的逻辑电路图。电路除了具有二进制加法计数功能外,还具有预置数、保持和异步置零等功能。

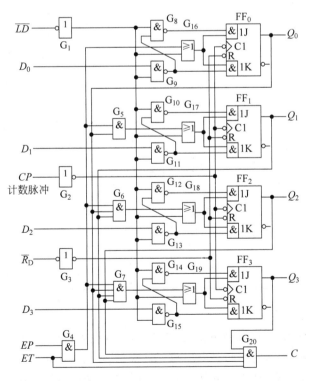

图 5-56 74161 的逻辑电路图

74161 由四个 JK 触发器和一些控制电路组成。图中 $\overline{LD}$ 为预置数控制端,$D_0 \sim D_3$ 为数据输入端,C 为进位输出端,$\overline{R}_D$ 为异步置零端,EP 和 ET 为工作状态控制端。74161 的简易图形符号如图 5-57 所示。

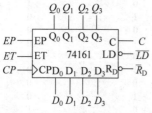

图 5-57　74161 的简易图形符号

由图 5-56 可见,当 $\overline{R}_D = 0$ 时,所有触发器将同时置零,而且置零操作不受其他输入端状态的影响。

当 $\overline{R}_D = 1$,$\overline{LD} = 0$ 时,电路工作在预置数状态。这时 $G_{16} \sim G_{19}$ 门的输出始终是 1。所以触发器 $FF_0 \sim FF_3$ 输入端 J、K 的状态由 $D_0 \sim D_3$ 的状态决定。当 CP 上升沿到达时,预置数 $D_0 \sim D_3$ 被送到输出端 $Q_0 \sim Q_3$,使 $Q_3 Q_2 Q_1 Q_0 = D_3 D_2 D_1 D_0$。

当 $\overline{R}_D = \overline{LD} = 1$,$EP = 0$,$ET = 1$ 时,由于这时 $G_{16} \sim G_{19}$ 门的输出均为 0,即触发器 $FF_0 \sim$ FF_3 均处在 $J = K = 0$ 的状态,因此 CP 信号到达时计数器的状态保持不变,同时 C 的状态也保持不变。如果 $ET = 0$,则 EP 无论为何状态,计数器状态均保持不变,但 $C = 0$。

当 $\overline{R}_D = \overline{LD} = ET = EP = 1$ 时,电路处于计数状态,从 0000 状态开始计数,当连续输入 16 个计数脉冲后,电路将从 1111 状态返回 0000 状态,C 端从 1 跳变到 0。可以利用 C 端输出的高电平或下降沿作为进位输出信号。

74161 的功能表如表 5-32 所示。

表 5-32　74161 的功能表

CP	$\overline{R}_D$	$\overline{LD}$	EP	ET	工作状态
×	0	×	×	×	异步置零
↑	1	0	×	×	预置数
×	1	1	0	1	保持
×	1	1	×	0	保持(但 $C = 0$)
↑	1	1	1	1	模 16 计数

74LS161 在内部电路结构上与 74161 有些区别,但外部引线配置、引脚排列及功能表与 74161 相同。

74LS163 也是 4 位同步二进制加法计数器,除了采用同步置零外,其余的功能与 74LS161 完全相同。图 5-58 是 74LS163 的简易图形符号,其功能如表 5-33 所示。

表 5-33　74LS163 的功能表

CP	$\overline{CR}$	$\overline{LD}$	CT_P	CT_T	工作状态
↑	0	×	×	×	同步置零
↑	1	0	×	×	预置数
×	1	1	0	1	保持
×	1	1	×	0	保持(但 $C = 0$)
↑	1	1	1	1	模 16 计数

(2)同步可逆计数器

既能进行加法计数,又能进行减法计数的计数器,称为可逆计数器或加/减计数器。如图 5-59 所示为 4 位同步二进制可逆计数器 74LS191 的简易图形符号,功能表如表 5-34 所示。这里省略了 74LS191 内部逻辑电路图,仅对其外部功能进行介绍。

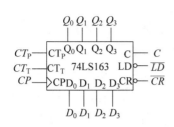

图 5-58 74LS163 的简易图形符号

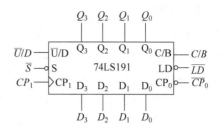

图 5-59 74LS191 的简易图形符号

表 5-34 74LS191 的功能表

CP_1	$\overline{S}$	$\overline{LD}$	$\overline{U}/D$	工作状态
×	1	1	×	保持
×	×	0	×	预置数
↑	0	1	0	模 16 加法计数
↑	0	1	1	模 16 减法计数

$\overline{U}/D$ 是加减控制端,当 $\overline{U}/D=0$ 时,74LS191 做加法计数;当 $\overline{U}/D=1$ 时,74LS191 做减法计数。

$\overline{LD}$ 为预置数控制端,当 $\overline{LD}=0$ 时 74LS191 处于预置数状态,$D_0 \sim D_3$ 被送入计数器中,而不受时钟输入信号 CP_1 的控制。因此,74LS191 是异步预置数。

$\overline{S}$ 是使能控制端,当 $\overline{S}=1$ 时,74LS191 处于保持状态。

C/B 是进位、借位输出端,也称为最大值/最小值输出端。当计数器做加法计数且 $Q_3Q_2Q_1Q_0=1111$ 时,$C/B=1$,有进位输出;当计数器做减法计数且 $Q_3Q_2Q_1Q_0=0000$ 时,$C/B=1$,有借位输出。

$\overline{CP_0}$ 是串行时钟输出端,当 $C/B=1$ 时,在下一个 CP_1 上升沿到达前,$\overline{CP_0}$ 端有一个负脉冲输出。

74LS191 只有一个时钟信号的输入端 CP_1,由 $\overline{U}/D$ 电平决定 74LS191 做加法/减法计数,所以这种计数器称为单时钟同步可逆计数器。

如果加法计数脉冲和减法计数脉冲来自两个不同的脉冲源,则为双时钟可逆计数器,74LS193 是常见的双时钟同步二进制可逆计数器,它的简易图形符号如图 5-60 所示,功能表如表 5-35 所示。其中 CP_U 是加法计数时钟脉冲输入端,CP_D 是减法计数时钟脉冲输入端。

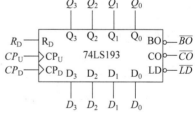

图 5-60 74LS193 的简易图形符号

表 5-35 74LS193 的功能表

CP_U	CP_D	R_D	$\overline{LD}$	工作状态
×	×	1	×	异步置零
×	×	0	0	预置数
↑	1	0	1	模 16 加法计数
1	↑	0	1	模 16 减法计数

$R_D=1$ 时,74LS193 异步置零。

$\overline{LD}$为预置数控制端,当 $R_D=0$,$\overline{LD}=0$ 时 74LS193 处于预置数状态,$D_0 \sim D_3$ 被送入计数器中,与时钟信号 CP 无关。因此,74LS193 是异步预置数。

当 $R_D=0$,$CP_D=1$ 时,74LS193 做加法计数。当加法计数达到最大值,且下一个 CP_U 的上升沿到来时,该计数器返回 0000,同时进位信号输出端 $\overline{CO}$ 输出一个进位脉冲。

当 $R_D=0$,$CP_U=1$ 时,74LS193 做减法计数,当减法计数达到 0000,且下一个 CP_D 的上升沿到来时,该计数器返回 1111,同时借位信号输出端 $\overline{BO}$ 输出一个借位脉冲。

2. 十进制计数器

十进制计数器是在二进制计数器的基础上得到的,也称为二-十进制计数器。最常见的十进制计数器是 8421BCD 十进制计数器。图 5-61 所示电路是由四个 JK 触发器构成的一种同步 8421BCD 十进制计数器的逻辑电路图。

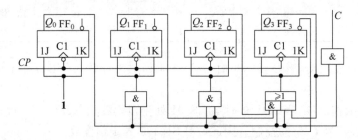

图 5-61　十进制计数器逻辑电路图

由图 5-61 可见,各触发器的驱动方程为

$$J_0 = K_0 = 1$$
$$J_1 = K_1 = Q_0\overline{Q_3}$$
$$J_2 = K_2 = Q_1 Q_0$$
$$J_3 = K_3 = Q_2 Q_1 Q_0 + Q_3 Q_0$$

电路的输出方程为

$$C = Q_3 Q_0$$

电路的状态方程为

$$Q_0^{n+1} = \overline{Q_0}$$
$$Q_1^{n+1} = Q_0\overline{Q_1}\overline{Q_3} + \overline{Q_0\overline{Q_3}}Q_1$$
$$Q_2^{n+1} = Q_0 Q_1 \overline{Q_2} + \overline{Q_0 Q_1}Q_2$$
$$Q_3^{n+1} = (Q_0 Q_1 Q_2 + Q_0 Q_3) \oplus Q_3$$

根据状态方程和输出方程可得该计数器的状态图,如图 5-62 所示。

由图 5-62 可见,计数器最初处于初始状态 0000,当第一个计数脉冲到来时,计数器加 1,进入 0001 状态,以此类推,当第九个计数脉冲到来时,进入 1001 状态,当第十个计数脉冲到来时,计数器回到初始状态 0000,同时产生 1 个进位脉冲,即逢十进一。

74LS160 是一个 8421BCD 同步十进制计数器。其引脚结构与前面介绍的 74161 相同,区别在于当 $\overline{R_D}=\overline{LD}=ET=EP=1$ 时,74LS160 按十进制规律计数,从 0000 到 1001,当电路处于 1001 状态时,进位端 $C=1$。74LS160 的简易图形符号如图 5-63 所示,其功能表如

表 5-36 所示。

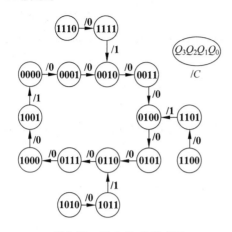

图 5-62 图 5-61 的状态图

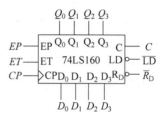

图 5-63 74LS160 的简易图形符号

表 5-36 74LS160 的功能表

CP	$\overline{R}_D$	$\overline{LD}$	EP	ET	工作状态
$\times$	**0**	$\times$	$\times$	$\times$	异步置零
$\uparrow$	**1**	**0**	$\times$	$\times$	预置数
$\times$	**1**	**1**	**0**	**1**	保持
$\times$	**1**	**1**	$\times$	**0**	保持(但 $C=\mathbf{0}$)
$\uparrow$	**1**	**1**	**1**	**1**	模 10 计数

74LS290 是应用较广的一种十进制计数器,它由二进制计数器和五进制计数器两部分构成。除了供电电源共用外,两部分是相互独立的。74LS290 的简易图形符号如图 5-64 所示。其中,R_{01}、R_{02} 为异步置零输入端,S_{91}、S_{92} 为异步置 9 输入端。

74LS290 有以下几种工作模式:

(1) 二进制计数器:以 CP_0 为计数脉冲输入端,Q_0 为计数输出端。

(2) 五进制计数器:以 CP_1 为计数脉冲输入端,Q_3、Q_2、Q_1 为计数输出端。

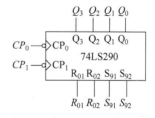

图 5-64 74LS290 的简易图形符号

(3) 8421 码十进制计数器:以 CP_0 为计数脉冲输入端,CP_1 与 Q_0 相连,Q_3、Q_2、Q_1、Q_0 为计数输出端。

(4) 5421 码十进制计数器:以 CP_1 为计数脉冲输入端,CP_0 与 Q_3 相连,Q_3、Q_2、Q_1、Q_0 为计数输出端。

因此,74LS290 又叫作二-五-十进制计数器。74LS290 的功能表如表 5-37 所示。

表 5-37 74LS290 的功能表

CP	$R_{01} \cdot R_{02}$	$S_{91} \cdot S_{92}$	工作状态
$\times$	**1**	**0**	置零
$\times$	**0**	**1**	置 9
$\downarrow$	**0**	**0**	计数

由表 5-37 可见,74LS290 具有以下功能:

(1) 异步置零。当 $R_{01} \cdot R_{02} = 1$,$S_{91} \cdot S_{92} = 0$ 时,74LS290 异步置零,即输出为 **0000**。

(2) 异步置 9。当 $R_{01} \cdot R_{02} = 0$,$S_{91} \cdot S_{92} = 1$ 时,74LS290 异步置 9,即输出为 **1001**。

(3) 计数功能。当 $R_{01} \cdot R_{02} = 0$,$S_{91} \cdot S_{92} = 0$ 时,74LS290 在计数脉冲下降沿作用下进行计数。

3. 任意进制计数器

由于常见的集成计数器一般都是二进制、十进制等几种类型,而不同场合可能需要其他类型的计数器,例如电子钟上就需要十二进制、二十四进制、六十进制的计数器。若要构成其他任意进制计数器,只能利用已有的计数器类型,并增加外电路构成。假定已有 N 进制计数器,要得到 M 进制计数器,有以下两种可能情况。

1) $M < N$ 的情况

当 $M < N$ 时,需要设法让 N 进制计数器自动跳过 $N - M$ 个状态,就可以得到所需的 M 进制计数器。实现这种自动跳跃的方法有置零法(或称复位法)和置数法(或称置位法)两种。

(1) 置零法

置零法适用于具有置零输入端的计数器。如果已有的 N 进制计数器具有异步置零输入端,则采用置零法得到 M 进制计数器的方法是:N 进制计数器从全 **0** 的状态 S_0 开始计数并接收了 M 个计数脉冲后,电路进入 S_M 状态。如果将 S_M 状态译码产生一个置零信号加到异步置零输入端,则计数器将立即返回 S_0 状态。由于电路进入 S_M 状态后立即被置成 S_0 状态,使 S_M 状态仅在极短的瞬间出现,所以在稳定的有效循环中不应包括 S_M 状态。这样就实现了自动跳过 $N - M$ 个状态而得到所需的 M 进制计数器。

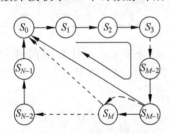

图 5-65 置零法获得任意进制的方法

如果已有的 N 进制计数器具有同步置零输入端,由于置零信号到来后,必须要等到下一个时钟信号到达后才能将计数器置零,这时要得到 M 进制计数器就必须将 S_{M-1} 状态译码输出置零信号,所以 S_{M-1} 状态应包含在 M 进制计数器的稳定状态循环中。图 5-65 是置零法原理示意图。

【例 5-15】 试采用置零法将 74LS161 和 74LS163 分别接成七进制计数器。

解:七进制计数器的有效循环状态为 **0000→0001→……→0110→0000**。74LS161 具有异步置零输入端,需要选取输出状态 **0111** 经译码产生置零信号加到 74LS161 的异步置零输入端即可,如图 5-66 所示。将 Q_2、Q_1、Q_0 接到"与非"门 G_1 的输入端,G_1 的输出端与 74LS161 的异步置零输入端 $\bar{R}_D$ 相连。当 74LS161 进入状态 $Q_3 Q_2 Q_1 Q_0 = $ **0111** 时,G_1 门输出低电平,74LS161 异步置零。**0111** 状态仅在极短的瞬间出现,在稳定的有效循环中不包括 **0111** 状态,也不能用此状态产生进位信号,故进位信号是从 **0110** 状态产生的。

74LS163 具有同步置零输入端,需要选取输出状态 **0110** 经译码产生置零信号加到 74LS163 的同步置零输入端即可,如图 5-67 所示。将 Q_2、Q_1 接到"与非"门 G_1 的输入端,

G_1 的输出端与 74LS163 的同步置零输入端 $\overline{CR}$ 相连。当 74LS163 进入状态 $Q_3Q_2Q_1Q_0 =$ **0110** 时,"与非"门输出低电平,经 G_2 反相后产生进位信号 C。此时 74LS163 不会被立即置零,必须在下一个时钟脉冲到来时才置零,故在稳定的有效循环中应包括 **0110** 状态。

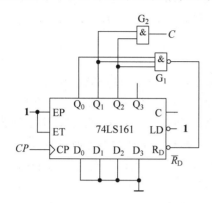
图 5-66　用置零法将 74LS161 接成
七进制计数器

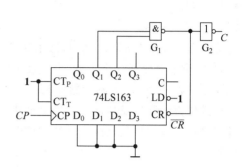
图 5-67　用置零法将 74LS163 接成
七进制计数器

（2）置数法

置数法适用于具有预置数功能的计数器。置数法是通过给计数器重复置入某个数值的方法跳过 $N-M$ 个状态,从而获得 M 进制计数器。置数操作可以在电路的任一状态下进行。具体方法是:使 N 进制计数器从预置状态开始计数,在计满 M 个状态时,产生一个置数控制信号加到预置数端进行置数,使计数器跳过 $N-M$ 个状态获得 M 进制计数器。

对于同步预置数计数器,若预置信号从 S_i 状态译出,必须要等到下一个 CP 信号到来时,才能将数据置入计数器中,因此稳定循环中包含 S_i 状态;对于异步预置数计数器,只要预置信号一出现,立即将数据置入计数器中,不受 CP 信号的影响。因此,预置信号应从 S_{i+1} 状态译出。S_{i+1} 状态只在极短的瞬间出现,稳定循环中不包含此状态。图 5-68 是置数法原理示意图。

【例 5-16】　试采用置数法将 74LS160 接成七进制计数器。

解:由于同步预置数计数器 74LS160 具有十个有效状态,采用置数法时,置数状态可从这十个状态中任选,故实现七进制计数器的方法并不唯一,图 5-69 给出其中的一种方法。

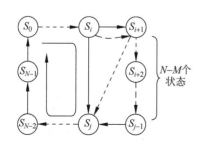
图 5-68　置数法原理示意图

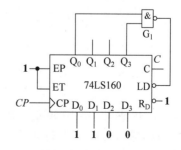
图 5-69　用置数法将 74LS160 接成七进制计数器

选择从 **0011** 状态开始,有效循环状态为 **0011**→**0100**→⋯→**1000**→**1001**,将 Q_3、Q_0 接到 "与非"门 G_1 的输入端,G_1 的输出端与 74LS160 的同步置数输入端 $\overline{LD}$ 相连。当 74LS160 进入状态 $Q_3Q_2Q_1Q_0$=**1001** 时,G_1 输出低电平,此时 74LS160 不会被立即置数,必须在下一个时钟脉冲到来时才置入 **0011** 状态,从而跳过其他的状态,并从 74LS160 的进位输出端产生进位信号 C。

2) $M>N$ 的情况

当 $M>N$ 时,必须将多片 N 进制计数器组合起来,才能形成 M 进制计数器。

如果 M 可分解成两个小于 N 的因数相乘,即 $M=N_1\times N_2$,则可采用串行进位方式或并行进位方式将一个 N_1 进制计数器和一个 N_2 进制计数器连接起来,构成 M 进制计数器。

串行进位方式连接是指低位计数器的进位信号连接到高位计数器的时钟端。

并行进位方式连接是指两个计数器的时钟同时接入计数脉冲,低位进位控制高位的计数使能信号。

如果 M 不能分解成 N_1 和 N_2 的乘积,则要采用整体置零方式或整体置数方式构成 M 进制计数器。

整体置零(或置数)方式的原理与 $M<N$ 时的置零(或置数)法类似,首先用已有的 N 进制计数器连接成一个大于 M 进制的计数器,然后再利用前面介绍的置零(或置数)法实现 M 进制计数器。

【注意】 整体置零方式和整体置数方式对于所有 $M>N$ 的情况都适用。

【例 5-17】 试用两片 74LS160 实现一百进制计数器。

解:因为 $100=10\times10$,因此用两片十进制计数器 74LS160 可以连成一百进制计数器。这里分别采用串行进位方式和并行进位方式来实现,如图 5-70(a)、(b)所示。

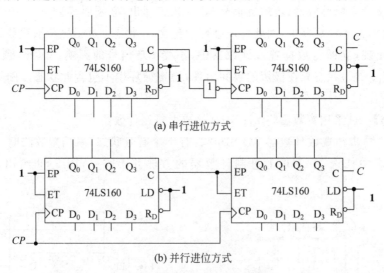

(a) 串行进位方式

(b) 并行进位方式

图 5-70 例 5-17 逻辑电路图

在图 5-70(a)中,两片 74LS160 的 EP 和 ET 端均接高电平,都工作在计数状态。当低位片计到 **1001** 时,输出端 C 变为高电平,经反相器后使高位片的 CP 端为低电平。下一个计数脉冲到达后,低位片计成 **0000**,C 跳回低电平,反相后有正跳变,使高位片计入 **1**。

在图 5-70(b)中,以低位片的输出 C 作为高位片 EP 和 ET 的输入,当低位片每计到 **1001** 时产生进位,使高位片处于计数工作状态,计入 **1**,低位片计成 **0000**。

*5.6　利用 Multisim 分析时序逻辑电路

5.6.1　两位同步二进制计数器的仿真分析

在 Multisim 13.0 中构建如图 5-71 所示的两位同步二进制加法计数器仿真电路。在元件工具栏的 TTL 器件库中选出上升沿触发的 D 触发器 74LS74N、"与"门 74LS08N、"异或"门 74LS86N;从电源/信号源库中选出电压源。同样也可以使用快捷键 Ctrl＋W 调出选用元件对话框,再找出相应的元件。从虚拟仪器工具栏中选出字信号发生器 XWG1、逻辑分析仪 XLA1。

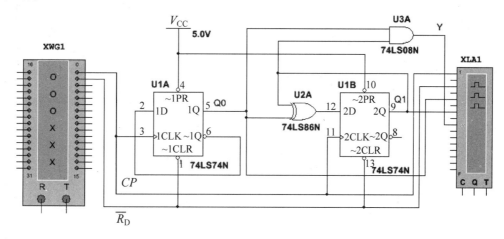

图 5-71　两位同步二进制计数器的仿真电路

双击字信号发生器的图标打开面板图,在字信号编辑区编辑时钟脉冲信号 CP 和直接置 0 信号 $\overline{R}_D$,若以十六进制(Hex)形式,则依次输入 0、2、3、3、2、2、3、3、2、2、3、3、2、2、3、3、2、2 共 18 个字组数据。单击最后一个字组数据进行循环字组信号终止设置(Set Final Position),完成所有字组信号的设置;在 Frequency 区设置输出字信号的频率。

单击字信号发生器面板图 Control 区中的 Brust,电路开始仿真,字信号发生器从第一个字组信号开始逐个字组输出直到终止字组信号。

双击逻辑分析仪 XLA1 图标打开面板图,显示波形图如图 5-72 所示。在面板图的 Clock 选项区,通过 Clocks/Div 框设置每个水平刻度显示的时钟脉冲个数,要与字信号发生器输出字信号的频率相互配合,使屏幕上显示一个计数周期的波形。

图 5-72 所示波形中,从上至下依次为计数时钟脉冲 CP、异步置 0 信号 $\overline{R}_D$、状态输出 Q_0 和 Q_1、进位输出 Y。

由仿真结果可知,$\overline{R}_D＝0$ 时,各触发器初始状态均置 **0**,计数器从 **00** 状态开始计数。$\overline{R}_D＝1$ 期间,在时钟脉冲 CP 作用下完成从 **00→01→10→11** 共四个状态的循环变化,并产生进位输出信号。故该计数器为两位同步二进制加法计数器。

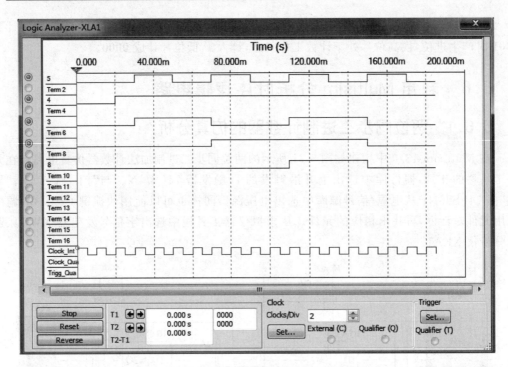

图 5-72　两位同步二进制计数器的仿真波形

5.6.2　用 74LS161N 构成六十进制计数器

1. 并联进位方式

在 Multisim 13.0 中构建并联进位方式的六十进制计数器仿真电路,如图 5-73 所示。在元件工具栏的 TTL 器件库中选出集成计数器 74LS161N、"与非"门 74LS00N、反相器 74LS04N;从电源/信号源库中选出脉冲信号源、电压源及接地端,在指示元件库中选出共阴极 LED 数码显示器,并在 Component 栏中选择颜色。也可以使用快捷键 Ctrl＋W 调出选用元件对话框,再找出相应的元件。

图 5-73 中反相器 U6A 的作用是将 74LS161N 的时钟脉冲触发方式修正为和实际器件一致的上升沿触发。U4 集成计数器 74LS161N 采用置数法构成十进制计数器,U3 集成计数器 74LS161N 采用置零法构成六进制计数器,它们共用一个时钟脉冲信号,用 U5A 及 U6B 形成的进位信号控制高位片 U3 的计数控制端 ENP 及 ENT 进行并联进位。

单击仿真开关,计数器开始计数,在计数时钟脉冲作用下从 00～59 进行六十个状态的循环变化,实现并行进位方式的六十进制加法计数。

2. 串联进位方式

在 Multisim 13.0 中构建串联进位方式的六十进制计数器仿真电路,如图 5-74 所示。图中 U4 集成计数器 74LS161N 采用置数法构成十进制计数器,U3 集成计数器 74LS161N 也采用置数法构成六进制计数器,用 U5A 形成的进位信号作为高位片 U3 的计数脉冲信号进行串联进位。

单击仿真开关,计数器开始计数,在计数时钟脉冲作用下从 00～59 进行六十个状态的循环变化,实现串联进位方式的六十进制加法计数。

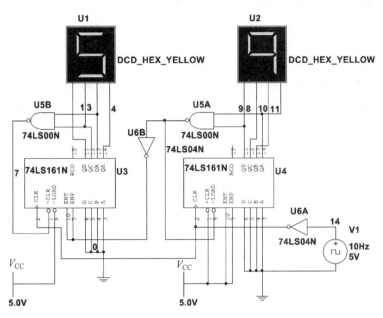

图 5-73 并联进位方式的六十进制计数器仿真电路

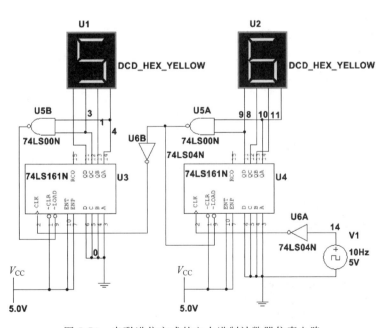

图 5-74 串联进位方式的六十进制计数器仿真电路

*5.7　利用 VHDL 设计时序逻辑电路

本节用 VHDL 对十六进制计数器和移位寄存器进行设计和仿真。

1. 异步清零十六进制计数器的设计及仿真

设异步清零端为 clr，时钟输入端为 clk，输出端为 count。源代码为：

```
library ieee;
use ieee.std_logic_1164.all;
use ieee.std_logic_unsigned.all;
entity counter16 is
port(clk,clr: in std_logic;
    count: out std_logic_vector(3 downto 0));
end counter16;
architecture beha of counter16 is
  signal cnt: std_logic_vector(3 downto 0);
    begin
      process(clk,clr)
        begin
        if clr = '0'then
            cnt <= "0000";
            elsif clk = '1' and clk'event then
            cnt <= cnt + '1';
          end if;
          count <= cnt;
        end process;
end beha;
```

对源代码进行仿真，仿真结果如图 5-75 所示。

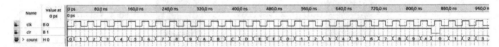

图 5-75　异步清零十六进制计数器的仿真图

2. 8 位移位寄存器的设计及仿真

设 d 为串行输入信号，clk 为时钟脉冲信号，b 为 8 位输出向量。源代码为：

```
library ieee;
use ieee.std_logic_1164.all;
use ieee.std_logic_arith.all;
use ieee.std_logic_unsigned.all;
entity shift8 is
port(d,clk:in std_logic;
      b: out std_logic_vector(7 downto 0));
end entity shift8;
architecture rtl of shift8 is
  signal b_s : std_logic_vector(7 downto 0);
    begin
      process (clk)
        begin
          if rising_edge(clk) then
```

```
            b_s <= b_s(6 downto 0) & d; -- 左移
             -- 或者 b_s <= d & b_s(7 downto 1); -- 右移
          end if;
        b <= b_s;
      end process;
end rtl;
```

对源代码进行仿真,仿真结果如图 5-76 所示。

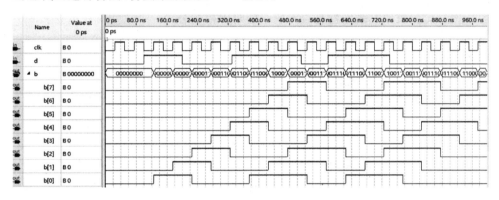

图 5-76　移位寄存器的仿真图

本章小结

本章介绍了时序逻辑电路的相关知识,主要讲述了如下内容。

(1) 时序电路的特点是当前时刻的输出不仅与当前时刻的输入有关,还与电路的原状态有关,因此时序电路是有记忆功能的逻辑电路,由组合电路和存储电路两部分组成,其中存储电路一般由若干个触发器构成。描述时序电路的逻辑功能有多种方法,包括逻辑表达式、状态转换表、状态表、状态图和时序图等。

(2) 同步时序电路分析的关键是要求出电路的输出方程、驱动方程和状态方程,进而做出状态转换表、状态图或时序图,依据这些描述方法来分析电路的逻辑功能。

(3) 同步时序电路设计的关键是能正确建立原始状态表(图),并能通过化简获得最简状态表,再依据最简状态表进行状态编码,然后合理选择触发器类型,并根据编码后的状态转换表求出电路的驱动方程和输出方程,最终画出逻辑电路图,并检查电路是否能够自启动,如无法自启动,则需要修正设计。

(4) 异步时序电路的分析与设计步骤,与同步时序电路的分析与设计步骤基本相同,但是因为异步时序电路没有统一的时钟信号来控制所有存储电路的状态变化,因此,分析时应特别注意状态变化与时钟的对应关系。

(5) 寄存器分为数码寄存器和移位寄存器两种,移位寄存器又分为单向移位寄存器和双向移位寄存器。集成移位寄存器使用方便、功能全、输入和输出方式灵活。用移位寄存器不仅可以寄存数码,还可以实现数据的串行-并行转换、数据运算等功能。

(6) 计数器是数字系统最常用的时序逻辑器件。计数器的基本功能是对输入时钟脉冲进行累加或累减计数,此外还可用于分频、定时、产生节拍脉冲、数字运算等。常用的集成计数器有二进制计数器、十进制计数器等,利用这些集成计数器可以实现任意进制的计数器。

习题

1. 填空题

(1) 时序电路由_____电路和_____电路两部分组成。描述时序逻辑电路的三组方程分别是_____、_____、_____。

(2) 时序电路按照其触发器是否有统一的时钟控制分为_____时序电路和_____时序电路。

(3) 在设计同步时序电路时,对原始状态表化简的目的是_____。

(4) 时序电路中,等价状态是指在相同的输入条件下,产生_____,且转向_____。

(5) 寄存器按照寄存功能的不同可分为_____寄存器和_____寄存器。

(6) 某寄存器由 D 触发器构成,有四位代码要存储,则此寄存器必须有_____个触发器。

(7) 计数器的基本功能是_____和_____。

(8) 集成计数器的模值是一定的,可以采用_____法和_____法改变它们的模值。

(9) 按计数进制的不同,可将计数器分为_____、_____和 N 进制计数器等类型。

(10) 按计数过程中数值的增减来分,可将计数器分为_____、_____和_____三种。

2. 选择题

(1) 从电路结构上看,时序电路必须含有_____。
  A. 门电路   B. 存储电路   C. RC 电路   D. 译码电路

(2) 同步时序电路和异步时序电路比较,其差异在于后者_____。
  A. 没有触发器   B. 没有统一的时钟脉冲控制
  C. 没有稳定状态   D. 输出只与内部状态有关

(3) 关于时序逻辑电路的特点,下列叙述正确的是_____。
  A. 电路任一时刻的输出只与当时输入信号有关
  B. 电路任一时刻的输出只与电路原来状态有关
  C. 电路任一时刻的输出与输入信号和电路原来状态均有关
  D. 电路任一时刻的输出与输入信号和电路原来状态均无关

(4) 摩尔型时序逻辑电路的输出_____。
  A. 仅与输入有关   B. 仅与电路现态有关
  C. 与输入和电路现态均有关   D. 与输入和电路现态均无关

(5) N 个触发器可以构成寄存_____位二进制数码的寄存器。
  A. $N-1$ B. N C. $N+1$ D. $2N$

(6) N 个触发器可以构成最大计数长度(进制数)为_____的计数器。
  A. N B. $2N$ C. N^2 D. 2^N

(7) 4 位二进制加法计数器正常工作时,从 **0000** 状态开始计数,经过四十三个输入计数脉冲后,计数器的状态是_____。
  A. **0011**   B. **1011**   C. **1010**   D. **1101**

（8）可以用来实现并/串转换和串/并转换的器件是_____。

    A. 移位寄存器   B. 全加器   C. 译码器   D. 计数器

（9）由两个模数分别为 M_1 和 M_2 的计数器串联而构成的计数器，其总模数为_____。

    A. $M_1 + M_2$ B. $M_1 \times M_2$ C. $M_1 - M_2$ D. $M_1 \div M_2$

（10）下列电路不属于时序逻辑电路的是_____。

    A. 数码寄存器   B. 编码器   C. 触发器   D. 可逆计数器

3．分析如图 5-77 所示电路，写出它的驱动方程、状态方程和输出方程，列出状态表并画出状态图。

4．分析如图 5-78 所示电路，写出它的驱动方程、状态方程和输出方程，列出状态表并画出状态图。

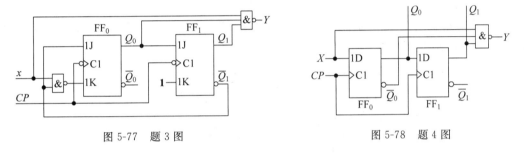

图 5-77 题 3 图   图 5-78 题 4 图

5．试分析如图 5-79 所示时序电路逻辑功能，要求列出电路的驱动方程、输出方程、状态方程，画出状态图和时序图。

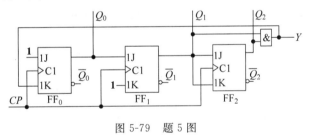

图 5-79 题 5 图

6．试分析如图 5-80 所示时序电路逻辑功能，要求列出电路的驱动方程、输出方程、状态方程，画出状态图。

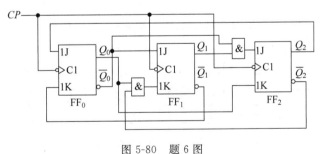

图 5-80 题 6 图

7．试分析如图 5-81 所示同步时序电路逻辑功能，要求列出电路的驱动方程、输出方程、状态方程，画出状态图。

8. 试分析如图 5-82 所示同步时序电路逻辑功能,要求列出电路的驱动方程、输出方程、状态方程,画出状态图和时序图,设电路的初始状态为 **000**。

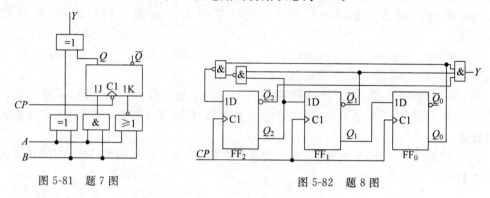

图 5-81　题 7 图　　　　　　　　图 5-82　题 8 图

9. 试分析如图 5-83 所示同步时序电路逻辑功能,要求列出电路的驱动方程、输出方程、状态方程,画出状态图。

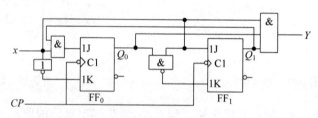

图 5-83　题 9 图

10. 试分析如图 5-84 所示异步时序电路的功能,要求列出电路的驱动方程、状态方程,画出状态图。

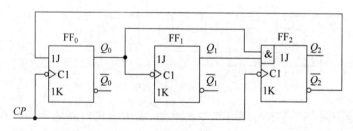

图 5-84　题 10 图

11. 试分析如图 5-85 所示异步时序电路的功能,并画出状态图。

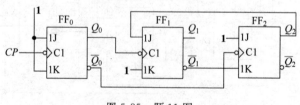

图 5-85　题 11 图

12. 试构建串行二进制减法器的原始状态表。

13. 化简如表 5-38 所示的原始状态表。

表 5-38　原始状态表

S^{n+1}/Y ＼ x ＼ S	0	1
S_0	$S_1/0$	$S_2/1$
S_1	$S_3/0$	$S_4/1$
S_2	$S_5/1$	$S_6/0$
S_3	$S_1/0$	$S_2/1$
S_4	$S_1/0$	$S_2/1$
S_5	$S_1/0$	$S_2/1$
S_6	$S_1/0$	$S_2/1$

14. 试用下降沿触发的边沿 JK 触发器设计一个同步时序电路,其状态图如图 5-86 所示。

15. 试用维持-阻塞式 D 触发器和"与非"门设计一个同步时序电路,其状态图如图 5-87 所示。

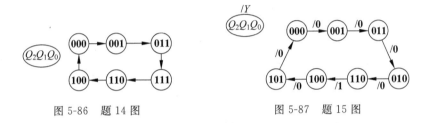

图 5-86　题 14 图　　　　图 5-87　题 15 图

16. 用"与非"门和 JK 触发器设计一个同步时序电路,以检测输入的信号序列是否为连续的 **101**。

17. 试用 JK 触发器和门电路设计一个同步六进制加法计数器。

18. 试用 D 触发器和门电路设计一个同步可控计数器,当 $M=0$ 时,其状态迁移为

$$100 \to 101 \to 001 \to 011 \to 010 \to 110$$

当 $M=1$ 时,其状态迁移为

$$100 \to 110 \to 010 \to 011 \to 001 \to 101$$

19. 试分析如图 5-88 所示计数器,在 $M=0$ 和 $M=1$ 时各为几进制计数器。

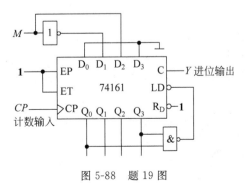

图 5-88　题 19 图

20. 试分析如图 5-89 所示计数电路的分频比(即 Y 与 CP 的频率之比)。

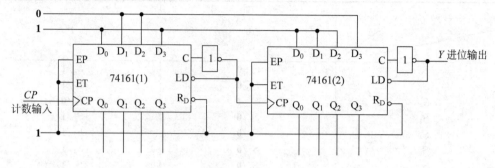

图 5-89　题 20 图

21. 试分析图 5-90 所示时序电路的功能。

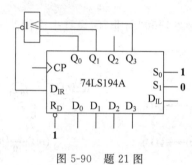

图 5-90　题 21 图

22. 如图 5-91 所示电路是由 74LS161 和 74LS151 构成的序列信号发生器,求输出序列信号。

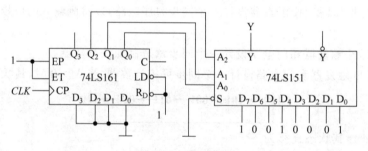

图 5-91　题 22 图

23. 试用 74LS161 构成十三进制计数器,要求分别采用置零法和置数法实现,并画出接线图。可以附加必要的门电路。

24. 试用两片 74LS290 构成三十六进制计数器,画出电路图。可以附加必要的门电路。

25. 试用 74LS160 构成五进制计数器,要求分别采用置零法和置数法实现,并画出接线图。可以附加必要的门电路。

26. 试用 74LS163 构成十二进制计数器,要求分别采用置零法和置数法实现,并画出接线图。可以附加必要的门电路。

27. 利用 Multisim 分析集成移位寄存器 74LS194N。

28. 利用 Multisim 分析由 JK 触发器 74LS112N 构成的同步七进制加法计数器。

29. 利用 VHDL 设计异步清零十进制计数器。

第 6 章

半导体存储器与可编程逻辑器件

兴趣阅读——磁芯存储器的发明者王安

　　1948 年在美国哈佛大学,由制造过第一台机电式"马克 1 号"计算机的霍德华·艾肯教授领衔担任计算机实验室的主任。此时哈佛大学正与宾夕法尼亚和普林斯顿大学较劲,不愿因电子计算机研究项目停滞不前而仰人鼻息。1948 年 6 月初的一天,艾肯教授在实验室里思前想后,召来了报到上班刚刚三天的新任研究员。推门进来的这位,黄皮肤黑眼睛,是来自中国的博士生。

　　艾肯翻阅着他的履历:中国人,28 岁,上海交通大学毕业,1945 年留学哈佛大学,先后受业于两位知名教授,均为诺贝尔奖获得者。他从硕士到获得博士学位仅用了 16 个月,是电机工程系闻名遐迩的高才生。

　　教授用锐利的目光,从头到脚打量着年轻人:"交给你一项紧急的任务。请你尽快想出一种方案,一种不通过机械方式记录和读出存储信息的方法。"这位年轻人听完艾肯的话,居然毫不迟疑地点了点头。艾肯不太放心,又强调道:"存储器,你明白吗? 不是现在用的水银延迟线,而是另外别的什么东西。"

　　中国博士又何尝不明白,艾肯给他出了个大难题:研制新的储存装置谈何容易! 还在求学读书时,时刻关注着计算机发展的他就得知,当时的第一代计算机,储存程序和数据的装置都是机电继电器和水银延迟线装置,人们绞尽脑汁也没能找到一种存储二进制数的最好办法。不过,教授下达的课题正中下怀,他正想用高难度的研究证明自己的学识,为海外华人争口气。于是,他肯定地说:"没问题,我保证在一个月内给您一个满意的答复。"

　　以后的三周,年轻人把自己关在哈佛大学的实验室里,吃住都在里面,一门心思探索存储器的奥秘。当他再次跨进艾肯办公室时,深藏不露,双手捧着一把黑乎乎的物体,走到教授面前。他说这是用镍铁合金材料做成的,名称为"磁芯"。艾肯伸出两个手指拾起一只小磁芯,小心翼翼放在放大镜下观察。透过镜片看,这些磁芯真像只油炸圈饼,但这"圈饼"也未免太小,直径不到 1 毫米,只有芝麻粒大小,用极细的导线穿成一串。从不喜形于色的艾肯微笑了,因为他深知这项发明意味着什么:圈饼式的磁芯将引起计算机存储器的一场革命!

　　这位华人学者名叫王安。1949 年 10 月,他提出了磁芯的专利申请,他后来在磁芯存储器领域的发明专利共有 34 项之多。不久,麻省理工学院的杰·弗雷斯特博士又在此基础上发展为磁芯储存阵列,首次应用于"旋风"高速计算机里,从而使这种磁芯阵列应用于第一代、第二代直到第三代计算机,统治了计算机存储器近 20 年之久,直到半导体存储器诞生。

图 6-1 是王安和他发明的磁芯存储器。

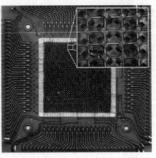

图 6-1　王安和他发明的磁芯存储器

本章主要介绍了半导体存储器及可编程器件的结构、工作原理和使用方法。首先介绍存储器的基本概念,各种存储器的工作原理以及存储器容量的扩展方法;然后介绍可编程阵列逻辑、通用阵列逻辑的电路结构和应用;最后简单介绍复杂可编程器件、现场可编程门阵列和在系统编程技术。此外,还给出了用 Multisim 分析半导体存储器的实例。本章学习要求如下:

(1) 了解存储器的特点和主要类型;

(2) 熟悉只读存储器和随机存取存储器的结构及工作原理;

(3) 掌握存储器的扩展方法;

(4) 掌握存储器实现组合逻辑函数的方法;

(5) 理解可编程逻辑阵列、可编程阵列逻辑和通用阵列逻辑的结构及工作原理;

(6) 掌握可编程逻辑阵列和可编程阵列逻辑实现组合逻辑函数的方法;

(7) 了解复杂可编程器件、现场可编程门阵列和在系统编程技术的基本思想;

(8) 了解用 Multisim 分析半导体存储器的方法。

6.1　存储器概述

存储器是计算机等数字系统中的记忆设备,用来存放程序和数据,是计算机信息存储的核心。数字系统对存储器的要求是容量大、速度快、成本低,但是在一个存储器系统中要同时兼顾这三方面的要求是很困难的,为了解决这种矛盾,目前在计算机系统中,通常采用三级存储器结构,即快速缓冲存储器、主存储器和外存储器。中央处理器能直接访问的存储器称为内部存储器,包括快速缓冲存储器、主存储器。中央处理器不能直接访问外存储器。外存储器的信息必须调入内存储器后才能被中央处理器处理。

上述三种存储器形成计算机的三级存储管理。其中快速缓冲存储器主要强调快速存取,以便使存取速度和中央处理器的运算速度相匹配;外部存储器主要强调大的存储容量,以满足计算机的大容量存储要求;主存储器是计算机系统的主要存储器,要求选取适当的存储容量和存取周期,使它能容纳系统的核心软件和较多的用户程序。

目前计算机等数字系统的主存储器主要采用的是半导体存储器。

半导体存储器是一种能存储大量二进制信息(或称为二值数据)的半导体器件,可以存放各种程序操作指令、数据和资料,是现代数字系统重要的、不可缺少的组成部分。半导体存储器具有集成度高、容量大、体积小、价格低、存储速度快、功耗低等优点。

6.1.1 半导体存储器的分类

半导体存储器的种类很多,有以下分类方法。

(1) 按存取方式可将半导体存储器分为只读存储器(Read Only Memory,ROM)和随机存取存储器(Random Access Memory,RAM)。

只读存储器在正常工作状态下,数据只能从存储器中读出而不能写入。ROM 的优点是电路结构简单,数据一旦固化在存储器内部后,就可以长期保存,在断电以后也不会丢失,故属于数据非易失性存储器,常用来存放固定的信息。例如,常用于存放系统程序、数据表、字符代码等不易变化的数据。

随机存取存储器也称为随机读/写存储器。在 RAM 工作时可以随时从任一指定的地址读出数据,也可以随时将数据写入任一指定的存储单元中去。读出操作时原信息保留,写入操作时,新的信息取代原信息。RAM 的优点是读/写方便、使用灵活,缺点是数据容易丢失,即一旦断电,存储器中所存的数据会全部丢失,故 RAM 是易失性存储器。RAM 一般用在需要频繁读写的场合,如计算机系统中的数据缓存。

(2) 根据存储器制造工艺的不同,存储器可分为双极型存储器和 MOS 型存储器。

双极型存储器以 TTL 触发器作为基本存储单元,具有速度快、价格高和功耗大等特点,主要用于高速应用场合,例如计算机的高速缓存。

MOS 型存储器是以 MOS 触发器或 MOS 电路为存储单元,具有工艺简单、集成度高、功耗小、价格低等特点,主要用于计算机的大容量内存储器。

(3) 根据存储器数据的输入/输出方式不同,存储器可分为串行存储器和并行存储器。

串行存储器中,数据输入或输出采用串行方式。并行存储器中,数据输入或输出采用并行方式。显然,并行存储器读写速度快,但数据线和地址线占用芯片的引脚数较多,且存储容量越大,所用引脚数目越多。串行存储器的速度比并行存储器慢一些,但芯片的引脚数目少了许多。

6.1.2 存储器的性能指标

存储器的性能指标很多,就实际应用而言,最重要的性能指标是存储容量、存取时间和存取周期。在介绍这两个性能指标之前,先介绍存储器中几个常用概念。

半导体存储器的核心部分是"存储矩阵",它由若干个"信息单元"构成;每个信息单元又包含若干个"存储单元",每个存储单元存放一位二进制数信息(**0** 或 **1**),称为一个"比特"。通常存储器以"信息单元"为单位进行数据的读写。每个"信息单元"也称为一个"字",一个"字"中所含的位数称为"字长"。

(1) 存储容量。存储容量是指存储器能够容纳二进制信息的总量,即存储信息的总比特数,也称为存储器的位容量。存储器的容量=字数(m)×字长(n)。

（2）存取时间。存取时间是用来衡量存储器的存取速度的，是指启动一次存储器读/写操作，到该操作完成所经历的时间。很显然，存取时间越短，则存取速度越快。目前，高速缓冲存储器的存取时间已小于 20ns，中速存储器在 $60\sim100$ns，低速存储器在 100ns以上。

（3）存取周期。存取周期是指连续启动两次独立的存储器操作所需的最小时间间隔。由于存储器在完成读/写操作之后需要一段恢复时间，所以存储器的存储周期略大于存储器的存取时间。如果在小于存储周期的时间内连续启动两次存储器访问，那么存取结果的正确性将不能得到保证。存取周期也是用来衡量存储器存取速度的。

6.2 只读存储器

只读存储器（ROM）是一种非易失性数据存储器，其中的数据一般由专用的装置写入，数据一旦写入，不能随意改写，在切断电源后，数据也不会消失。ROM 用来存放不需要经常修改的程序或数据，如计算机系统中的 BIOS 程序、系统监控程序、显示器字符发生器中的点阵代码等。ROM 从功能和工艺上可分为掩膜 ROM 和可编程 ROM。

6.2.1 ROM 的电路结构和工作原理

ROM 通常由地址译码器、存储矩阵和输出缓冲器三部分组成，其结构如图 6-2 所示。为区别不同的字，将存放同一个字的存储单元编成一组，并赋予一个号码，称为地址，不同的单元有不同的地址，在进行读操作时，可以按照地址选择要访问的单元。

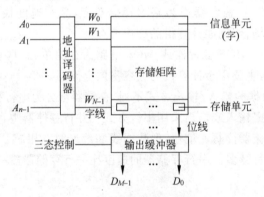

图 6-2　ROM 的基本结构

图 6-2 中，$W_0,W_1,\cdots,W_{N-1}$ 是存储矩阵的输入线，共有 $N=2^n$ 条，称为字线。$D_0,D_1,\cdots,D_{M-1}$ 为存储矩阵的输出线，称为位线。字线与位线的交叉处，即是存储矩阵的一个存储单元。通常，存储单元可以由二极管、双极型晶体管或者 MOS 管构成。

地址译码器有 n 条地址输入线 $A_0,A_1,\cdots,A_{n-1}$，可以组合成 $N=2^n$ 个地址码，对应于 N条字线。每当给定一组输入地址代码时，译码器选中某一条输出字线 W_i，该字线可以在存储矩阵中找到一个对应的"字"，并将该字中的 M 位数码通过位线送至输出缓冲器进行输出。

输出缓冲器与存储矩阵的输出位线相连，有两方面的作用：一是能提高存储器的带负载能力；二是实现对输出状态的三态控制，以便与系统的总线相连。

6.2.2　掩膜只读存储器

掩膜 ROM 所储存的数据是器件生产厂家根据用户的要求专门设计的，制作时，厂家利用二次光刻板的图形（掩膜）将其直接写入（固化）到存储器中，一旦 ROM 制成后，其内部存储的数据也就固定不变了，用户无法修改，断电后信息也不会丢失。使用时只能读出，不能写入。掩膜 ROM 的存储单元可由二极管构成，也可以用双极型晶体管或 MOS 管构成。

图 6-3 所示是用二极管"与"门和"或"门构成的掩膜只读存储器电路，具有 2 位输入地址码 A_1A_0，4 位输出数据 $D_3D_2D_1D_0$，输出缓冲器用的是三态门。由图 6-3 可知，地址译码器是由 4 个二极管"与"门构成的"与"门阵列，存储单元是由 4 个二极管"或"门构成的"或"门阵列。根据 ROM 存储容量为字线数乘位线数的定义可知，图 6-3 所示二极管 ROM 的存储容量为 $4 \times 4 = 16$ 位。其中，接有二极管的存储单元相当于存储的是 **1**，没有接二极管的存储单元相当于存储的是 **0**。

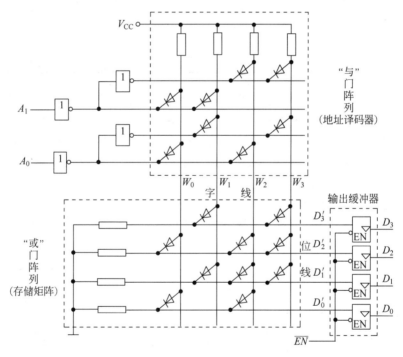

图 6-3　二极管 ROM 电路图

在进行读操作时，每输入一个地址，地址译码器的字线 $W_0 \sim W_3$ 中将有一根为高电平，其余为低电平。例如，当 $A_1A_0 = \mathbf{00}$ 时，字线 $W_0 = \mathbf{1}$，其他字线均为低电平。由于字线 W_0 只与位线 D_0'、D_2' 交叉处接有二极管，所以这两个二极管导通，使位线 D_0'、D_2' 变为高电平。没有接二极管的存储单元对应的位线 D_1'、D_3' 仍保存低电平。当输出控制端 $\overline{EN} = \mathbf{0}$ 时，数据经四条位线并通过三态门从 $D_0 \sim D_3$ 上输出，即 $D_3D_2D_1D_0 = \mathbf{0101}$。

由图 6-3 可得地址译码器的输出表达式为

$$\begin{cases} W_0 = \overline{A_1}\overline{A_0} \\ W_1 = \overline{A_1}A_0 \\ W_2 = A_1\overline{A_0} \\ W_3 = A_1A_0 \end{cases} \tag{6-1}$$

存储单元的输出表达式为

$$\begin{cases} D_0 = W_0 + W_2 \\ D_1 = W_1 + W_2 + W_3 \\ D_2 = W_0 + W_2 + W_3 \\ D_3 = W_1 + W_3 \end{cases} \tag{6-2}$$

图 6-3 所示 ROM 的全部 4 个地址内的存储内容如表 6-1 所示。

表 6-1   图 6-3 所示 ROM 中的数据表

地址		字　　　线				数　　　据			
A_1	A_0	W_3	W_2	W_1	W_0	D_3	D_2	D_1	D_0
0	**0**	**0**	**0**	**0**	**1**	**0**	**1**	**0**	**1**
0	**1**	**0**	**0**	**1**	**0**	**1**	**0**	**1**	**0**
1	**0**	**0**	**1**	**0**	**0**	**0**	**1**	**1**	**1**
1	**1**	**1**	**0**	**0**	**0**	**1**	**1**	**1**	**0**

由图 6-3 所示二极管 ROM 电路可以看出,字线 W_i 与位线 D_j 的每个交叉点都是一个存储单元。交叉点处接有二极管相当于存储 **1**,没有接二极管相当于存储的是 **0**。为简化作图,可以用如图 6-4 所示阵列图表示图 6-3 电路图,它由"与"阵列和"或"阵列组成。"与"阵列和地址译码器相对应,用"·"标注地址码;"或"阵列对应于存储矩阵,用"·"表示交叉处接有二极管,没有接二极管的交叉点处不画。

实际使用中的 ROM,大多数是用 MOS 管构成的 ROM,另外也可以用双极型晶体管构成 ROM,但基本结构和工作原理与二极管 ROM 相似。图 6-5 是用 MOS 管构成的 4×4 存储矩阵。

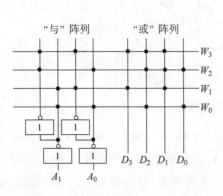

图 6-4   图 6-3 所示 ROM 的阵列图

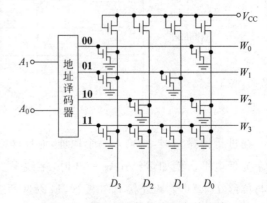

图 6-5   用 MOS 管构成的存储矩阵

掩膜 ROM 有如下主要特点:

(1) 存储的内容由制造厂家一次性写入,写入后便不能修改,灵活性差;

（2）存储内容固定不变,可靠性高；

（3）少量生产时造价较高,因而只适用于定型批量生产。

6.2.3　可编程只读存储器

为了便于用户根据自己的需要来确定 ROM 中的储存内容,人们设计了可编程只读存储器（Programmable Read-Only Memory,PROM）。

PROM 的总体结构与掩模 ROM 一样,同样由存储矩阵、地址译码器和输出缓冲器组成。不同的是,PROM 在出厂时已经在存储矩阵的所有交叉点上全部制作了存储元件,即在所有存储单元里都存入 1（或 0）,用户可以根据自己的需要写入信息,即利用编程器将某些单元改写为 0（或 1）。

按照制作工艺,PROM 分为一次可编程只读存储器、可擦除可编程只读存储器、电可擦除可编程只读存储器及快闪存储器等几种类型。

1. 一次可编程只读存储器

一次可编程只读存储器简称 PROM,它的存储元件通常有两种电路形式：一种是由三极管组成的熔丝型电路；另一种是由二极管组成的结破坏型电路。

熔丝型 PROM 的存储单元如图 6-6（a）所示,它是由一个三极管和串在发射极的快速熔断丝组成。出厂时,所有存储单元的熔丝都是连通的,相当于存储单元存储的全是 1。正常工作电流下,熔丝不会烧断。用户对 PROM 编程时,首先通过字线和位线选择需要编程的存储单元,然后通过一定幅度和宽度的脉冲电流,将选择的存储单元中的熔丝熔断,则该单元中的内容由 1 被改写为 0。

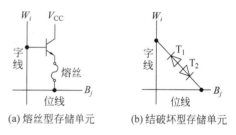

(a) 熔丝型存储单元　　(b) 结破坏型存储单元

图 6-6　PROM 的存储单元

结破坏型 PROM 的存储单元如图 6-6（b）所示,每个存储单元的字线和位线交叉处由两个二极管反向串联,相当于每个存储单元都存储的是 0。编程时,首先通过字线和位线选择需要编程的存储单元,然后在位线 B_j 和字线 W_i 之间加上一个高电压和大电流,使所选存储单元的二极管 T_1 的 PN 结击穿短路,字线 W_i 和位线 B_j 接通,相当于将该单元的内容由 0 改写成 1。

【提示】　PROM 一旦进行了编程,就不可能再修改了,所以称为一次可编程只读存储器。

2. 可擦除可编程只读存储器

可擦除可编程只读存储器简称 EPROM(Erasable Programmable Read-Only Memory),是一种可多次擦除可编程的只读存储器。EPROM 与 PROM 的总体结构形式上没有多大的区别,只是采用了不同的存储单元。早期的 EPROM 存储单元中使用了浮栅雪崩注入 MOS 管（Floating-gate Avalanche Injection Metal Oxide Semiconductor,FAMOS）,存储单元需用两只 MOS 管,集成度低、击穿电压高、速度较慢。

目前,EPROM 的存储单元多采用叠栅注入 MOS 管（Stacked-gate Injection Metal Oxide Semiconductor,SIMOS）,如图 6-7 所示。

SIMOS 管的结构如图 6-8 所示,它有两个栅极——控制栅和浮栅。控制栅与字线 W_i 相连,用以控制数据的读出和写入;浮栅没有引出线,被包裹在二氧化硅(SiO_2)绝缘层中,用于长期保存注入电荷。

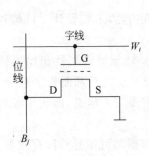

图 6-7 EPROM 存储单元

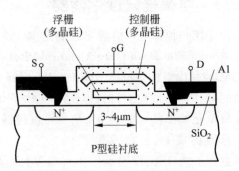

图 6-8 SIMOS 管的结构图

出厂时,EPROM 所有的存储单元的浮栅均无电荷,相当于存储单元存储的全是 **1**。用户对 EPROM 编程时,在 SIMOS 管的漏极和源极之间加上较高的电压(约+25V),使沟道内的电场足够强而发生雪崩击穿现象,产生大量的高能电子。如果同时在控制栅上加以高压脉冲(幅度约+25V,宽度约 50ms),则在控制栅正脉冲电压的吸引下,部分高能电子将穿越 SiO_2 层到达浮栅,被浮栅俘获而形成注入电荷,注入电荷的浮栅可认为写入 **0**,没有注入电荷的浮栅仍然存储 **1**。当高电压去掉后,被 SiO_2 包围的浮栅上的电子很难泄露,所以一旦电子注入浮栅之后,就可以长期保存。

正常工作时,栅极加+5V 电压,SIMOS 管不导通,因此,只能读出存储器中的内容而不能写入。

当外部能源(如紫外线光源)加到 EPROM 上时,EPROM 内部的电荷分布才会被破坏,此时聚集在 MOS 管浮栅上的电荷在紫外线照射下形成光电流被泄漏掉,使电路恢复到初始状态,从而擦除了所有写入的信息。这样 EPROM 又可以写入新的信息。

常用的 EPROM 有 2716(2K×8 位)、2732(4K×8 位)、2764(8K×8 位)和 27512(64K×8 位)等。图 6-9 所示是容量为 8K×8 位的 2764 的引脚框图。图中,V_{PP} 为编程电源,$\overline{CS}$ 为片选信号,$\overline{P}$ 为编程脉冲信号,$\overline{OE}$ 为输出允许信号,$A_0 \sim A_{12}$ 为地址信号,$D_0 \sim D_7$ 为数据信号。

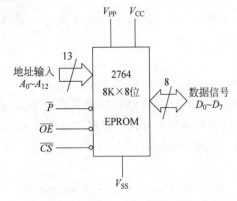

图 6-9 EPROM 2764 的引脚框图

3. 电可擦除可编程只读存储器

虽然用紫外线擦除的 EPROM 具有了可擦除重写的功能,但擦除操作复杂,擦除速度慢,而且只能整体擦除,不能单独擦除某一存储单元的内容。为了克服这些缺点,又研制出了可以用电信号擦除的可编程 ROM,即 E^2 PROM(Electrically Erasable Programmable Read-Only Memory)。

E^2 PROM 的存储单元如图 6-10 所示。其中,T_1 是一种浮栅隧道氧化层(Floating-gate Tunnel Oxide)MOS 管,简称 Flotox 管,T_2 是普

通的 N 沟道增强型 MOS 管,称为门控管。根据浮栅上是否注入电子来定义存储单元的 **0** 或 **1** 状态。

Flotox 管的结构如图 6-11 所示,它也有两个栅极——擦写栅和浮栅。浮栅与漏极区之间有一个氧化层极薄的区域(厚度在 2×10^{-8} m 以下),称为隧道区。当隧道区的电场强度 $>10^7$ V/cm 时,在漏极区和浮栅之间会出现导电隧道,电子可以双向通过,形成电流。这种现象称为隧道效应。

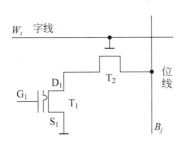

图 6-10 E^2PROM 的存储单元

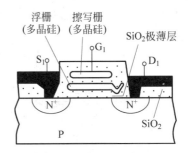

图 6-11 Flotox 管的结构图

在读出操作时,G_1 上加 +3V 电压,W_i 加 +5V 的正常电平,这时门控管 T_2 导通,如果 Flotox 管的浮栅上没有注入电子,则 T_1 导通,在位线 B_j 上读出 **0**;如果 Flotox 管的浮栅上有注入电子,则 T_1 截止,在位线 B_j 上读出 **1**。

擦除 E^2PROM 中的内容时,在擦写栅 G_1 和字线 W_i 上加 +20V 左右的脉冲电压,漏区接近 0V。漏区的电子通过隧道存储于浮栅中,此时,Flotox 管的开启电压提高到 +7V 以上,称为高开启电压管。读出时 G_1 上的电压只有 +3V,Flotox 管截止。字被擦除后,存储单元为 **1** 状态。

写入时,应使要写入 **0** 的存储单元的 Flotox 管浮栅放电。因此,在该单元的擦写栅 G_1 上加上 0V 电压,同时在字线 W_i 和位线 B_j 上加 +20V 左右脉冲电压。这时,存储于 Flotox 管浮栅中的电子通过隧道放电,使 Flotox 管的开启电压降为 0V 左右,称为低开启电压管。读出时 G_1 上加 +3V 电压,Flotox 管导通,存储单元为 **0** 状态。

由于 E^2PROM 擦除和写入时需要加高电压脉冲,且时间较长,所以在系统正常工作状态下,E^2PROM 只能工作在读出状态,作为 ROM 使用。

常见的 E^2PROM 芯片有 2816、2832、2864、28256 等。图 6-12 所示的是容量为 32K×8 位的 28256 芯片的引脚框图。图中,$\overline{CS}$ 为片选信号,$\overline{W}$ 为写控制信号,$\overline{OE}$ 为输出允许信号,$A_0 \sim A_{14}$ 为地址信号,$D_0 \sim D_7$ 为数据信号。

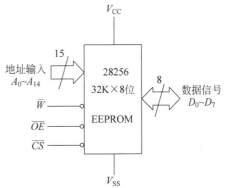

图 6-12 E^2PROM 28256 的引脚框图

4. 快闪存储器

快闪存储器(Flash Memory)是在吸取 E^2PROM 擦写方便和 EPROM 结构简单、编程可靠的基础上研制出来的一种新型器件,是采用一种类似于 EPROM 的单管叠栅结构的存储单元制成的一种用电信号擦除的可编程 ROM。

快闪存储器中叠栅 MOS 管的结构原理图如图 6-13 所示。它的结构与 EPROM 中的 SIMOS 管很相似,最大的区别在于 EPROM 中浮栅和衬底间的氧化层厚度一般为 $30\sim 40\mathrm{nm}$,而在快闪存储器中仅为 $10\sim15\mathrm{nm}$。此外,快闪存储器中浮栅与源极重叠的面积小,有利于产生隧道效应。

快闪存储器的存储单元如图 6-14 所示。在读出状态下,字线 $W_i=1$,$V_{SS}=0$,如浮栅上没有注入电子,则叠栅 MOS 管导通,位线 B_j 输出 **0**;如果浮栅上有注入电子,则叠栅 MOS 管截止,位线 B_j 输出 **1**。

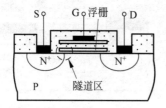

图 6-13　快闪存储器中叠栅 MOS 管的结构图　　　图 6-14　快闪存储器的存储单元

快闪存储器的写入方法与 EPROM 相同,即利用雪崩注入的方法使浮栅充电。快闪存储器的擦除操作是利用隧道效应实现的,类似于 E^2 PROM 写入 **0** 时的操作。但由于快闪存储器内所有的叠栅 MOS 管的源极是连在一起的,所以擦除时全部存储单元将同时被擦除。

6.2.4　ROM 的应用

在数字系统中,ROM 的应用十分广泛,除了可以用作存储器外,还可以用于实现组合逻辑函数和数学函数表等。

1. 用 ROM 实现组合逻辑函数

从前面的分析可知,只读存储器的基本部分是"与"门阵列和"或"门阵列。"与"门阵列实现对输入变量的译码,产生变量的全部最小项;"或"门阵列完成有关最小项的"或"运算。因此从理论上讲,利用 ROM 可以实现任何组合逻辑函数。

【例 6-1】　试用 ROM 实现下列逻辑函数。

$$F_1 = A \oplus B$$
$$F_2 = AB + AC + BC$$
$$F_3 = AB + BC + \overline{B}\,\overline{C}$$
$$F_4 = \overline{A}\,\overline{C} + B\overline{C} + A\overline{B}C$$

解:写出各逻辑函数的最小项表达式为

$$F_1 = \sum(2,3,4,5)$$
$$F_2 = \sum(3,5,6,7)$$
$$F_3 = \sum(0,3,4,6,7)$$
$$F_4 = \sum(0,2,5,6)$$

选取有 3 位地址输入,4 位输出的 8×4 位的 ROM,将三个输入变量 A、B、C 分别接至

地址输入端 A_2、A_1、A_0，再按最小项表达式存入相应的数据，即可在数据输出端 D_3、D_2、D_1、D_0 得到逻辑函数 F_3、F_2、F_1、F_0。用 ROM 实现的四个逻辑函数的阵列图如图 6-15 所示。

2. 用 ROM 实现数学函数表

在数字系统中，经常需要进行对数、指数、平方、三角函数等运算。如果把基本函数在一定范围内的取值和相应的函数值列成表格存入 ROM 中，则在需要时，只需将自变量作为地址码输入，在数据输出端就可以得到相应的函数值。

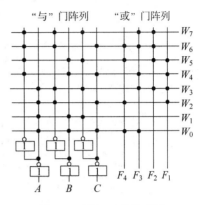

图 6-15 例 6-1 的阵列图

【例 6-2】 试用 ROM 构成能实现函数 $y=x^2$ 的运算表电路，x 的取值范围为 0～15 的正整数。

解：x 的取值范围为 0～15 的正整数，对应 4 位二进制的正整数，用 $X=X_3X_2X_1X_0$ 表示。根据 $y=x^2$ 可算出 y 的最大值是 $15^2=225$（即 **11100001**），因此，可以用 8 位二进制数 $Y=Y_7Y_6Y_5Y_4Y_3Y_2Y_1Y_0$ 表示。根据 $y=x^2$，列出真值表，见表 6-2。

表 6-2 例 6-2 的真值表

X_3	X_2	X_1	X_0	Y_7	Y_6	Y_5	Y_4	Y_3	Y_2	Y_1	Y_0	十进制数
0	0	0	0	0	0	0	0	0	0	0	0	0
0	0	0	1	0	0	0	0	0	0	0	1	1
0	0	1	0	0	0	0	0	0	1	0	0	4
0	0	1	1	0	0	0	0	1	0	0	1	9
0	1	0	0	0	0	0	1	0	0	0	0	16
0	1	0	1	0	0	0	1	1	0	0	1	25
0	1	1	0	0	0	1	0	0	1	0	0	36
0	1	1	1	0	0	1	1	0	0	0	1	49
1	0	0	0	0	1	0	0	0	0	0	0	64
1	0	0	1	0	1	0	1	0	0	0	1	81
1	0	1	0	0	1	1	0	0	1	0	0	100
1	0	1	1	0	1	1	1	1	0	0	1	121
1	1	0	0	1	0	0	1	0	0	0	0	144
1	1	0	1	1	0	1	0	1	0	0	1	169
1	1	1	0	1	1	0	0	0	1	0	0	196
1	1	1	1	1	1	1	0	0	0	0	1	225

由表 6-2 可写出输出函数表达式。

$$Y_7 = \sum(12,13,14,15)$$

$$Y_6 = \sum(8,9,10,11,14,15)$$

$$Y_5 = \sum(6,7,10,11,13,15)$$

$$Y_4 = \sum(4,5,7,9,11,12)$$

$$Y_3 = \sum(3,5,11,13)$$

$$Y_2 = \sum (2,6,10,14)$$
$$Y_1 = 0$$
$$Y_0 = \sum (1,3,5,7,9,11,13,15)$$

选取有 4 位地址输入,8 位输出的 16×8 位的 ROM,将四个输入变量 X_3、X_2、X_1、X_0 分别接至地址输入端 A_3、A_2、A_1、A_0,再按最小项表达式存入相应的数据,即可在数据输出端 $D_7 \sim D_0$ 得到逻辑函数 $Y_7 \sim Y_0$。用 ROM 实现函数 $y = x^2$ 的运算表电路如图 6-16 所示。

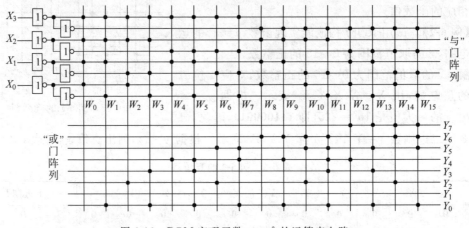

图 6-16 ROM 实现函数 $y = x^2$ 的运算表电路

6.3 随机存取存储器

随机存取存储器(RAM)也称为可读/写存储器。根据存储单元的工作原理不同,RAM 可分为静态 RAM(Static Random Access Memory,SRAM)和动态 RAM(Dynamic Random Access Memory,DRAM)两种。

SRAM 使用触发器作为存储元件,因而只要使用直流电源,就可存储数据。SRAM 的特点是速度快、工作稳定,且不需要刷新电路、使用方便灵活。但由于它所用 MOS 管较多,致使集成度低、功耗较大、成本也高。在微机系统中,SRAM 常用作小容量的高速缓冲存储器。

DRAM 使用电容作为存储单元,只有通过刷新对电容再充电,才能长期保存数据。DRAM 的特点是集成度高、功耗低、价格便宜,但由于电容存在漏电现象,电容电荷会因为漏电而逐渐丢失,因此必须定时对 DRAM 进行充电刷新。在微机系统中,DRAM 常被用作内存(即内存条)。

当电源被移走后,SRAM 和 DRAM 都会丢失存储的数据,因此 RAM 被归类为易失性存储器。

6.3.1 RAM 的电路结构

图 6-17 所示为 RAM 的结构框图,主要由存储矩阵、地址译码器和读/写控制电路三部分组成。

存储矩阵在译码器和读/写控制电路的
控制下完成读/写操作。通常,RAM以字为
单位进行数据的读/写。在进行读/写操作
时,可以按照地址选择要访问的单元。

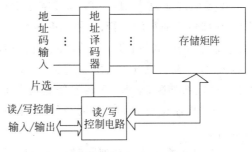

图 6-17 RAM 的基本结构

地址译码器的作用是将输入的地址信号
译成有效的行选通信号和列选通信号,从而
选中相应的存储单元。RAM 中的地址译码
器常用双译码结构。即将输入地址分成行地
址和列地址两部分,分别有行地址译码器和
列地址译码器译码。其优点是可以减少字线数量。

读/写控制电路用于对 RAM 进行读出和写入的控制。通常读/写控制电路设有片选线
$(\overline{CS})$ 和读/写控制线 $(R/\overline{W})$。其中片选信号 $\overline{CS}$ 低电平有效,当 $\overline{CS}=0$ 时,RAM 可以进行正
常的数据读/写;当 $\overline{CS}=1$ 时,RAM 输出呈高阻状态,此时 RAM 不能进行正常的数据读/
写操作。读/写控制信号 $R/\overline{W}$ 用于对 RAM 进行读出和写入的操作,当 $R/\overline{W}=1$ 时,执行读
出操作,将存储单元里的内容送到输入/输出端 (I/O) 上;当 $R/\overline{W}=0$ 时,执行写入操作,加
到输入/输出线上的数据被写入存储器中。

6.3.2 RAM 的存储单元

1. SRAM 的存储单元

常用的 SRAM 存储单元有 MOS 型和双极型两种,图 6-18 所示是由六只 N 沟道增强
型 MOS 管($T_1 \sim T_6$)和读/写控制电路构成的六管 N 沟道增强型 MOS 静态存储单元。

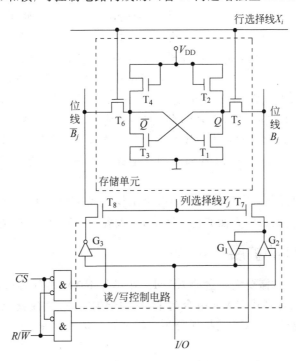

图 6-18 六管 N 沟道增强型 MOS 静态存储单元

在图 6-18 电路中，$T_1 \sim T_4$ 构成基本 RS 触发器，用以存储一位二值信息 0 或 1。T_5 和 T_6 是存储单元的行门控管，起模拟开关作用，用来控制基本 RS 触发器的 Q、$\overline{Q}$ 输出端和位线 B_j、$\overline{B}_j$ 之间的联系；T_5、T_6 的状态由行控制信号 X_i 控制，当 $X_i = 1$ 时，T_5、T_6 导通，触发器 Q、$\overline{Q}$ 输出端和位线 B_j、$\overline{B}_j$ 接通；当 $X_i = 0$ 时，T_5、T_6 截止，触发器 Q、$\overline{Q}$ 输出端和位线 B_j、$\overline{B}_j$ 的联系切断，基本 RS 触发器的状态维持不变。T_7、T_8 是列门控管，由列控制信号 Y_j 控制，用来控制位线 B_j、$\overline{B}_j$ 与读/写控制电路之间的接通。$Y_j = 1$，T_7、T_8 导通；$Y_j = 0$，T_7、T_8 截止。

存储单元所在的行和列同时被选中后，$X_i = 1$，$Y_j = 1$，$T_5 \sim T_8$ 均导通，Q 和 $\overline{Q}$ 分别接通 B_j 和 $\overline{B}_j$。这时，如果 $\overline{CS} = 0$，$R/\overline{W} = 1$，则读/写控制电路的 G_1 打开，G_2 和 G_3 关闭，基本 RS 触发器的状态 Q 经 G_1 送到 I/O 端，完成数据的读出。如果 $\overline{CS} = 0$，$R/\overline{W} = 0$，则读/写控制电路的 G_2 和 G_3 打开，G_1 关闭，外电路输入 I/O 端的数据被写入存储单元。

2. DRAM 的存储单元

DRAM 存储单元是利用 MOS 管栅极电容可以在短时间内暂时存储电荷来记录数据的。当电容充有电荷，呈现高电压时，相当于存储 1，反之相当于存储 0。但由于漏电流的存在，电容上存储的数据(电荷)不能长期保存。为防止数据丢失，就必须定期给电容补充电荷，这种操作称为刷新或再生。

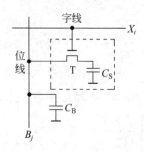

图 6-19 单管 MOS 动态存储单元

DRAM 存储单元有单管、三管和四管等几种形式，下面就以单管 DRAM 为例分析 DRAM 存储数据的原理。单管 DRAM 存储单元的电路结构如图 6-19 所示，由一只 N 沟道增强型 MOS 管 T 和一个存储电容 C_S 组成。其中，MOS 管 T 相当于一个开关，当字线 X_i 为高电平时，T 导通，C_S 与位线 B_j 连通，反之则断开。

进行写入操作时，字线 X_i 加高电平，使 T 导通，写入数据由位线 B_j 经过 T 存储到 C_S 中。

进行读出操作时，X_i 同样加高电平，使 T 导通，C_S 经过 T 向位线上的分布电容 C_B 提供电荷，使位线 B_j 获得读出的信号电平。由于实际的存储器电路中位线上总是同时接有很多的存储单元，使 $C_B \gg C_S$，因此，读出的电压信号极小，需要在 DRAM 中设置灵敏的读出放大器。另一方面，由于读出时会消耗 C_S 中的电荷，存储的数据被破坏，所以每次读出后都必须对电路进行一次刷新，以维持 C_S 上所存储的数据。

单管动态存储单元是所有存储单元中电路结构最简单的一种，虽然它的外围控制电路比较复杂，但它在提高集成度方面的优势明显，是大容量 DRAM 的首选技术。

6.3.3 RAM 的扩展

在实际应用中，经常需要大容量的 RAM。在单片 RAM 芯片容量无法满足要求时，就需要进行扩展。可以将多片 RAM 组合起来，达到增加字数、位数或两者同时增加的目的，构成容量更大的存储器。RAM 的扩展分为位扩展和字扩展两种。

1. RAM 的位扩展

当存储器的字长不够用时，可进行位扩展。位扩展可以利用芯片并联的方式实现。方法很简单,根据所需扩展的位数确定 RAM 芯片数;然后将所有 RAM 的地址线、$R/\overline{W}$、$\overline{CS}$ 分别对应并联在一起,作为扩展后 RAM 的地址线、读/写控制线、片选线;每片的 I/O 端均作为扩展后整个 RAM 输入/输出数据端的其中一位。

图 6-20 所示是用 8 片 $1024 \times 1\text{bit}$ RAM 扩展成的 $1024 \times 8\text{bit}$ RAM 的存储系统图。

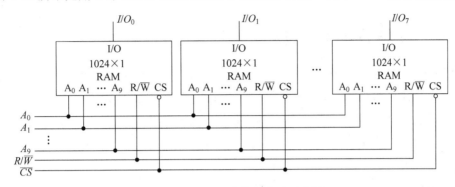

图 6-20　RAM 的位扩展方法示意图

2. RAM 的字扩展

当存储器的字长满足要求,但字数不够用时,可进行字扩展。字扩展可以利用外加译码器的输出分别控制各芯片的片选$\overline{CS}$输入端来实现,具体的扩展方法是:根据所需扩展的字数确定 RAM 芯片数;然后将所有 RAM 的地址线、$R/\overline{W}$ 和 I/O 线分别并联起来。作为扩展后 RAM 的地址线、读/写控制线、输入/输出数据端;RAM 字扩展后,其地址线是增加的,用增加的地址线作为外加地址译码器的输入,并将各芯片的$\overline{CS}$分别与地址译码器的输出相连。

图 6-21 所示是用 8 片 $1\text{K} \times 8\text{bit}$ RAM 构成的 $8\text{K} \times 8\text{bit}$ RAM 的存储系统图。图中 I/O 线、$R/\overline{W}$ 线和地址线 $A_0 \sim A_9$ 是并联起来的,高位地址码 A_{10}、A_{11} 和 A_{12} 经 74LS138 译码器的 8 个输出端,分别控制 8 片 $1\text{K} \times 8$ 位 RAM 的片选端,以实现字扩展。

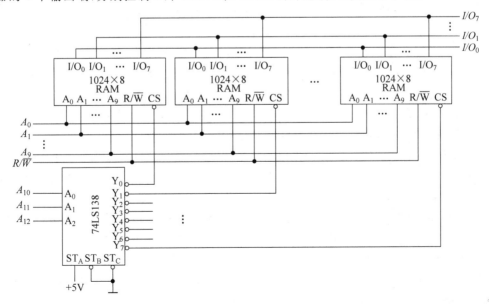

图 6-21　RAM 字扩展方法示意图

【提示】 上述扩展法同样也适用于 ROM 电路的扩展。

如果一片 ROM 或 RAM 的字数和位数都不够用,则需要进行字、位扩展,字、位扩展的方法是先进行位扩展(或字扩展)再进行字扩展(或位扩展),这样就可以满足更大存储容量的要求。

6.4 可编程逻辑器件

可编程逻辑器件(Programmable Logic Device,PLD)是一种由用户编程以实现某种逻辑功能的新型器件,它为多输入、多输出的组合逻辑或时序逻辑电路提供了一体化的解决方案。在实际电路设计中,PLD 可代替各种小规模和中规模集成电路,从而节省电路板空间、减少集成电路数目和降低成本,因此在数字电路及数字系统设计中得到了广泛应用。

可编程逻辑器件从 20 世纪 70 年代发展到现在,已形成了许多类型的产品,其结构、工艺、集成度、速度和性能等都在不断改进和提高。

最初的可编程逻辑器件是 20 世纪 70 年代初制成的 PROM,由于阵列规模大、速度低、因此它的主要用途还是作存储器。

20 世纪 70 年代中期出现了可编程逻辑阵列(Programmable Logic Array,PLA)器件,它由可编程的"与"阵列和可编程的"或"阵列组成,虽然其阵列规模大为减少,提高了芯片的利用率,但其编程复杂,没有得到广泛应用。

20 世纪 70 年代末出现了可编程阵列逻辑(Programmable Array Logic,PAL)器件,它由可编程的"与"阵列和固定的"或"阵列组成,采用熔丝编程方式、双极型工艺制造,工作速度很高,它的输出结构种类多,设计灵活。

20 世纪 80 年代初出现了通用阵列逻辑(Generic Array Logic,GAL)器件,它在 PAL 的基础上进一步进行改进,采用了输出逻辑宏单元(OLMC)的形式和 E^2CMOS 工艺结构,因而具有可擦除、可重复编程、数据可长期保存和可重新组合结构等优点。GAL 比 PAL 使用更加灵活,它可以取代大部分 SSI、MSI 和 PAL 器件,所以在 20 世纪 80 年代得到了广泛应用。

20 世纪 80 年代中期出现了可擦除、可编程逻辑器件(Erasable Programmable Logic Device,EPLD),它采用 CMOS 和紫外线可擦除 ROM 工艺制作,集成度比 PAL 和 GAL 高得多,设计也更加灵活,但内部互连能力比较弱。1985 年,Xilinx 公司首家推出了现场可编程门阵列(Field Programmable Gate Array,FPGA)器件,它是一种新型的高密度 PLD,具有密度高、编程速度快、设计灵活和可再配置设计能力等许多优点。

20 世纪 80 年代末 Lattice 公司提出了在系统可编程技术以后,相继出现了一系列具备在系统可编程能力的复杂可编程逻辑器件(Complex PLD,CPLD)。CPLD 是在 EPLD 的基础上发展起来的,比 EPLD 性能更好,设计更加灵活,其发展也非常迅速。

20 世纪 90 年代发展起来一种 PLD 新技术,称为在系统编程(In-System Programmable,ISP)技术,使在一块芯片上由用户自行实现大规模数字系统的设想成为现实。ISP 器件被誉为第四代可编程逻辑器件。

目前世界各著名半导体器件公司,如 Xilinx、Altera、Lattice 和 Actel 等公司,均可提供不同类型的 CPLD、FPGA 产品,众多公司的竞争促进了可编程集成电路技术的提高,使其性能不断完善,产品日益丰富。可以预计,可编程逻辑器件将在结构、密度、功能、速度和性能等各方面得到进一步发展,并在现代电子系统设计中得到更广泛的应用。

由于 PLD 内部阵列的连接规模十分庞大,用传统的逻辑电路图很难描述,所以在以后的各节里采用了图 6-22 中所示的简化画法,这也是目前国际、国内通用的画法。

图 6-22(a)表示多输入的"与"门,图 6-22(b)表示多输入的"或"门,图 6-22(c)是输出恒等于 **0** 的"与"门简化画法,图 6-22(d)表示互补输出的缓冲器,图 6-22(e)表示三态输出的缓冲器。

以多输入的"与"门为例,4 条竖线 A、B、C、D 均为输入线,输入到"与"门的横线称为乘积项线,输入线和乘积项线的交叉点为编程点。在编程点处接有编程器件,如熔丝或可编程的 MOS 器件等。若在编程点处的编程器件将输入线和乘积项线接通时,则在编程点处以"·"表示。若在编程点处的编程器件将输入线和乘积项线没有接通时,则在编程点处以"×"表示。图 6-22(a)中,输入线 C 与乘积项线采用固定连接;输入线 A 和 D 与乘积项线采用可编程连接;输入线 B 和乘积项线没有连接。因而该图中"与"逻辑电路的乘积项输出为 ACD。

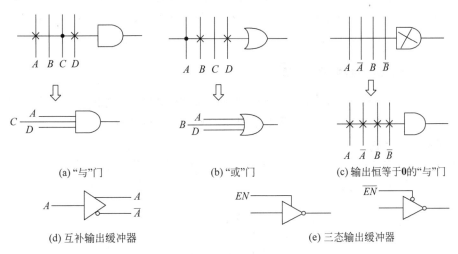

(a) "与"门　　　　　　(b) "或"门　　　　　　(c) 输出恒等于 **0** 的"与"门

(d) 互补输出缓冲器　　　　　　(e) 三态输出缓冲器

图 6-22　PLD 中各种门电路的简化表示法

6.4.1　可编程逻辑阵列

可编程逻辑阵列(PLA)是把 PROM 中的地址译码器改为可编程的"与"门阵列得到的器件。故 PLA 采用"与"门阵列和"或"门阵列均可编程的逻辑结构,其逻辑阵列图如图 6-23 所示。显然,PLA 中不需要包含输入变量的所有最小项,而是有多少个"与"门,就可以通过编程产生多少个乘积项。这些乘积项也不一定是最小项,而是由编程来确定。这样做显然提高了芯片的利用率。

【例 6-3】　试用图 6-23 所示的 PLA 实现下列逻辑函数。

$$Y_0 = \overline{A}B + B\overline{C}$$
$$Y_1 = \overline{A}C + B\overline{C} + AB$$
$$Y_2 = A + B + \overline{C}$$

解：根据给定的逻辑函数,可得到编程后的阵列图,如图 6-24 所示。

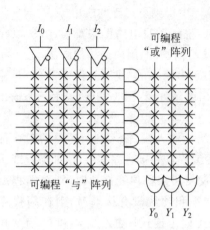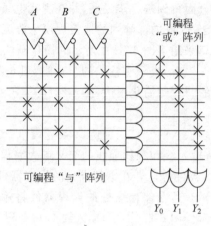

图 6-23　PLA 的逻辑阵列图　　　图 6-24　例 6-3 的逻辑阵列图

虽然 PLA 的芯片利用率较高,但对于多输出函数则需要提取、利用公共的"与"项,设计的软件算法比较复杂。此外,PLA 的两个阵列均为可编程的,不可避免地使编程后器件的运行速度下降了。

6.4.2　可编程阵列逻辑

可编程阵列逻辑(PAL)由可编程的"与"阵列、固定的"或"阵列和输出逻辑电路三部分组成。通过对"与"阵列的编程可以获得不同形式的组合逻辑函数。

1. 基本电路结构

图 6-25 所示电路是仅包含一个可编程"与"阵列和一个固定"或"阵列的 PAL,是 PAL 中最简单的一种基本电路结构。

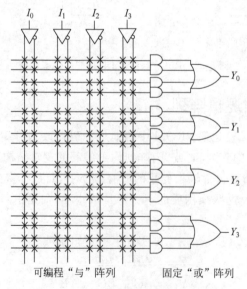

图 6-25　PAL 的基本电路结构

图 6-25 所示的 PAL 有 4 个输入、16 个"与"项,4 个固定输出。用它可以实现 4 个四变量的逻辑函数。

【例 6-4】 试用图 6-25 所示的 PAL 实现下列逻辑函数。

$$Y_0 = ABC + BCD + ACD + ABD$$
$$Y_1 = \overline{AB} + \overline{BC} + \overline{CD} + \overline{AD}$$
$$Y_2 = A\overline{B} + \overline{A}B$$
$$Y_3 = AB + \overline{AB}$$

解:根据给定逻辑函数,可得编程后的阵列图,如图 6-26 所示。

目前常见的 PAL 器件中,输入变量最多的可达 20 个,"与"阵列中"与"项的个数最多有 80 个,"或"阵列输出端最多的有 10 个,每个"或"门输入端最多的达 16 个。

2. PAL 的输出结构和反馈形式

为扩展电路的功能,增加使用的灵活性,多种型号的 PAL 器件中使用了各种形式的输出电路和反馈电路。根据输出结构和反馈电路的不同,可分成专用输出结构、可编程输入/输出结构、寄存器输出结构、"异或"输出结构等几种类型。

1) 专用输出结构

图 6-25 所示电路就属于专用输出结构,它的输出端是"或"门。另外,有的 PAL 还采用"或非"门输出结构或互补输出结构。专用输出结构 PAL

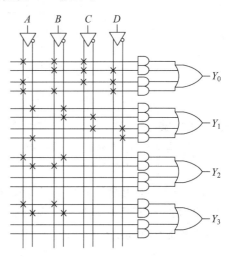

图 6-26　例 6-4 的阵列图

器件的特点是"与"阵列编程后,输出只由输入来决定,即输出端只能作输出用,因此,这类 PAL 器件适用于组合逻辑电路的设计,故专用输出结构又称为基本组合输出结构。

专用输出结构的逻辑器件有"或"门输出的 PAL10H8、PAL14H4,"或非"门输出的 PAL10L8、PAL14L4,互补输出的 PAL16C1 等。

2) 可编程输入/输出结构

图 6-27 所示电路是典型的可编程输入/输出结构。该结构的输入/输出由编程决定,当三态缓冲器 G_1 的控制端为 $EN = 0$ 时,G_1 处于高阻态,此时,I/O 端可作为输入端使用,通过缓冲器 G_2 送到"与"阵列中;当三态缓冲器 G_1 的控制端 $EN = 1$ 时,G_1 被选通,I/O 端只能作输出端使用。此时,与 I/O 端连接的缓冲器 G_2 作反馈缓冲器使用,将输出反馈至"与"阵列。可见,通过编程指定某些 I/O 端的方向,从而改变器件输入/输出线数目的比例,以满足各种不同的需要。

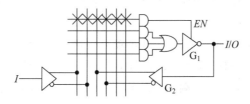

图 6-27　可编程输入/输出结构

可编程输入/输出结构的器件有 PAL16L8、PAL20L10 等。

3）寄存器输出结构

图 6-28 所示是 PAL 的寄存器输出结构。在输出三态缓冲器 G_1 和"或"阵列的输出之间加入了由 D 触发器组成的寄存器。同时,触发器的状态输出又经过互补输出的缓冲器 G_2 反馈到"与"阵列。这样,PAL 就有了记忆功能,从而满足了设计时序电路的要求。

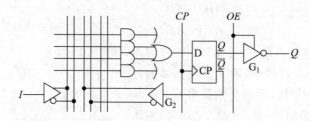

图 6-28　寄存器输出结构

不同型号的 PAL 器件,所带 D 触发器的个数不同。但各触发器受同一个时钟信号控制,各个触发器所接的三态缓冲器也受同一个使能信号控制。

寄存器输出结构的 PAL 器件有 PAL16R8、PAL16R6、PAL16R4 等。

4）"异或"输出结构

图 6-29 所示电路是 PAL 的"异或"输出结构。它是将"与"阵列输出的"与"项分成两个"或"项,经"异或"后作为 D 触发器的输入,在 CP 脉冲的上升沿到达时,存入 D 触发器。这种结构和寄存器输出结构类似,不同的是在"或"阵列的输出端增加了"异或"门。

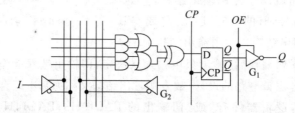

图 6-29　"异或"输出结构

"异或"输出结构的 PAL 器件有 PAL20X10、PAL20X8、PAL20X4 等。

6.4.3　通用阵列逻辑

通用阵列逻辑（GAL）的输出结构配置了输出逻辑宏单元（Output Logic Macro Cell,OLMC）,用户可以通过编程选择输出结构,它既可以编程为组合逻辑电路输出,又可以编程为寄存器输出;既可以输出低电平有效,又可以输出高电平有效等。这样 GAL 器件就可以在功能上通过编程代替 PAL 的各种输出结构,从而增加了 GAL 使用的灵活性。

1. GAL 的电路结构

GAL16V8 是一种通用的 GAL,它由 8 个输入缓冲器、8 个反馈输入缓冲器、8 个输出缓冲器、8 个输出逻辑宏单元和可编程的"与"阵列构成。GAL16V8 型号中 16 表示最大输入端数（它包括可编程为输入的输出端）,8 表示输出端数,V 表示通过编程器编程的普通型。图 6-30 是 GAL16V8 的结构图。

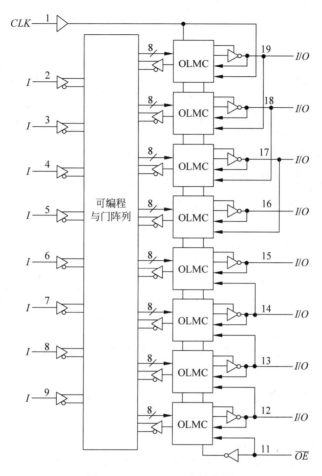

图 6-30   GAL16V8 的结构图

图 6-30 中,8 个输入缓冲器和 8 个反馈输入缓冲器的作用是将 8 个输入变量和 8 个反馈输入变量转变成以原变量或反变量的形式出现在"与"阵列每个"与"门的输入端。"与"阵列中有 64 个"与"项,32 个变量(8 个输入变量的原变量和反变量,8 个反馈输入变量的原变量和反变量),共有可编程单元 2048 个。所以 GAL16V8 最多有 16 个输入信号,8 个输出信号。

8 个 OLMC 中每个 OLMC 接有 8 个输入的"或"门,OLMC 的输出和三态输出缓冲器相接。前三个和后三个输出端都有反馈线连接到邻近 OLMC。这些反馈线的作用可将邻近单元的输出信息反馈到"与"阵列,增强了器件的逻辑功能。

2. 输出逻辑宏单元

GAL16V8 的 OLMC 结构如图 6-31 所示。

每个 OLMC 包含"或"阵列中的一个八输入"或"门,"或"门的每一个输入是"与"阵列中一个"与"门的输出,故"或"门的输出为若干个乘积项之和。

图中的"异或"门用于控制"或"门输出信号的极性,当 $XOR(n)$ 端为 1 时,"异"或门起反相器作用;否则为同相输出。其中 $XOR(n)$ 为结构控制字中的 1 位,n 为该 OLMC 的引脚号。这一特点使得 GAL 能够实现多于 8 个乘积项之和的逻辑功能。

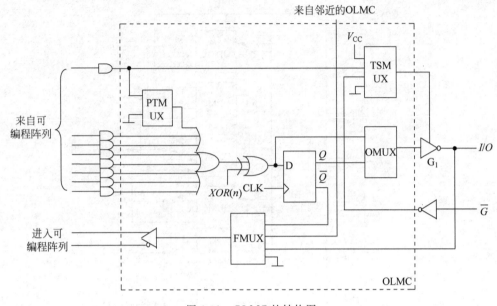

图 6-31　OLMC 的结构图

图中 D 触发器的作用是锁存"或"门的输出状态,使 GAL 能实现时序逻辑电路。

OLMC 有 4 个数据选择器,分别是 2 选 1 数据选择器 PTMUX 和 OMUX、4 选 1 数据选择器 TSMUX 和 FMUX。

PTMUX 是乘积项数据选择器,用以选择来自"与"阵列的第一乘积项是否作为"或"门的一个输入。

TSMUX 是三态数据选择器,用来分别选择第一乘积项、外接 G 信号、固定低电平和固定高电平作为三态门 G_1 的控制信号,产生相应的输出。

OMUX 是输出数据选择器,用来选择将"异或"门的输出送到输出端,还是将 D 触发器的 Q 端输出送到输出端。

FMUX 是反馈数据选择器,用来决定送到"与"阵列的反馈信号的来源,可供选择的信号有 D 触发器的反相输出、本 OLMC 的输出、邻近 OLMC 的输出和固定的低电平。

6.4.4　CPLD、FPGA 和在系统编程技术简介

随着超大规模集成电路工艺的不断提高,FPGA/CPLD 芯片的规模也越来越大,其单片逻辑门数已达到上百万门,所能实现的功能也越来越强,同时也可以实现系统集成,即片上系统 SoC(System on Chip)。而在系统编程(ISP)技术是 20 世纪 90 年代发展起来的一种 PLD 新技术,ISP 器件被誉为第四代可编程逻辑器件。这三种可编程的逻辑器件在数字系统设计中各有优势。

1. 复杂可编程逻辑器件

复杂可编程逻辑器件(CPLD)是一种由多个 SPLD(简易可编程逻辑器件,Simple Programmable Logic Device,如 PAL、GAL、PROM 等)交互连接在单个芯片上而组成的逻辑器件,具有复杂的 I/O 单元互连结构,可由用户根据需要生成特定的电路结构,能够用来

实现诸如移位寄存器等部件的大逻辑功能。

CPLD 主要由具有可编程相互连接的多组 PAL/GAL 相似阵列组成,如图 6-32 所示。每个 PAL/GAL 组都称为一个逻辑阵列块(Logic Array Block,LAB)。每个 LAB 都可以交互连接于其他 I/O(输入/输出)控制块,使用可编程互连阵列(Programmable Interconnect Array,PIA)来形成大逻辑功能。和 PAL、GAL 相似,CPLD 也是基于"与、或"的体系结构。

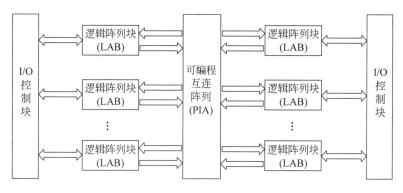

图 6-32　CPLD 的基本结构图

LAB 中包含 32 到几百个宏单元。典型的宏单元具有一个"与"阵列、一个乘积项选择矩阵、一个"或"门、一个可编程寄存器部分。

PIA 由穿过 CPLD 芯片的导线,以及每个 LAB 中宏单元可以形成的连接组成。通过使用 PIA,任何宏单元都可以连接到相同 LAB 内部的其他宏单元上,也可以连接到其他设备 LAB 中的宏单元上,或连接到其他 I/O。其连接对于大多数 CPLD 是使用 E^2CMOS 技术来生成的。

CPLD 的制造商包括 Altera、Xilinx、Lattice、Cypress 和其他几家公司,每个公司都用自己的方法来实现 CPLD 体系结构,但是它们都是基于 PAL/GAL"与、或"逻辑阵列的。

CPLD 具有编程灵活、集成度高、设计开发周期短、适用范围宽、开发工具先进、设计制造成本低、对设计者的硬件经验要求低、标准产品无须测试、保密性强、价格大众化等特点,可实现较大规模的电路设计,因此被广泛应用于产品的原型设计和产品生产(一般在 10 000 件以下)之中。几乎所有应用中小规模通用数字集成电路的场合均可应用 CPLD 器件。CPLD 器件已成为电子产品不可缺少的组成部分,它的设计和应用成为电子工程师必备的一种技能。

CPLD 基本设计方法是借助集成开发软件平台,用原理图、硬件描述语言等方法,生成相应的目标文件,通过下载电缆(在系统编程)将代码传送到目标芯片中,实现所设计的数字系统。

2. 现场可编程门阵列

现场可编程门阵列(FPGA)是 20 世纪 80 年代中期出现的一种新型的可编程逻辑器件,其结构不同于基于"与、或"阵列的器件。其最大的特点是可实现现场编程。所谓现场编程是指对于已经焊接在 PCB 上或正在工作的芯片实现逻辑重构,当然也可在工作一段时间后修改逻辑。FPGA 为逻辑单元阵列结构(Logic Cell Array,LCA),主要由可配置逻辑模块(Configurable Logic Block,CLB)、可编程输入输出模块(Input-Output Block,IOB)和可编程内部连线(Programmable InterConnect,PIC)三部分组成,其结构如图 6-33 所示。

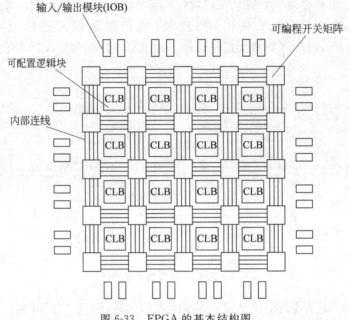

图 6-33 FPGA 的基本结构图

由图 6-33 可见,由 CLB 构成二维阵列,块与块之间有纵向、横向两种布线资源,芯片内部各部分的逻辑连接由 SRAM 控制。芯片的四周是输入/输出模块,这些 IOB 也是由逻辑门和触发器等组成。同一公司生产的不同型号的 FPGA,其 CLB 和布线也有较大的区别。

通用 FPGA 中的每一个 CLB 都含有几个逻辑单元。典型的 FPGA 逻辑单元含有一个 4 输入查找表格、关联逻辑和一个触发器。4 输入查找表格可以被编程为逻辑功能发生器,它可以用来产生"与、或"功能或诸如加法器和比较器的逻辑功能。

每一个 IOB 可以根据需要,通过编程控制的存储器单元来定义三种不同的功能:输入、输出、双向。当 IOB 作为输入口使用时,输入信号可通过缓冲器输入,也可通过寄存器输入。当 IOB 作为输出口使用时,来自芯片内部的信号既可直接输出,又可由 D 触发器寄存后经缓冲器或三态门输出。每一个 IOB 的设置选项有:是否倒相,信号输出翻转速率,是否接高阻值的上拉电阻等。此外,每一个输入电路还具有钳位二极管来提供静电保护。

可编程内部连接线主要由金属线段组成,它分布于 CLB 阵列周围,通过由 SRAM 配置控制的可编程开关矩阵实现系统逻辑的布线。主要有三种类型的连线:内部连线、长线和直接连线。

3. 在系统编程技术

在系统编程(ISP)是指用户可以在自己设计的目标系统上、为实现预定逻辑功能而对逻辑器件进行编程或改写。使用 ISP 技术可实现几乎所有类型的数字逻辑电路功能,使得在一块芯片上由用户自行实现大规模数字系统的设想成为现实,这是 PLD 设计技术发展中的一次重要变革。

ISP 技术及其系列产品有 ispLSI、ispGAL 和 ispGDS,其显著特点是具有在系统可编程功能,它结合了可编程逻辑器件结构灵活、性能优越、设计简单等特点,为用户提供了传统的 PLD 技术无法达到的灵活性,用户无需昂贵的编程器就可以直接使用系列产品 PLSI/ispLSI 和 ispGAL、ispGDS 器件编程构造数字系统。这种"硬件软做"的方法对于芯片的设计与应用开发、电路的调试与修改、电子产品的升级换代以及缩短产品研制周期、降低生产成本、提高产品竞争能力都具有重要意义,不仅给用户带来了极大的时间效益和经济效益,而且使可编程技术发生了实质性的飞越。ispLSI、ispGAL 和 ispGDS 等可编程逻辑器件是继 CPLD、EPLD、FPGA 之后的一个更新的家族成员,而且 FPGA 中有部分器件就具有在系统编程能力和远程控制能力。

6.5 利用 Multisim 分析半导体存储器

在 Multisim 13.0 中构建 4×4 位掩膜 ROM 仿真电路,如图 6-34 所示。从 TTL 器件库中选出 2 线-4 线译码器 74LS139N,反相器 74LS04N,三态门 74LS125N;从基本元件库中选出电阻、单刀双掷开关;二极管从元件工具栏的二极管库中找出;电压源及接地端从电源/信号源库中找出;指示灯从指示元件库中找出,并在 Component 栏中选择颜色,或使用快捷键 Ctrl+W 调出选用元件对话框,再找出相应的元件。

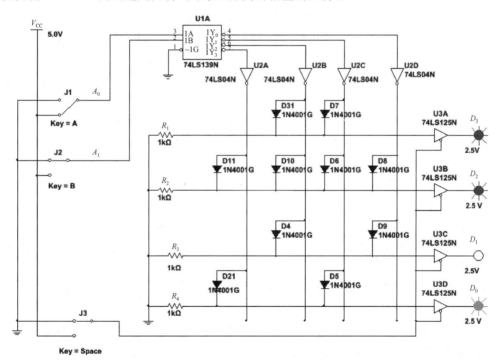

图 6-34 4×4 位掩膜 ROM 仿真电路

双击单刀双掷开关的图形符号,在弹出对话框的 Key for Switch 右侧下拉列表中分别选取 B、A、Space 字符作为各开关的控制键,单击 OK 按钮退出;在各指示灯的图形符号旁分别写入 D_3、D_2、D_1、D_0,表示显示 ROM 的 4 位输出数据。

单击仿真开关后,逐行测试输出数据。当输出控制信号$\overline{EN}=0$,地址输入信号$A_1A_0=00$时读出数据0110,地址输入信号$A_1A_0=01$时读出数据1101,地址输入信号$A_1A_0=10$时读出数据1110,地址输入信号$A_1A_0=11$时读出数据0101。输出控制信号$\overline{EN}=1$时,不能输出数据。

本章小结

本章介绍了半导体存储器和可编程逻辑器件的结构、原理及应用,主要讲述了以下内容。

(1) 半导体存储器是一种能够存储大量二进制信息的半导体器件,是现代数字系统特别是计算机系统中的重要组成部件。根据存取方式的不同,可将半导体存储器分为只读存储器(ROM)和随机存储器(RAM)两大类。

(2) ROM是一种非易失性的存储器,一般只能被读出不能写入,主要用于存储固定数据。其结构可以用阵列图简化表示。根据数据写入方式的不同,ROM可分为掩膜ROM、可编程ROM(PROM)、可擦除可编程ROM(EPROM)、电可擦除可编程ROM(E^2PROM)、快闪存储器(Flash Memory)等类型。

(3) RAM可以随机读取或写入数据,但它存储的数据会随电源断电而消失,因此是一种易失性存储器。根据存储单元工作原理的不同,可将其分为静态随机存储器(SRAM)和动态随机存储器(DRAM)。前者用触发器记忆数据,后者靠MOS管栅极电容存储数据。因此,在不停电的情况下,SRAM的数据可以长久保持,而DRAM则必须定期刷新。

(4) 当存储器的容量不能满足存储要求时,可将多片存储器的芯片组合起来,采用位扩展法或字扩展法来扩大存储器的容量,构成容量更大的存储器。

(5) 半导体存储器的应用领域极为广泛,是数字系统中不可缺少的重要组成部分。不仅在记录数据或各种信号的场合需要用到存储器,还可以利用存储器设计组合逻辑电路,即把地址输入作为输入逻辑变量,把数据输出端作为函数输出端,根据所需的逻辑函数写入相应的数据,即可得到所需要的组合逻辑电路。

(6) 可编程逻辑器件(PLD)是一种由用户编程以实现某种逻辑功能的新型器件,它为多输入、多输出的组合逻辑或时序逻辑电路提供了一体化的解决方案。可编程逻辑器件主要包括可编程逻辑阵列(PLA)、可编程阵列逻辑(PAL)、通用阵列逻辑(GAL)、CPLD及FPGA等。

(7) PLA由可编程"与"门阵列和可编程"或"门阵列组成;PAL由可编程"与"门阵列和带有输出逻辑电路的固定"或"门阵列组成;GAL由可编程"与"门阵列和带有可编程输出逻辑电路的固定"或"门阵列组成;CPLD和FPGA是规模更大、密度更高的可编程逻辑器件;ISP器件被誉为第四代可编程逻辑器件。

习题

1. 填空题

(1) 半导体存储器按功能不同可分为_____和_____两种。

（2）只读存储器在正常工作时，只能＿＿＿＿＿＿＿数据，而不能＿＿＿＿＿＿＿数据。当失去电源后，存储的信息＿＿＿＿＿＿＿。

（3）随机存储器可分为＿＿＿＿＿＿＿和＿＿＿＿＿＿＿两大类。

（4）存储容量为 512×8 位的 ROM，有＿＿＿＿＿＿＿位地址线，＿＿＿＿＿＿＿位字线和＿＿＿＿＿＿＿位位线。

（5）RAM 的读/写控制电路受片选信号 $\overline{CS}$ 和读/写控制信号 $R/\overline{W}$ 控制，当 $\overline{CS}=0$ 时，若 $R/\overline{W}=1$，电路执行＿＿＿＿＿＿＿操作，若 $R/\overline{W}=0$，电路执行＿＿＿＿＿＿＿操作。

（6）DRAM 的存储单元一般是利用电容存放数据，故需要＿＿＿＿＿＿＿来保证存储数据不会丢失。

（7）可编程逻辑器件主要类型有＿＿＿＿＿＿＿、＿＿＿＿＿＿＿、＿＿＿＿＿＿＿、＿＿＿＿＿＿＿。

（8）PAL 的常用输出结构有＿＿＿＿＿＿＿、＿＿＿＿＿＿＿、＿＿＿＿＿＿＿和＿＿＿＿＿＿＿4 种。

（9）GAL16V8 具有＿＿＿＿＿＿＿个输入，＿＿＿＿＿＿＿个输出。

（10）FPGA 是＿＿＿＿＿＿＿的简称。

2. 选择题

（1）某 ROM 有 13 条地址线和 8 位数据线，则其存储容量是＿＿＿＿＿＿＿位。
　　A. 13×8　　　　　B. $2^{13}×8$　　　　C. 13×28　　　　D. 138

（2）容量为 2048×4 位的 RAM，其地址线和数据线的条数分别为＿＿＿＿＿＿＿。
　　A. 4,4　　　　　B. 2048,4　　　　C. 10,4　　　　D. 11,4

（3）若停电数分钟后恢复供电，＿＿＿＿＿＿＿中的数据将保持不变。
　　A. ROM　　　　B. RAM　　　　C. ROM 和 RAM　　D. SRAM

（4）容量为 256×4 位的 RAM，每给定一个地址码可以选中的存储单元的个数为＿＿＿＿＿＿＿。
　　A. 4 个　　　　　B. 8 个　　　　C. 256 个　　　　D. 2048 个

（5）随机存储器（RAM）的正常工作状态下，具有的功能是＿＿＿＿＿＿＿。
　　A. 只能读出数据　　　　　　　　　B. 只能写入数据
　　C. 既能读出，又能写入　　　　　　D. 没有读写功能

（6）可由用户以专用设备将数据写入，写入后还可以用专门的方法（如紫外线照射）将原来内容擦除后再写入新内容的只读存储器是＿＿＿＿＿＿＿。
　　A. Flash Memory　B. PROM　　　C. EPROM　　　D. E^2 PROM

（7）用 1M×4 位的 RAM 芯片通过＿＿＿＿＿＿＿可以获得 4M×8 位的存储器。
　　A. 字扩展　　　　B. 位扩展　　　C. 复合扩展　　　D. 字或位扩展

（8）PAL 与 PROM、EPROM 之间的区别是＿＿＿＿＿＿＿。
　　A. PAL 的"与"阵列可充分利用
　　B. PAL 可实现组合和时序逻辑电路
　　C. PROM 和 EPROM 可实现任何形式的组合逻辑电路
　　D. 没有区别

（9）GAL 具有＿＿＿＿＿＿＿。
　　A. 一个可编程"与"阵列、一个固定"或"阵列和可编程输出逻辑
　　B. 一个固定"与"阵列和一个可编程"或"阵列

    C. 一次性可编程"与或"阵列

    D. 可编程"与或"阵列

(10) CPLD 表示 _____。

    A. 简单可编程逻辑阵列　　　　　　　B. 可编程交互连接阵列

    C. 复杂可编程逻辑器件　　　　　　　D. 现场可编程逻辑阵列

3. 试写出如图 6-35 所示阵列图的逻辑函数表达式和真值表,并说明其功能。

4. 由 16×4 位 ROM 和四位二进制加法计数器 74LS161 组成的脉冲分配电路如图 6-36 所示,ROM 的输入、输出关系如表 6-3 所示。试画出在 CP 信号作用下 D_3、D_2、D_1、D_0 的波形。

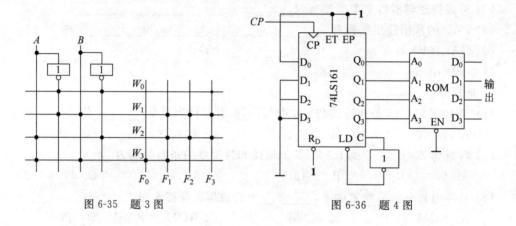

图 6-35　题 3 图　　　　　　　　　　　　图 6-36　题 4 图

表 6-3　ROM 的输入、输出关系

A_3	A_2	A_1	A_0	D_3	D_2	D_1	D_0
0	0	0	0	1	1	1	1
0	0	0	1	0	0	0	0
0	0	1	0	0	0	1	1
0	0	1	1	0	1	0	0
0	1	0	0	0	1	0	1
0	1	0	1	1	0	1	0
0	1	1	0	1	0	0	1
0	1	1	1	1	0	0	0
1	0	0	0	1	1	1	1
1	0	0	1	1	1	0	0
1	0	1	0	0	0	0	1
1	0	1	1	0	0	1	0
1	1	0	0	0	0	0	1
1	1	0	1	0	0	1	0
1	1	1	0	0	1	1	1
1	1	1	1	0	0	0	0

5. 有一 ROM 的存储内容如表 6-4 所示。

(1) 该 ROM 的存储容量是多少?

(2) 画出该 ROM 的阵列图。

(3) 写出该 ROM 所实现的逻辑函数表达式,并化简。

表 6-4 ROM 存储的内容

地址代码		字 线				位 线			
A_1	A_2	W_3	W_2	W_1	W_0	D_3	D_2	D_1	D_0
0	**0**	**0**	**0**	**0**	**1**	**1**	**0**	**1**	**0**
0	**1**	**0**	**0**	**1**	**0**	**0**	**1**	**0**	**1**
1	**0**	**0**	**1**	**0**	**0**	**1**	**1**	**1**	**0**
1	**1**	**1**	**0**	**0**	**0**	**1**	**1**	**0**	**1**

6. 试用 ROM 实现下列逻辑函数,画出其列阵图。

$$\begin{cases} F_1 = \overline{ABC} + \overline{A}BC + AB\overline{C} + ABC \\ F_2 = \overline{\overline{ABC}} + \overline{A}B\overline{C} \\ F_3 = AC + B \end{cases}$$

7. 试用 ROM 设计一个八段显示译码器,画出列阵图。

8. 试用 ROM 实现一位二进制全加器,画出列阵图。

9. 试用 ROM 设计一个实现 8421BCD 码到余 3 码转换的逻辑电路,画出列阵图。

10. 试用 ROM 设计一个能实现两个两位二进制数的乘法运算电路,画出列阵图。

11. 256×4 位 RAM 芯片的符号如图 6-37 所示。试用位扩展的方法组成 256×8 位 RAM,画出逻辑图。

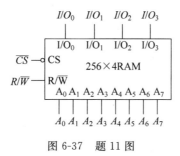

图 6-37 题 11 图

12. 1024×4 位 RAM 芯片的符号如图 6-38 所示。试用四片 1024×4 位的 RAM 和 3 线-8 线译码器 74LS138 组成 4096×4 位的 RAM,画出逻辑图。

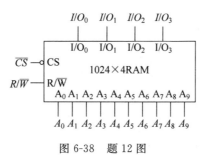

图 6-38 题 12 图

13. 试用十六片 1024×4 位的 RAM 和 3 线-8 线译码器 74LS138 组成 8K×8 位的 RAM,画出逻辑图。1024×4 位 RAM 芯片的符号如图 6-38 所示。

14. 试写出图 6-39 所示电路的逻辑函数表达式。

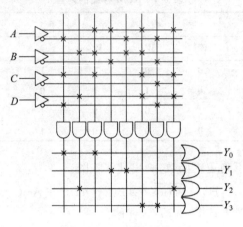

图 6-39　题 14 图

15. 画出实现下面双输出逻辑函数的 PLA 阵列图。

$$f_1(A,B,C) = \overline{A}\,\overline{B}C + A\overline{B}C + ABC$$

$$f_2(A,B,C,D) = \overline{A}\,\overline{B}\,\overline{C}\,\overline{D} + \overline{A}\,B\overline{C}D + \overline{A}\,\overline{B}CD + AB\overline{C}\,\overline{D}$$

16. 试用 PAL 实现题 6 中的逻辑函数。

17. 试用 PAL 设计一个代码转换电路,将四位二进制代码转换成格雷码。

18. 利用 Multisim 分析随机存取存储器 HM6116A120。

第 7 章

脉冲波形的产生和整形电路

兴趣阅读——555 定时器及其发明者 Hans R. Camenzind

555 定时器是美国 Signetics 公司(1975 年被飞利浦半导体公司收购,也就是现在的恩智浦半导体公司)于 1971 年研制的用于取代机械式定时器的中规模集成电路,常用于定时器、脉冲发生器和振荡电路,它的设计者是 Hans R. Camenzind。

Camenzind 1934 年生于瑞士,大学毕业后到美国深造,先后获得波士顿东北大学电气工程硕士和圣克拉拉大学 MBA 学位。1971 年,在 Signetics 公司工作期间,Camenzind 经济情况不宽裕,年薪不超过 1.5 万美元,还有妻子和 4 个孩子需要负担,他真的迫切需要发明出一件杰作。

在萌发设计 555 定时器想法的时候,Camenzind 正在设计一种被称为锁相环的系统。在经过一些修改后,电路可以像一个简单的定时器那样工作:设定好时间,电路就会在一个特定的时期内运行。现在听起来非常简单,但是当初做起来并非如此。

首先,Signetics 公司的工程部门拒绝了他设计定时器的想法。因为公司当时正在销售一些部件,而客户可以将这些部件用作定时器,这已经为这一想法画上了句号。不过 Camenzind 一直坚持自己的想法。他找到了公司的营销经理 Art Fury,Fury 对这一想法十分欣赏。

为此,Camenzind 花了近一年的时间测试电路试验板原型,并在纸上反复画电路,裁剪 Rubylith 遮蔽膜。Camenzind 说:"当时全是手工制作的,没有计算机。"他最后设计的 555 定时器拥有 23 个晶体管、16 个电阻器和 2 个二极管。

555 定时器在 1971 年投入市场,引起了轰动。由于 555 定时器的易用性、低廉的价格和良好的可靠性,直至今日仍被广泛应用于电子电路的设计中。许多厂家都生产 555 芯片,包括采用双极型晶体管的传统型号和采用 CMOS 设计的版本。555 定时器被认为是当前年产量最高的芯片之一。一般认为 555 芯片名字的来源是其中的 3 枚 5kΩ 电阻,但 Camenzind 否认这一说法,并声称他是随意取的这 3 个数字。

除了 555 定时器之外,Camenzind 还设计了第一个集成 D 类功率放大器,他是第一个将锁相环的概念引入集成电路,发明了半定制集成电路的人。他创办过两个成功的电路设计公司。2002 年,他入选 *Electronic Design* 杂志名人堂。

他是一位多产的作者,著有讲述模拟电路设计的书籍 *Designing Analog Chips*、讲述电子学历史的书籍 *Much Ado About Almost Nothing*,还有宗教书籍 *Circumstantial Evidence* 等。

2012 年 8 月 15 日,Camenzind 在睡梦中去世,享年 78 岁。图 7-1 为 Camenzind 和 555 定时器的最早原型。

图 7-1　Hans R. Camenzind 和 555 定时器最早的原型

本章主要介绍矩形脉冲波形的产生和整形电路,首先介绍矩形脉冲的基本特性,然后详细介绍 555 定时器的电路结构和工作原理,随后分别介绍由门电路和 555 定时器构成矩形脉冲整形和产生电路的方法及其应用等内容。此外,还给出了用 Multisim 分析 555 定时器应用电路的实例。本章学习要求如下:

(1) 熟悉 555 定时器的基本电路结构、工作原理及特点;

(2) 掌握施密特触发器、单稳态触发器和多谐振荡器的工作原理,以及电路参数和性能的定性关系;

(3) 掌握 555 定时器构成的施密特触发器、单稳态触发器和多谐振荡器的方法;

(4) 了解施密特触发器、单稳态触发器的典型应用;

(5) 了解用 Multisim 分析 555 定时器应用电路的方法。

7.1　概述

7.1.1　矩形脉冲的基本特性

广义上讲,凡是非正弦信号都是脉冲信号。按照脉冲波形的不同,可分为矩形波、梯形波、阶梯波、锯齿波等。

数字系统中使用的脉冲信号大多是矩形脉冲波,例如时序电路中的时钟信号,就是一种典型的矩形脉冲波信号。矩形脉冲波形的好坏直接关系到数字电路能否正常工作。矩形脉冲的波形如图 7-2 所示。描述矩形脉冲特性的主要参数如下。

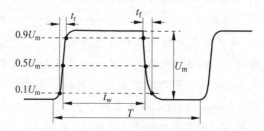

图 7-2　矩形脉冲及描述矩形脉冲特性的主要参数

（1）脉冲周期 T：周期性重复的脉冲序列中，两个相邻脉冲之间的时间间隔。有时也用频率 $f=1/T$ 表示单位时间内脉冲重复的次数。

（2）脉冲幅度 U_m：脉冲电压的最大变化幅度。

（3）脉冲宽度 t_w：从脉冲的前沿上升到 $0.5U_m$ 处开始，到脉冲后沿下降到 $0.5U_m$ 为止的一段时间。

（4）上升时间 t_r：脉冲的上升沿从 $0.1U_m$ 上升到 $0.9U_m$ 所需要的时间。

（5）下降时间 t_f：脉冲的下降沿从 $0.9U_m$ 下降到 $0.1U_m$ 所需要的时间。

（6）占空比 q：脉冲宽度与脉冲周期的比值，即 $q=t_w/T$。

利用这些指标，就可以把一个矩形脉冲的基本特性大体表示出来。但是，在将脉冲整形或产生电路用于具体的数字系统时，有时还可能有一些特殊的要求，例如脉冲周期和幅度的稳定性等。这时就需要增加一些相应的性能参数来加以说明。

【提示】 对于理想的矩形脉冲，其上升时间 t_r 和下降时间 t_f 均为零。

7.1.2 脉冲电路

在数字系统中获得矩形脉冲信号的方法通常有两种：一种是利用脉冲产生电路，直接产生所需的矩形脉冲；另一种是利用整形电路，将已有信号整形为符合要求的矩形脉冲。

脉冲电路是用来产生和处理脉冲信号的电路。可以用晶体管、场效应管、电阻、电感、电容等分立元件构成，也可以用集成门电路或集成芯片（如 555 定时器）构成。

典型的脉冲电路有施密特触发器、单稳态触发器和多谐振荡器 3 种。

7.2 555 定时器

555 定时器是一种多用途的数字-模拟混合中规模集成电路。555 定时器使用灵活、方便，只需外接少量的电阻和电容元件，就可以很方便地构成施密特触发器、多谐振荡器和单稳态触发器。因此，在波形产生和变换、测量和控制、家用电器、工业控制等领域都得到了广泛的应用。

目前 555 定时器产品型号很多，但是所有双极型（又称 TTL 型）产品型号的最后 3 位都是 555；所有单极型（又称 CMOS 型）产品型号的最后 4 位都是 7555。而且这两种类型产品的结构、工作原理及外部引脚排列都基本相同。一般说来，双极型定时器的驱动能力较强，电源电压范围为 5~16V，最大负载电流可达 200mA，而 CMOS 定时器的电源电压范围为 3~18V，最大负载电流在 4mA 以下，具有功耗低、输入阻抗高等优点。

7.2.1 555 定时器的电路结构

图 7-3(a)是国产双极型定时器 CB555 的电路结构，555 定时器由基本 RS 触发器、电压比较器 C_1 和 C_2、分压器、放电三极管 T_D 和输出缓冲器 G_4 五部分组成。

（1）基本 RS 触发器。由两个"与非"门组成，$\overline{R}_D$ 是专门设置的可以从外部进行置零的复位端，当 $\overline{R}_D=\mathbf{0}$ 时，使 $Q=\mathbf{0}$，$\overline{Q}=\mathbf{1}$。

（2）电压比较器。C_1 和 C_2 是两个电压比较器。比较器有两个输入端，分别标有"＋"号和"－"号，如果用 U_+ 和 U_- 表示相应输入端上所加的电压，则当 $U_+>U_-$ 时其输出为高

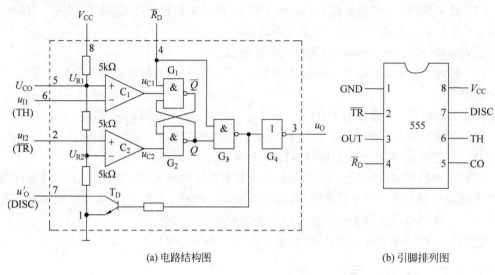

(a) 电路结构图 (b) 引脚排列图

图 7-3 555 定时器电路结构和引脚排列图

电平,$U_+ < U_-$ 时输出为低电平,两个输出端基本上不向外电路索取电流,即输入电阻趋于无穷大。

(3) 分压器。3 个阻值均为 $5\mathrm{k}\Omega$ 的电阻串联起来构成分压器,为电压比较器 C_1 和 C_2 提供参考电压 U_{R1} 和 U_{R2}。当电压控制端 U_{CO}(5 脚)悬空时,$U_{R1} = \frac{2}{3}V_{CC}$,$U_{R2} = \frac{1}{3}V_{CC}$;如果 U_{CO} 外接固定电压,则 $U_{R1} = U_{CO}$,$U_{R2} = \frac{1}{2}U_{CO}$。当工作中不使用电压控制端 U_{CO} 时,一般可通过一个 $0.01\mu\mathrm{F}$ 左右的滤波电容接地,以防止高频干扰。

(4) 放电三极管 T_D。T_D 工作在开关状态,受触发器控制,当触发器输出 $Q=1$,$\bar{Q}=0$,时,T_D 截止;当触发器输出 $Q=0$,$\bar{Q}=1$,T_D 饱和,可为外接电容提供放电通道。

(5) 输出缓冲器 G_4。输出缓冲器 G_4 是接在输出端的反相器,其作用是提高定时器带负载能力,同时隔离负载对定时器的影响。

图 7-3(b)是 CB555 定时器的引脚排列图。555 定时器有 8 个引脚,各引脚的功能如下:

1 引脚 GND:为接地端。

2 引脚 $\overline{TR}$:为低电平触发端,也称为触发输入端,是比较器 C_2 的同相输入端。

3 引脚 OUT:为输出端。

4 引脚 $\bar{R}_D$:为复位端,当 $\bar{R}_D$ 为低电平时,无论其他输入端状态如何,电路的输出 u_O 立即被置为低电平。因此,在电路正常工作时,必须使 $\bar{R}_D$ 接高电平。

5 引脚 CO:电压控制端,该引脚外接一个固定电压,可以改变比较器 C_1、C_2 的参考电压。

6 引脚 TH:为高电平触发端,也称为阈值输入端,是比较器 C_1 的反相输入端。

7 引脚 DISC:为放电端,当基本 RS 触发器的 $\bar{Q}=1$ 时,三极管 T_D 导通,外接电容 C 通过此三极管放电。

8 引脚 V_{CC}:为电源输入端,可在 $5\sim16\mathrm{V}$ 使用。

7.2.2　555 定时器的工作原理

由图 7-3(a)可知,在正常工作状态下,$\bar{R}_D$ 为高电平。

当 $u_{I1}>U_{R1}$,$u_{I2}>U_{R2}$时,比较器 C_1 的输出 $u_{C1}=0$,比较器 C_2 的输出 $u_{C2}=1$,基本 RS 触发器被置 **0**,放电三极管 T_D导通,输出 u_O 为低电平。

当 $u_{I1}<U_{R1}$,$u_{I2}<U_{R2}$时,比较器 C_1 的输出 $u_{C1}=1$,比较器 C_2 的输出 $u_{C2}=0$,基本 RS 触发器被置 **1**,放电三极管 T_D截止,输出 u_O 为高电平。

当 $u_{I1}>U_{R1}$,$u_{I2}<U_{R2}$时,比较器 C_1 的输出 $u_{C1}=0$,比较器 C_2 的输出 $u_{C2}=0$,基本 RS 触发器的 $Q=\bar{Q}=1$,放电三极管 T_D截止,输出 u_O 为高电平。

当 $u_{I1}<U_{R1}$,$u_{I2}>U_{R2}$时,比较器 C_1 的输出 $u_{C1}=1$,比较器 C_2 的输出 $u_{C2}=1$,基本 RS 触发器的状态保持不变,放电三极管 T_D 的状态和输出 u_O 的状态也保持不变。

根据以上的分析,可以得到 555 定时器的功能表,如表 7-1 所示。

表 7-1　555 定时器功能表

输　　入			输　　出	
$\bar{R}_D$	u_{I1}	u_{I2}	u_O	T_D
0	×	×	**0**	导通
1	$>\frac{2}{3}V_{CC}$	$>\frac{1}{3}V_{CC}$	**0**	导通
1	$<\frac{2}{3}V_{CC}$	$>\frac{1}{3}V_{CC}$	不变	不变
1	$<\frac{2}{3}V_{CC}$	$<\frac{1}{3}V_{CC}$	**1**	截止
1	$>\frac{2}{3}V_{CC}$	$<\frac{1}{3}V_{CC}$	**1**	截止

7.3　施密特触发器

施密特触发器(Schmitt Trigger)是脉冲波形变换和整形中经常使用的一种电路,它具有两个重要的特性:

第一,输入信号从低电平上升的过程中,使电路状态发生转换时所对应的输入电压,与输入信号从高电平下降为低电平过程中,使电路状态发生转换时所对应的输入电压不同。

第二,在电路状态转换时,通过电路内部的正反馈过程能够使输出电压波形的边沿变得很陡。

利用这两个特点不仅能把边沿变化非常缓慢的信号波形,整形成边沿陡峭的矩形脉冲。而且还可以将叠加在矩形脉冲高、低电平上的噪声有效清除。

7.3.1　门电路构成的施密特触发器

图 7-4 所示电路是用 CMOS 反相器构成的施密特触发器。图中 G_1 和 G_2 为两级串接的反相器,R_1 和 R_2 构成分压环节,输入电压 u_I通过 R_1、R_2 的分压来控制 G_1、G_2 门的状态。

对于 CMOS 门电路,可以近似认为 $U_{OH}\approx V_{DD}$、$U_{OL}\approx 0V$,并设 CMOS 反相器 G_1 和 G_2

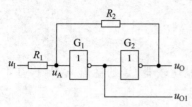

图 7-4 CMOS 反相器构成的施密特触发器

的阈值电压 $U_{TH} = \dfrac{V_{DD}}{2}$,且 $R_1 < R_2$。

当输入 $u_I = 0V$ 时,$u_A \approx 0V$,G_1 门截止,$u_{O1} = U_{OH} \approx V_{DD}$,$G_2$ 门导通,$u_O = U_{OL} \approx 0V$。

当输入 u_I 从 $0V$ 逐渐上升时,u_A 也逐渐增加,只要 $u_A < U_{TH}$,电路保持 $u_O \approx 0V$ 不变。

当输入 u_I 继续上升到 $u_A = U_{TH}$ 时,G_1 门进入了电压传输特性的转折区,此时 u_A 的上升将在电路中引起如下的正反馈过程:

$$u_I\uparrow \longrightarrow u_A\uparrow \longrightarrow u_{O1}\downarrow \longrightarrow u_O\uparrow$$

于是电路的输出 u_O 迅速从低电平转换成高电平,即 $u_O = U_{OH} \approx V_{DD}$。

u_I 上升过程中,使电路状态发生转换时所对应的输入电压称为正向阈值电压,用 U_{T+} 表示。

$$u_A = U_{TH} = \frac{R_2}{R_1 + R_2} U_{T+}$$

所以

$$U_{T+} = \frac{R_1 + R_2}{R_2} U_{TH} = \left(1 + \frac{R_1}{R_2}\right) U_{TH} \tag{7-1}$$

当输入 u_I 继续上升,只要 $u_A > U_{TH}$,电路的输出状态将维持 $u_O = U_{OH} \approx V_{DD}$ 不变。

当 u_I 从高电平开始逐渐下降并达到 $u_A = U_{TH}$ 时,G_1 门又进入了其电压传输特性的转折区,此时 u_A 的下降将在电路中引发另一个正反馈过程:

$$u_I\downarrow \longrightarrow u_A\downarrow \longrightarrow u_{O1}\uparrow \longrightarrow u_O\downarrow$$

于是电路的输出 u_O 迅速从高电平转换成低电平,即 $u_O = U_{OL} \approx 0V$。

u_I 下降过程中,使电路状态发生转换时所对应的输入电压,称为负向阈值电压,用 U_{T-} 表示。

$$u_A = U_{TH} \approx U_{T-} + (V_{DD} - U_{T-})\frac{R_1}{R_1 + R_2}$$

所以

$$U_{T-} = \frac{R_1 + R_2}{R_2} U_{TH} - \frac{R_1}{R_2} V_{DD}$$

将 $U_{TH} = \dfrac{V_{DD}}{2}$ 代入上式,可得

$$U_{T-} = \left(1 - \frac{R_1}{R_2}\right) U_{TH} \tag{7-2}$$

当输入 u_I 继续下降,只要 $u_A < U_{TH}$,电路的输出状态将维持 $u_O = U_{OL} \approx 0V$ 不变。

定义 U_{T+} 和 U_{T-} 之差为回差电压(也叫作滞回电压),用 ΔU_T 表示,即

$$\Delta U_T = U_{T+} - U_{T-} \tag{7-3}$$

由式(7-1)和式(7-2)可求得如图 7-4 所示施密特触发器的回差电压为

$$\Delta U_T = U_{T+} - U_{T-} = 2\frac{R_1}{R_2} U_{TH} \tag{7-4}$$

根据式（7-1）和式（7-2）还可以画出如图 7-4 所示施密特触发器的电压传输特性，如图 7-5(a)所示。因为 u_O 和 u_I 的高、低电平是同相的，所以图 7-5(a)也称为同相输出的施密特触发特性。同相输出施密特触发器的逻辑符号如图 7-5(b)所示。

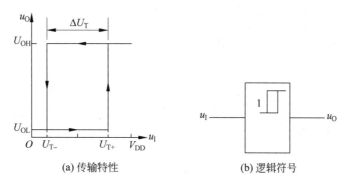

(a) 传输特性   (b) 逻辑符号

图 7-5 同相输出施密特触发器的电压传输特性和逻辑符号

如果以图 7-4 中的 u_{O1} 作为输出端，则得到的电压传输特性如图 7-6(a)所示。由于 u_{O1} 和 u_I 的高、低电平是反相的，所以图 7-6(a)也称为反相输出的施密特触发特性。反相输出的施密特触发器的逻辑符号如图 7-6(b)所示。

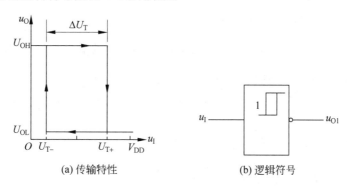

(a) 传输特性   (b) 逻辑符号

图 7-6 反相输出施密特触发器的电压传输特性和逻辑符号

由式(7-4)可见，电路的回差电压与 $\dfrac{R_1}{R_2}$ 成正比，改变 R_1 和 R_2 的比值可调节 U_{T+}、U_{T-} 和 ΔU_T 的大小。但是 R_1 必须小于 R_2，否则电路将进入自锁状态，不能正常工作。

由以上的分析可知，施密特触发器有两个稳定状态，它们之间的相互转换取决于输入电压 u_I 的大小，当输入电压 u_I 由 0V 逐渐上升到正向阈值电压 U_{T+} 时，电路保持在一个稳定状态上；当输入电压 u_I 由高电平逐渐下降到负向阈值电压 U_{T-} 时，电路保持在另一个稳定状态上。因此，施密特触发器是一种电平触发双稳态触发器，且 $U_{T+} \neq U_{T-}$，这就是施密特触发器所具有的回差特性（也称为滞回特性），是施密特触发器的固有特性。

【提示】 滞回特性提高了施密特触发器的抗干扰能力。

7.3.2 555 定时器构成的施密特触发器

将 555 定时器的 TH 端（6 引脚）和 $\overline{\text{TR}}$ 端（2 引脚）连接在一起作为信号输入端 u_I，便构成了施密特触发器，如图 7-7(a)所示，图 7-7(b)是其简化画法。在这个电路中，为提高参考

电压 U_{R1} 和 U_{R2} 的稳定性,通常在 U_{CO} 端(5引脚)接 $0.01\mu F$ 的滤波电容。

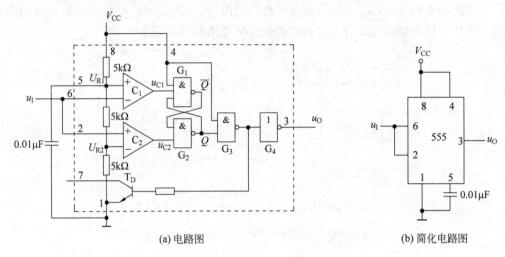

(a) 电路图　　　　　　　　(b) 简化电路图

图 7-7　555 定时器构成的施密特触发器

输入电压 u_I 从 0V 开始逐渐上升,当 $u_I < \frac{1}{3}V_{CC}$ 时,比较器 C_1 的输出 $u_{C1} = 1$,C_2 的输出 $u_{C2} = 0$,基本 RS 触发器置 1,输出 u_O 为高电平。

u_I 继续上升,当 $\frac{1}{3}V_{CC} < u_I < \frac{2}{3}V_{CC}$ 时,比较器 C_1 和 C_2 的输出均为 1,基本 RS 触发器保持原状态不变,输出 u_O 维持高电平不变。

u_I 继续上升,当 $u_I \geq \frac{2}{3}V_{CC}$ 时,比较器 C_1 输出为 0,C_2 的输出为 1,基本 RS 触发器置 0,输出 u_O 为低电平。可见,u_I 上升到 $\frac{2}{3}V_{CC}$ 处,输出 u_O 由高电平翻转为低电平。因此,施密特触发器的正向阈值电压 $U_{T+} = \frac{2}{3}V_{CC}$。

如果 u_I 从高于 $\frac{2}{3}V_{CC}$ 的电压逐渐下降,当 $\frac{1}{3}V_{CC} < u_I < \frac{2}{3}V_{CC}$ 时,比较器 C_1 和 C_2 的输出均为 1,基本 RS 触发器保持原状态不变,输出 u_O 仍为低电平。

当 u_I 下降到 $u_I < \frac{1}{3}V_{CC}$ 时,比较器 C_1 输出为 1,C_2 的输出为 0,基本 RS 触发器置 1,输出 u_O 为高电平。可以看出,只有当 u_I 下降到 $\frac{1}{3}V_{CC}$ 处,电路才再次翻转,输出 u_O 由低电平翻转为高电平。因此,施密特触发器的负向阈值电压 $U_{T-} = \frac{1}{3}V_{CC}$。

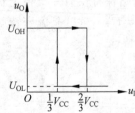

图 7-8　图 7-7 电路的电压传输特性曲线

因此,图 7-7 所示施密特触发器的回差电压为

$$\Delta U_T = U_{T+} - U_{T-} = \frac{2}{3}V_{CC} - \frac{1}{3}V_{CC} = \frac{1}{3}V_{CC}$$

图 7-7 所示施密特触发器的电压传输特性曲线如图 7-8 所示。可见,该电路是一个反相输出施密特触发器。

如果参考电压由外接电压 U_{CO} 提供,则 $U_{T+}=U_{CO}$,$U_{T-}=\dfrac{1}{2}U_{CO}$,$\Delta U_T=\dfrac{1}{2}U_{CO}$。可见,通过改变 U_{CO} 的值可以调节回差电压 ΔU_T 的大小。

设输入波形为三角波,则图 7-7 所示施密特触发器的工作波形如图 7-9 所示。

施密特触发器的输出电平是由输入信号电平决定的。"触发"的含义是指当 u_I 由低电平上升到 U_{T+},或由高电平下降到 U_{T-} 时,会引起电路内部的正反馈过程,从而使 u_O 发生跳变。

【提示】 施密特触发器不是第 4 章介绍的那种意义上的触发器。

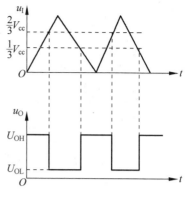

图 7-9 图 7-7 电路的工作波形

7.3.3 施密特触发器的应用

施密特触发器的应用广泛,下面介绍几个典型的应用。

1. 用于波形的变换

利用施密特触发器的回差特性,可以将正弦波、三角波等一些缓慢变化的周期性非矩形脉冲波变换成边沿陡峭的矩形脉冲波,如图 7-10 所示。

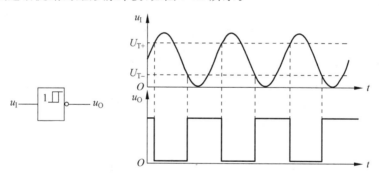

图 7-10 施密特触发器应用于波形变换

2. 用于波形的整形

在数字系统中,矩形波经过传输后,波形往往会发生畸变。当传输线上电容较大时,矩形波的上升沿和下降沿都会明显地延缓,如图 7-11(a)所示。当传输线较长,且接收端的阻抗与传输线的阻抗不匹配时,则在波形上升沿和下降沿会产生阻尼振荡,如图 7-11(b)所示。当其他脉冲波通过导线间的分布电容或公共电源线叠加到矩形脉冲波上时,则波形上将出现附加的噪声,如图 7-11(c)所示。

对于上述矩形波在传输过程中产生的畸变,可采用施密特触发器对波形进行整形(把不规则的波形转换成宽度、幅度都相等的脉冲),只要回差电压选择恰当,就可以获得比较理想的矩形脉冲波形。

3. 用于脉冲鉴幅

施密特触发器的输出状态与输入信号的幅值有关。根据这一特点,可将施密特触发器作为幅度鉴别电路。例如,在施密特触发器的输入端输入一系列幅度不等的矩形脉冲,根据

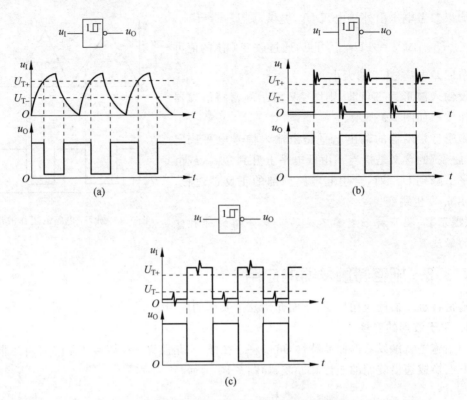

图 7-11　施密特触发器应用于脉冲波形整形

施密特触发器的特点,只有那些幅度大于 U_{T+} 的脉冲才能使施密特触发器翻转,才会在输出端产生输出信号;而对于幅度小于 U_{T+} 的脉冲,施密特触发器不发生翻转,输出端没有输出信号。因此,施密特触发器能将幅度大于 U_{T+} 的脉冲选出来,达到幅度鉴别的目的,如图 7-12 所示。

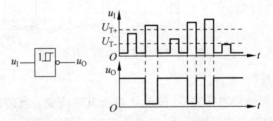

图 7-12　施密特触发器应用于脉冲鉴幅

7.4　单稳态触发器

第 4 章介绍的触发器,都具有两个稳定的状态,因此,这种触发器也称为双稳态触发器。一个双稳态触发器可以保存 1 位二进制信息。此外,在数字电路中,还有另一种只有一个稳定状态的电路,即单稳态触发器(Monostable Multivibrator,或称 One-shot)。单稳态触发器具有如下特点:

(1) 电路具有稳态和暂稳态两种不同的工作状态;

（2）在外来触发信号作用下，电路从稳态翻转到暂稳态，在暂稳态维持一段时间，再自动返回稳态；

（3）暂稳态持续时间的长短取决于电路中 RC 的参数值，与触发脉冲的宽度和幅度无关。

7.4.1　门电路构成的单稳态触发器

单稳态触发器的暂稳态通常都是靠 RC 电路的充、放电过程来维持的。根据 RC 电路连接方式的不同，可将单稳态触发器分为微分型单稳态触发器和积分型单稳态触发器两种。这里以 CMOS 门电路构成的微分型单稳态触发器为例，介绍单稳态触发器的工作原理及主要参数。

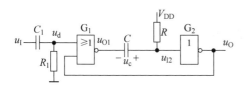

图 7-13　微分型单稳态触发器

1. 电路组成及工作原理

图 7-13 是用 CMOS 门电路和 RC 微分电路构成的微分型单稳态触发器。设 CMOS 门电路的阈值电压为 $U_{TH} = \dfrac{V_{DD}}{2}$。

当没有触发信号，即 $u_I = 0$ 时，由于 $u_{I2} = V_{DD}$，$u_O \approx 0$。因此，G_1 门的输入端均为 0，$u_{O1} \approx V_{DD}$，电容 C 上的电压为 0V。电路处于一种稳定状态。只要没有触发信号，电路将一直保持这种稳定状态不变。

当触发脉冲加到输入端时，在 R_1 和 C_1 组成的微分电路输出很窄的正、负脉冲 u_d，当 u_d 上升到 G_1 门的阈值电压 U_{TH} 时，在电路中产生如下正反馈过程：

$$u_I \uparrow \longrightarrow u_{O1} \downarrow \longrightarrow u_{I2} \downarrow \longrightarrow u_O \uparrow$$

此过程使 G_1 门瞬间导通，u_{O1} 迅速跳变为低电平。由于电容 C 上的电压不可能发生突变，所以 u_{I2} 也同时跳变为低电平，并使 $u_O \approx V_{DD}$，即使触发信号撤除，u_O 仍维持高电平。但因为电路的这种状态不能长久保持，因此称为暂稳态。

暂稳态期间，电源 V_{DD} 经电阻 R 和 G_1 门导通的工作管对电容 C 充电，当 u_{I2} 达到 U_{TH} 时，电路进入另一个正反馈过程：

$$u_{I2} \uparrow \longrightarrow u_O \downarrow \longrightarrow u_{O1} \uparrow$$

如果此时触发脉冲已经消失，上述正反馈使 u_{O1}、u_{I2} 迅速跳变为高电平，输出返回到 $u_O \approx 0$ 的状态。此后电容 C 通过电阻 R 和 G_2 门的输入保护电路放电，最终使电容 C 上的电压恢复到稳定状态时的初始值，电路从暂稳态返回到稳态。

根据以上的分析，可画出微分型单稳态触发器的工作波形，如图 7-14 所示。

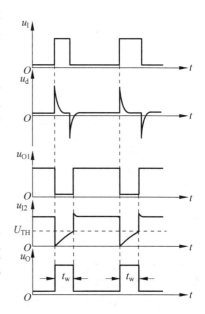

图 7-14　微分型单稳态触发器的
工作波形图

2. 主要参数估算

(1) 输出脉冲宽度 t_W

由图 7-14 可见,暂稳态持续的时间,即输出脉冲宽度 t_W 等于电容 C 开始充电到 u_{12} 上升到 U_{TH} 的这段时间。根据对 RC 电路中电容 C 充电、放电过程的分析可知,电容 C 上的电压 u_C 从充电、放电开始至变化到某一数值 U_{TH} 所经历的时间可以用下式计算

$$t_W = RC\ln \frac{u_C(\infty) - u_C(0)}{u_C(\infty) - U_{TH}} \tag{7-5}$$

其中,$u_C(0)$ 是电容电压的起始值,$u_C(\infty)$ 是电容电压充电、放电的终了值。

将 $u_C(0) = 0\mathrm{V}$,$u_C(\infty) = V_{DD}$,$U_{TH} = \dfrac{V_{DD}}{2}$ 代入式(7-5),得到

$$t_W = RC\ln \frac{V_{DD} - 0}{V_{DD} - U_{TH}} = RC\ln 2 = 0.69RC$$

(2) 输出脉冲幅度 U_m

$$U_m = U_{OH} - U_{OL} \approx V_{DD} \tag{7-6}$$

(3) 恢复时间 t_{re}

暂稳态结束后,还要等到电容 C 放电完毕后,电路才能恢复到起始的稳态。一般认为经过 $3\sim 5$ 倍电路时间常数的时间后,RC 电路已基本达到稳态。因此恢复时间为

$$t_{re} = (3 \sim 5)RC \tag{7-7}$$

(4) 分辨时间 T_d

分辨时间 T_d 是指为了保证单稳态触发器正常工作,触发信号 u_1 的两个相邻触发脉冲之间的最小时间间隔。T_d 不应小于暂稳态持续时间 t_W 与电容电压的恢复时间 t_{re} 之和,即

$$T_d \geqslant t_W + t_{re} \tag{7-8}$$

u_1 周期的最小值 T_{min} 应为

$$T_{min} = t_W + t_{re} \tag{7-9}$$

因此,单稳态触发器的最高工作频率为

$$f_{max} = \frac{1}{T_{min}} = \frac{1}{t_W + t_{re}} \tag{7-10}$$

7.4.2 555 定时器构成的单稳态触发器

由 555 定时器构成的单稳态触发器如图 7-15(a)所示,图 7-15(b)是其简化画法。电路以 555 定时器的 $\overline{TR}$ 端(2 引脚)作为输入端;将 T_D 的集电极输出端 DISC(7 引脚)与阈值输入端 TH(6 引脚)连在一起,并通过电阻 R 与电源 V_{CC} 相连,通过电容 C 接地;$\overline{R}_D$ 端(4 引脚)与电源 V_{CC} 相连;U_{CO} 端(5 引脚)接 $0.01\mu\mathrm{F}$ 左右的滤波电容。

在图 7-15 所示电路中,外加触发信号从触发输入端 $\overline{TR}$ 输入,所以是输入脉冲的下降沿触发。无触发信号即 u_1 处于高电平时,电路处于稳定状态,基本 RS 触发器置 **0**,电路输出为低电平,放电三极管 T_D 饱和导通。

若接通电源后,基本 RS 触发器处于 **0** 状态,则输出 u_O 为低电平,放电三极管 T_D 导通,电容 C 通过 T_D 放电至 $u_C \approx 0\mathrm{V}$。此时电压比较器 C_1 和 C_2 输出 $u_{C1} = u_{C2} = \mathbf{1}$,电路输出 u_O 保持低电平不变。

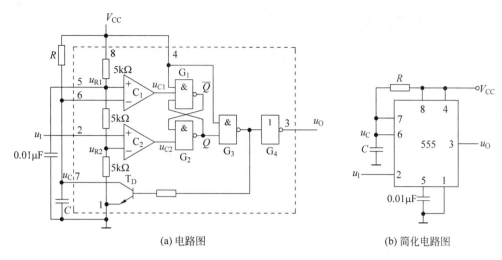

(a) 电路图　　　　　　(b) 简化电路图

图 7-15　由 555 定时器构成的单稳态触发器

若接通电源后，基本 RS 触发器处于 **1** 状态，则输出 u_O 为高电平，放电三极管 T_D 截止。此时，电源 V_{CC} 通过电阻 R 对电容 C 充电，u_C 的电位上升；当 $u_C = \dfrac{2}{3}V_{CC}$ 时，电压比较器 C_1 的输出 $u_{C1} = \mathbf{0}$，基本 RS 触发器置 **0**，电路输出 u_O 为低电平，放电三极管 T_D 饱和导通。同时电容 C 经放电三极管 T_D 迅速放电至 $u_C \approx 0V$，所以，电路的输出 u_O 保持低电平不变，电路进入稳定状态。

当输入信号 u_I 的下降沿到达，且 $u_I < \dfrac{1}{3}V_{CC}$ 时，电压比较器 C_2 的输出 $u_{C2} = \mathbf{0}$，此时电压比较器 C_1 的输出 $u_{C1} = \mathbf{1}$，基本 RS 触发器被置 **1**，输出 u_O 为高电平，同时放电三极管 T_D 截止，电源 V_{CC} 经电阻 R 向电容 C 充电，电路进入暂稳态。

随着电容 C 的充电，u_C 的电位逐渐上升，当 $u_C > \dfrac{2}{3}V_{CC}$ 时，电压比较器 C_1 的输出 $u_{C1} = \mathbf{0}$，基本 RS 触发器被置 **0**，输出 u_O 为低电平，电路的暂稳态结束。同时放电三极管 T_D 导通，电容 C 很快再次通过 T_D 放电至 0V，电路恢复到稳定状态。图 7-16 为由 555 定时器构成的单稳态触发器的电压波形图。

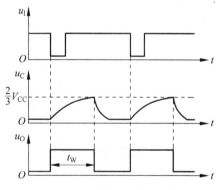

图 7-16　555 定时器构成的单稳态触发器的电压波形图

电路输出脉冲的宽度 t_W 等于暂稳态持续的时间，由图 7-16 可知，如果不考虑三极管的饱和压降，t_W 也就是在电容充电过程中电容电压 u_C 从 0V 上升到 $\dfrac{2}{3}V_{CC}$ 所用的时间。因此

$$t_W = RC\ln\frac{V_{CC} - 0}{V_{CC} - \dfrac{2}{3}V_{CC}} = RC\ln 3 \approx 1.1RC \tag{7-11}$$

7.4.3 单稳态触发器的应用

单稳态触发器的应用十分广泛,下面通过几个简单的例子说明。

1. 延时与定时

脉冲信号的延时与定时电路及波形如图 7-17 所示。由图可知,单稳态触发器的输出 u'_O 的下降沿比输入 u_1 的下降沿滞后了 t_W,即延迟了 t_W,这个 t_W 反映了单稳态触发器的延时作用。

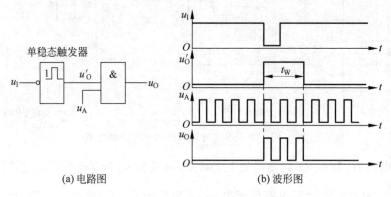

(a) 电路图　　　　　　　(b) 波形图

图 7-17　脉冲信号的延时与定时控制

在图 7-17 所示电路中,单稳态触发器的输出 u'_O 作为"与"门的定时控制信号,当 u'_O 为高电平时,"与"门打开,$u_O = u_A$;当 u'_O 为低电平时,"与"门关闭,$u_O = 0$。显然,输出高电平的时间 t_W 决定了"与"门的打开时间,即单稳态触发器起定时作用。

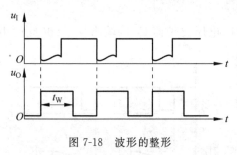

图 7-18　波形的整形

2. 整形

单稳态触发器能够把输入的不规则脉冲信号整形为具有一定幅度和一定宽度的边沿陡峭的矩形脉冲波形。如图 7-18 所示,u_O 的幅度仅取决于单稳态电路输出的高、低电平,宽度 t_W 只与 R、C 有关。

7.5　多谐振荡器

多谐振荡器是常用的矩形脉冲波形产生电路。它是一种自激振荡器,在接通电源后,不需要外加触发信号,就能自动产生一定频率和幅值的矩形脉冲波形。由于矩形脉冲中除基波外还含有丰富的高次谐波分量,因此习惯上称为多谐振荡器。

7.5.1　门电路构成的多谐振荡器

图 7-19(a)所示是由 CMOS 反相器组成的电容正反馈多谐振荡器,R_S 是保护电阻,用于保护 G_1 门输入端的二极管。

多谐振荡器的两个暂稳态的转换过程是通过电容 C 的充电、放电作用来实现的。图 7-19(b)、(c)给出了电容 C 充电、放电的等效电路,图中 R_{OP} 和 R_{ON} 分别为 CMOS 反相器输出为高电平和低电平时的输出电阻。

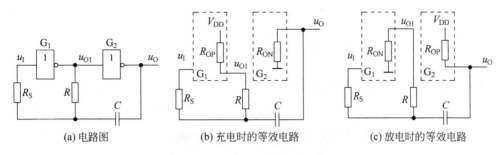

(a) 电路图　　　　　(b) 充电时的等效电路　　　　　(c) 放电时的等效电路

图 7-19　电容正反馈多谐振荡器

假定在 $t=0$ 时接通电源,电容 C 尚未充电,电路的初始状态称为第一暂稳态,$u_{O1}=U_{OH}$,$u_I=u_O=U_{OL}$。这时,电源 V_{DD} 对电容 C 充电,如图 7-19(b)所示。随着充电时间的增加,u_I 的值不断上升,当 u_I 达到 G_1 门的阈值电压 U_{TH} 时,电路发生一个正反馈过程:

$$u_I{\uparrow} \longrightarrow u_{O1}{\downarrow} \longrightarrow u_O{\uparrow}$$

这一正反馈过程使 G_1 门迅速导通,G_2 门迅速截止,电路进入第二暂稳态,$u_{O1}=U_{OL}$,$u_O=U_{OH}$。同时电容 C 开始放电,如图 7-19(c)所示。

随着电容 C 放电时间的增加,u_I 的值不断下降,当 u_I 降到 G_1 门的阈值电压 U_{TH} 时,电路将发生另一个正反馈过程:

$$u_I{\downarrow} \longrightarrow u_{O1}{\uparrow} \longrightarrow u_O{\downarrow}$$

这一正反馈过程使 G_1 门迅速截止,G_2 门迅速导通,电路又返回第一暂稳态,$u_{O1}=U_{OH}$,$u_O=U_{OL}$。如此周而复始,电路不断地在两个暂稳态之间转换,形成周期振荡,输出矩形脉冲波。电路工作波形如图 7-20 所示。

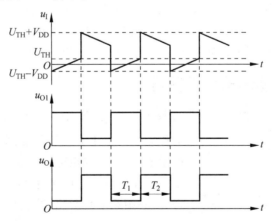

图 7-20　图 7-19 电路的工作波形图

由图 7-20 可知,T_1 是第一暂稳态的持续时间,是 u_I 由 $(V_{DD}-U_{TH})$ 充电至 U_{TH} 所需的时间;T_2 是第二暂稳态的持续时间,是 u_I 由 $(V_{DD}+U_{TH})$ 放电至 U_{TH} 所需的时间。

假设 G_1 输入端串接的保护电阻 $R_S \gg R$,则通过 CMOS 反相器输入保护二极管和 R_S 的充电、放电电流将远小于通过 R 的电流。在 $R \gg R_{OP}$,$R \gg R_{ON}$ 的条件下,根据式(7-5)可以近

似地求出 T_1 和 T_2

$$T_1 \approx RC\ln\frac{V_{DD} - (-V_{DD} + U_{TH})}{V_{DD} - U_{TH}} = RC\ln3 \tag{7-12}$$

$$T_2 \approx RC\ln\frac{0 - (V_{DD} + U_{TH})}{0 - U_{TH}} = RC\ln3 \tag{7-13}$$

所以图 7-19 电路的振荡周期为

$$T = T_1 + T_2 \approx 2RC\ln3 = 2.2RC \tag{7-14}$$

7.5.2 施密特触发器构成的多谐振荡器

由于施密特触发器有 U_{T+} 和 U_{T-} 两个不同的阈值电压,将施密特触发器的输出端经 RC 积分电路接回其输入端,就可以使施密特触发器的输入电压在 U_{T+} 和 U_{T-} 之间不停地反复变化,这样在它的输出端就得到矩形脉冲波,即利用施密特触发器构成了多谐振荡器,如图 7-21 所示。

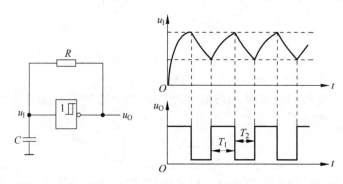

图 7-21 施密特触发器构成多谐振荡器

在接通电源的瞬间,电容 C 上初始电压为 0,输出 u_O 为高电平,u_O 经 R 向电容 C 充电,当充至 $u_I = U_{T+}$ 时,施密特触发器翻转,输出 u_O 变为低电平。随后电容 C 又经 R 进行放电,u_I 下降,当放电至 $u_I = U_{T-}$ 时,施密特触发器又发生翻转,输出 u_O 又变为高电平,电容 C 又被重新充电。这样周而复始,电路形成振荡,输出端就可以得到较理想的矩形脉冲。

7.5.3 石英晶体多谐振荡器

用门电路组成的多谐振荡器的振荡周期不仅与 RC 有关,而且还取决于门电路的阈值电压 U_{TH}。由于 U_{TH} 容易受到温度、电源电压及干扰的影响,因此频率稳定性较差,只能用于对频率稳定性要求不高的场合。而在对频率稳定性有较高要求的场合,就必须采取稳频措施,其中最常用的一种方法,就是利用石英晶体构成多谐振荡器。

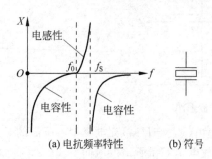

(a)电抗频率特性　　(b)符号

图 7-22 石英晶体的电抗频率
特性和符号

图 7-22 给出了石英晶体的电抗频率特性和符号。它有一个极其稳定的串联谐振频率 f_0,且等效品质因数 Q 值很高。只有频率为 f_0 的信号最容易通过,而其他频率的信号均会被晶体所衰减。石英晶体不仅选

频特性极好,而且谐振频率 f_0 十分稳定,其稳定度为 $10^{-10} \sim 10^{-11}$。

图 7-23 所示是一种比较典型的石英晶体多谐振荡器。电路中 R_1、R_2 的作用是保证两个反相器在静态时能工作在转折区,使每个反相器都成为具有很强放大能力的放大电路。

对于 TTL 门电路,通常取 $R_1 = R_2 = 0.7 \sim 2\mathrm{k}\Omega$,对于 CMOS 门则取 $R_1 = R_2 = 10 \sim 100\mathrm{M}\Omega$;$C_1$ 和 C_2 是耦合电容,通常取相同容量,它们的容抗在石英晶体谐振频率为 f_0 时可以忽略不计。当采取直接耦合方式时,C_1、C_2 可以不接;石英晶体构成电路的选频环节。

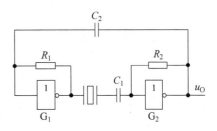

图 7-23 石英晶体多谐振荡器

由于串联在两个反相器电路中间的石英晶体具有很好的选频特性,只有频率为 f_0 的信号能够顺利通过,满足振荡条件,所以一旦接通电源,电路就会在频率为 f_0 时形成自激振荡。由此可见,石英晶体多谐振荡器的振荡频率取决于石英晶体的固有谐振频率 f_0,与电路中 R、C 的数值无关。而石英晶体的谐振频率由石英晶体的结晶方向和外形尺寸决定,所以这种电路的工作频率具有极高的稳定性。为了使输出脉冲更接近矩形波,并增强其带负载的能力,实际使用时,常在如图 7-23 所示电路的输出端再加一级反相器。

7.5.4 555 定时器构成的多谐振荡器

图 7-24(a)所示为由 555 定时器构成的多谐振荡器,图 7-24(b)是其简化电路图。其中 R_1、R_2、C 为外接定时元件,接通电源后,电源 V_{CC} 经 R_1、R_2 对电容 C 充电。555 定时器的复位端(4 引脚)与电源 V_{CC} 相连,电压控制端 U_{CO}(5 引脚)接 $0.01\mu\mathrm{F}$ 电容,起滤波作用,TH(6 引脚)与 $\overline{\mathrm{TR}}$(2 引脚)相连并和电容 C 相接,$\mathrm{T_D}$ 的集电极(7 引脚)接在 R_1 与 R_2 之间。

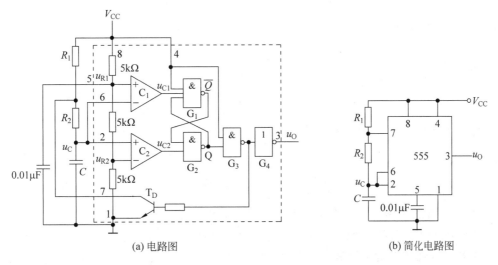

(a) 电路图　　　　　　　　　　　(b) 简化电路图

图 7-24 由 555 定时器构成的多谐振荡器

由于接通电源前,电容 C 上无电荷,所以在接通电源的瞬间,电容 C 来不及充电,此时 $u_C = 0\mathrm{V}$,555 定时器内部的电压比较器 C_1 输出为 **1**,C_2 输出为 **0**,基本 RS 触发器被置 **1**,输出 u_O 为高电平,放电三极管 $\mathrm{T_D}$ 处于截止状态。

接通电源后,电源 V_{CC} 经 R_1、R_2 对电容 C 充电,当电容 C 的电压 u_C 上升到 $\frac{2}{3}V_{CC}$ 时,比较器 C_1 输出为 **0**,将基本 RS 触发器置 **0**,输出 u_O 为低电平,放电三极管 T_D 饱和导通。电容 C 通过 R_2 和 T_D 放电。当 u_C 下降到 $\frac{1}{3}V_{CC}$ 时,电压比较器 C_2 输出为 **0**,将基本 RS 触发器置 **1**,输出 u_O 为高电平,放电三极管 T_D 截止,电源 V_{CC} 又经 R_1、R_2 对电容 C 充电。多谐波振荡器周而复始重复上述过程,输出高、低电平交替变化的连续脉冲信号。多谐波振荡器的工作波形如图 7-25 所示。

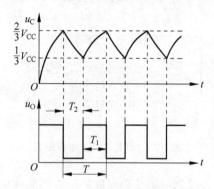

图 7-25　555 定时器构成的多谐振荡器的电压波形图

由图 7-25 可见,电容 C 的充电时间为 T_1,即 u_C 从 $\frac{1}{3}V_{CC}$ 上升到 $\frac{2}{3}V_{CC}$ 所需要的时间;放电时间为 T_2,即 u_C 从 $\frac{2}{3}V_{CC}$ 下降到 $\frac{1}{3}V_{CC}$ 所需要的时间。

$$
\begin{aligned}
T_1 &= (R_1 + R_2)C\ln\frac{V_{CC} - U_{T-}}{V_{CC} - U_{T+}} \\
&= (R_1 + R_2)C\ln\frac{V_{CC} - \frac{1}{3}V_{CC}}{V_{CC} - \frac{2}{3}V_{CC}} \\
&= (R_1 + R_2)C\ln 2 \\
&= 0.7(R_1 + R_2)C
\end{aligned}
\tag{7-15}
$$

$$
T_2 = R_2 C\ln\frac{0 - U_{T+}}{0 - U_{T-}} = R_2 C\ln 2 = 0.7 R_2 C
\tag{7-16}
$$

故电路的振荡周期为

$$
T = T_1 + T_2 = 0.7(R_1 + 2R_2)C
\tag{7-17}
$$

因此,振荡频率为

$$
f = \frac{1}{T} = \frac{1}{0.7(R_1 + 2R_2)C} = \frac{1.43}{(R_1 + 2R_2)C}
\tag{7-18}
$$

通常,将脉冲宽度与重复周期之比称为占空比,图 7-24 中多谐波振荡器输出脉冲的占空比为

$$
q = \frac{T_1}{T} = \frac{R_1 + R_2}{R_1 + 2R_2}
\tag{7-19}
$$

图 7-24 所示多谐波振荡器,总是 $T_1 > T_2$,u_O 的波形不仅不对称,而且占空比 q 固定不变,不能调节。如果要实现占空比 q 可调,可采用如图 7-26 所示的改进电路,即占空比可调的多谐振荡器。由于接入了二极管 D_1 和 D_2,利用其单向导电性,将电容 C 的充电、放电回路分开,再增加一个调节电位器,就可以调节多谐振荡器的占空比了。

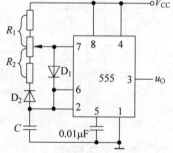

图 7-26　555 定时器构成占空比可调的多谐振荡器

由图 7-26 可知,电源 V_{CC} 通过 R_1 和 D_1 对电容 C 充电;而电容 C 通过 R_2、D_2 和 T_D 放电,因此电容 C 的充电、放电时间分别为

$$T_1 = 0.7R_1C \tag{7-20}$$

$$T_2 = 0.7R_2C \tag{7-21}$$

故电路的振荡周期为

$$T = T_1 + T_2 = 0.7(R_1 + R_2)C \tag{7-22}$$

所以输出脉冲的占空比为

$$q = \frac{T_1}{T} = \frac{R_1}{R_1 + R_2} \tag{7-23}$$

【提示】 当 $R_1 = R_2$ 时,$q = 50\%$,电路可输出方波信号。

*7.6 用 Multisim 分析 555 定时器的应用电路

7.6.1 555 定时器构成的施密特触发器的仿真分析

在 Multisim 13.0 中构建如图 7-27 所示的仿真电路。从混合元件库中找出 LM555CM,从电源/信号源库中找出正弦波信号源、电压源(6V)及接地端,从基本元件库中找出电容,从虚拟仪器工具栏中找出双踪示波器 XSC1。

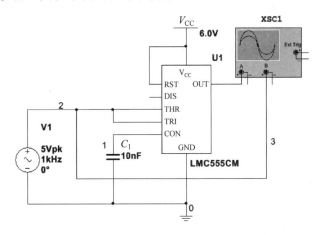

图 7-27 555 定时器构成的施密特触发器的仿真电路

设定正弦信号源的参数,使其幅度变化范围为小于 $\frac{1}{3}V_{CC}(=2V)$ 和大于 $\frac{2}{3}V_{CC}(=4V)$。

打开仿真开关,双击示波器图标打开面板图,如图 7-28 所示。在 Channel 区通过通道选择旋钮调节各通道波形的位置及显示幅度,各通道均设置为 AC 耦合方式,在 Timebase 区设置 Scale 的数值使显示波形的个数合适,设置 Y/T 显示方式。

图 7-28 所示波形表明,电路将输入的正弦波形转换成矩形波形,输出信号改变状态时的输入信号电平不同,即具有滞回特性,并可读出阈值电压分别为 2V 和 4V,和理论值相同。

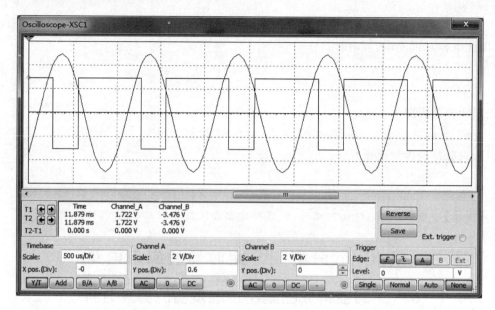

图 7-28　555 定时器构成的施密特触发器的仿真波形

7.6.2　555 定时器构成的多谐振荡器的仿真分析

在 Multisim 13.0 中构建如图 7-29 所示的仿真电路。定时器 LM555CM、电压源及接地端、电阻、电容、双踪示波器 XSC1 分别从相应的库和虚拟仪器工具栏中选出。通过电阻和电容的参数可计算出电路周期的理论值为

$$T = T_1 + T_2 = 0.7(R_1 + 2R_2)C_1 \approx 175\mu s$$

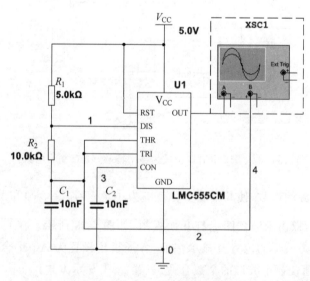

图 7-29　555 定时器构成的多谐振荡器的仿真电路

打开仿真开关,双击示波器图标打开面板图,显示波形如图 7-30 所示。在 Channel 区通过通道选择旋钮调节各通道波形的位置及显示幅度,各通道均设置为 AC 耦合方式,在 Timebase 区设置 Scale 的数值使显示波形的个数合适,并设置 Y/T 显示方式。

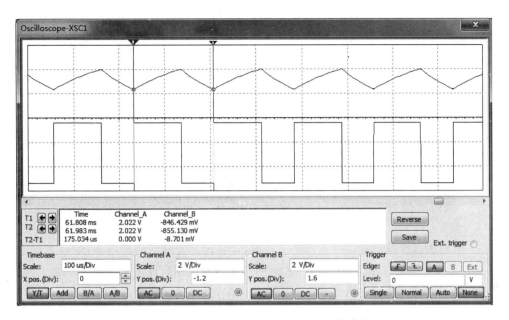

图 7-30 555 定时器构成的多谐振荡器的仿真波形

图 7-30 中,由上至下分别为电容两端电压 u_C、输出信号 u_O 的波形。由波形可确定振荡周期 $T=175.034\mu s$,和理论值基本一致。

本章小结

本章介绍了矩形脉冲的特性及用于产生矩形脉冲的一些常用电路,主要内容如下。

(1) 矩形脉冲的特性参数有脉冲周期、脉冲幅度、脉冲宽度、上升时间和下降时间以及占空比。

(2) 555 定时器是一种用途很广的集成电路,除了能组成施密特触发器、单稳态触发器和多谐振荡器以外,还可以组成各种灵活多变的应用电路。

(3) 施密特触发器和单稳态触发器是两种最常用的脉冲信号整形电路,虽然不能自动产生矩形脉冲,但可以把其他形状的信号变换成为矩形波,为数字系统提供标准的脉冲信号。

(4) 施密特触发器输出的高、低电平随输入信号的电平而改变,其输出脉冲宽度由输入信号决定。施密特触发器是一种受电平控制的双稳态触发器,两个稳态的转换所对应的阈值电压不同,即具有回差特性。施密特触发器除了用于整形外,还可以用于脉冲鉴幅和波形变换等。

(5) 单稳态触发器的特点是有一个稳态和一个暂稳态,由稳态到暂稳态的转换需要外加输入信号才能实现。而暂稳态到稳态的转换则无须外加输入信号,可自动返回。暂稳态持续的时间由电路本身的参数决定,与外加的输入信号无关。除了用于整形外,还能用作脉冲延迟和定时单元。

(6) 多谐振荡器是一种自激振荡电路,不需要外加输入信号,就可以自动产生矩形脉冲。它只有两个暂稳态,是利用电路内部电容的充电、放电来完成两个暂稳态之间的交替转换,从而形成周期振荡,产生矩形脉冲波。

习题

1. 填空题

(1) 脉冲宽度的定义为从脉冲的前沿上升到 _____ 开始,到脉冲后沿下降到 _____ 为止的一段时间。

(2) 555 定时器由 _____ 、_____ 、_____ 、_____ 和 _____ 五部分组成。

(3) 555 定时器的典型应用有 3 种,分别为 _____ 、_____ 和 _____ 。

(4) 由 555 定时器构成的施密特触发器的电源电压为 9V,则正向阈值电压为 _____ ,负向阈值电压为 _____ ,回差电压为 _____ 。回差电压越大,抗干扰能力 _____ 。

(5) 单稳态触发器只有一个 _____ 状态,在外加触发脉冲的作用下,单稳态触发器翻转到一个 _____ 状态,该状态维持一段时间后又自动返回到原来的状态。

(6) 由 555 定时器构成的基本多谐振荡器电路,其输出脉冲的占空比 q 为 _____ 。

2. 选择题

(1) 常见的脉冲整形电路有 _____ 。
    A. 多谐振荡器   B. 单稳态触发器   C. 施密特触发器   D. 555 定时器

(2) 用于将输入变化缓慢的信号变换成为矩形脉冲的电路是 _____ 。
    A. 单稳态触发器   B. 多谐振荡器
    C. 施密特触发器   D. 基本 RS 触发器

(3) 用于鉴别脉冲信号幅度时,应采用 _____ 。
    A. 单稳态触发器   B. 双稳态触发器
    C. 多谐振荡器   D. 施密特触发器

(4) 数字系统中,能产生矩形脉冲波的电路是 _____ 。
    A. 单稳态触发器   B. 集成定时器
    C. 多谐振荡器   D. 施密特触发器

(5) 回差特性是 _____ 的基本特性。
    A. 单稳态触发器   B. 双稳态触发器
    C. 多谐振荡器   D. 施密特触发器

(6) 用 555 定时器构成的单稳态触发器,其输出脉冲宽度取决于 _____ 。
    A. 外接电源   B. 触发信号幅度
    C. 触发信号宽度   D. 电路中 RC 的值

(7) 单稳态触发器的主要用途是 _____ 。
    A. 整形、延时、鉴幅   B. 延时、定时、存储
    C. 延时、定时、整形   D. 整形、延时、鉴幅

(8) 由 555 定时器构成的单稳态触发器,其暂稳态时间为 _____ 。
    A. 0.7RC B. RC C. 1.1RC D. 1.4RC

(9) 改变 _____ 的值,不会改变由 555 定时器构成的多谐振荡器的振荡频率。
    A. 电源电压   B. 电阻 R_1 C. 电阻 R_2 D. 电容 C

（10）由 555 定时器构成的多谐振荡器,改变占空比的方法是_____。

    A. 改变电源电压   B. 改变电阻 R_1、R_2

    C. 改变电容 C D. 同时改变电阻和电容

3. 施密特触发器、单稳态触发器、多谐振荡器各有几个暂稳态? 哪些能够自动保持稳定状态?

4. 图 7-7 所示的施密特触发器中,估算在下列条件下电路的 U_{T+}、U_{T-}、ΔU_T。

（1）$V_{CC}=12V$,U_{CO} 端通过 $0.01\mu F$ 电容接地;

（2）$V_{CC}=12V$,U_{CO} 端接 5V 电源。

5. 由 CMOS 反相器构成的电路如图 7-31(a)所示,已知电阻 $R_1=10k\Omega$,$R_2=30k\Omega$,$V_{DD}=15V$。

（1）试计算电路的正向阈值电压 U_{T+}、负向阈值电压 U_{T-} 和回差电压 ΔU_T;

（2）图 7-31(b)给出了图 7-31(a)电路的输入电压波形,试画出输出电压 u_O 的波形。

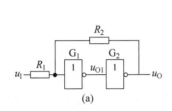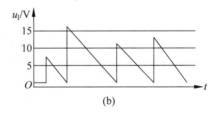

图 7-31　题 5 图

6. 图 7-15 所示单稳态触发器的输入电压 u_I 的波形如图 7-32 所示。要使输出脉冲宽度为 1.1s,试求电容 C,并画出输出电压的波形。($R=100k\Omega$)

7. 在图 7-15 所示的单稳态触发器中,$V_{CC}=9V$,$R=27k\Omega$、$C=0.05\mu F$。

（1）估算输出脉冲 u_O 的宽度 t_w;

（2）若 u_I 为负窄脉冲,其脉冲宽度 $t_{w1}=0.5ms$、重复周期 $T_1=5ms$、高电平 $U_{IH}=9V$、低电平为 $U_{IL}=0V$,试画出 u_C、u_O 的波形;

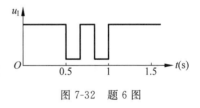

图 7-32　题 6 图

（3）当 $U_{IH}=9V$,为了保证电路能可靠地触发,u_I 的下限值 U_{IL} 的最大值应为多少伏?

8. 由 555 定时器构成的单稳态触发器如图 7-33(a)所示,触发信号 u_I 和控制电压 u_{IC} 如图 7-33(b)所示,试画出 u_C、u_O 的波形,并计算振荡频率 f 和占空比 q。

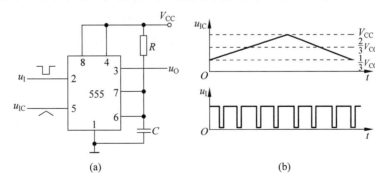

图 7-33　题 8 图

9. 电路如图 7-34(a)所示,试根据输入 u_I、u_A 的波形(如图 7-34(b)所示),画出 u_O 的波形,并说明该电路的功能。

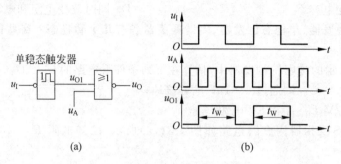

(a)   (b)

图 7-34 题 9 图

10. 由 555 定时器构成的多谐振荡器如图 7-24 所示,若 $R_1=5\text{k}\Omega$,$R_2=10\text{k}\Omega$,$C=0.05\mu\text{F}$,$V_{CC}=9\text{V}$,试计算电路的振荡频率。

11. 如图 7-26 所示的占空比可调的多谐振荡器,若 $C=0.2\mu\text{F}$,$V_{CC}=9\text{V}$,要求其振荡频率 $f=1\text{kHz}$,占空比 $q=0.5$,试计算 R_1、R_2 的阻值。

12. 图 7-35 是一个简易触摸开关电路,当手摸金属片时,发光二极管点亮,经过一段时间,发光二极管熄灭。问发光二极管能点亮多长时间? 试说明电路的工作原理。

13. 图 7-36 是一个防盗报警电路,a,b 两端被一细铜丝接通,此细铜丝置于盗窃者必经之处。当盗窃者闯入室内将铜丝碰断后,扬声器即发出报警声。问 555 定时器接成何种电路? 说明报警原理,计算报警声音的频率。

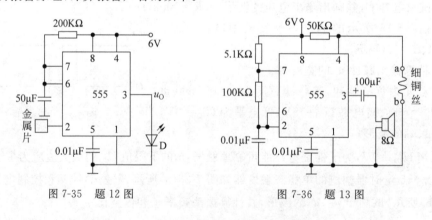

图 7-35 题 12 图   图 7-36 题 13 图

14. 利用 Multisim 分析由 555 定时器构成的单稳态触发器。

15. 利用 Multisim 分析由 555 定时器构成的占空比可调的多谐振荡器。

第8章
CHAPTER 8

数/模与模/数转换电路

兴趣阅读——Modem 及其发展史

Modem，其实是 Modulator(调制器)与 Demodulator(解调器)的简称，中文称为调制解调器(港台称为数据机)，如图 8-1 所示。根据 Modem 的谐音，人们亲昵地称之为"猫"。Modem 是一个通过电话拨号接入 Internet 的必备硬件设备。

Modem 相当于模拟信号和数字信号的"翻译员"。电话线路传输的是模拟信号，而 PC 之间传输的是数字信号，所以要通过电话线把计算机连入 Internet 时，就必须使用 Modem 来"翻译"两种不同的信号。连入 Internet 后，当 PC 向 Internet 发送信息时，要用 Modem 把数字信号"翻译"成模拟信号，才能传送到 Internet 上，这个过程叫作"调制"；当 PC 从 Internet 获取信息时，也要借助 Modem 这个"翻译"，把模拟信号"翻译"成数字信号，这个过程叫作"解调"。

图 8-1　调制解调器

Modem 起初是为 20 世纪 50 年代的半自动地面防空警备系统(SAGE)研制的，用来连接不同基地的终端、雷达站和指令控制中心到美国和加拿大的 SAGE 指挥中心。SAGE 运行在专用线路上，但是当时两端使用的设备跟今天的 Modem 根本不是一回事。IBM 是 SAGE 系统中计算机和 Modem 的供货商。几年后，美国航空(American Airlines)的 CEO 与 IBM 一位区域经理的一次会晤，促成了 mini－SAGE 这种航空自动订票系统的产生。在这个系统中，一个位于票务中心的终端连接在中心计算机上，用来管理机票的有效性和时间。这个系统称为 Sabre，是今天 SABRE 系统的早期原型。

随着商业计算机应用的逐渐普及，AT&T 于 1962 年发布了第一个商业化 Modem——Bell 103，能够实现 300b/s 的传输速度。后继版本 Bell 212 的数据速率提高到 1200b/s。

1981 年贺氏通信成功研制智能 Modem，使用的是 Bell 103 信令标准，内置了一个小型控制器，可以让计算机发送命令来控制电话线，实现诸如摘机、拨号、重拨、挂机等功能。

直到 20 世纪 80 年代，Modem 的速率一直没有多大变化。美国一般使用一种与 Bell 212 类似的 2400b/s 的系统，而欧洲的系统稍有差别。到 20 世纪 80 年代晚期，大多数 Modem 都能支持当时所有的标准，2400b/s 的速度逐渐普及。

本章主要介绍数/模转换和模/数转换的基本原理及典型电路,内容包括数/模转换器和模/数转换器两部分。此外,还给出了用 Multisim 分析数/模和模/数转换电路的实例。本章学习要求如下:

(1) 掌握权电阻网络数/模转换器的电路组成和工作原理;

(2) 掌握倒 T 形电阻网络数/模转换器的电路组成和工作原理;

(3) 掌握并联比较型模/数转换器的电路组成和工作原理;

(4) 熟悉逐次逼近型模/数转换器的电路组成和工作原理;

(5) 了解双积分型模/数转换器的工作原理;

(6) 理解数/模转换器和模/数转换器的主要技术指标;

(7) 了解用 Multisim 分析数/模和模/数转换电路的方法。

8.1 概述

近年来,随着数字电子技术的飞速发展,数字电子计算机、数字控制系统、数字通信设备和数字测量仪表等已经广泛应用于国民经济的各个领域。利用数字系统处理模拟信号的情况也越来越普遍。数字电子电路、数字系统或装置一般只能加工和处理数字信号。可是日常需要处理的物理量,绝大部分都是连续变化的模拟信号,例如温度、气压、声音、图像信号等。因此,数字系统要处理模拟信号,首先必须将模拟信号转换成数字信号,这样才能进行处理。而经数字系统分析、处理后输出的数字量往往还需要将其再转换为模拟信号去驱动负载。

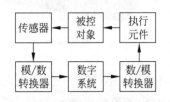

图 8-2 数字控制系统的组成框图

图 8-2 给出一个简单的数字控制系统的组成框图。首先通过传感器将非电物理量提取出来,转换成随之变化的模拟电信号,然后通过模/数转换器(模拟信号向数字信号转换的电路),再将数字信号送入数字系统进行处理;经过处理后输出的数字信号又必须通过数/模转换器(数字信号向模拟信号转换的电路),用模拟信号去推动执行元件,完成控制功能。

模拟信号转换为数字信号的过程称为模/数(Analog to Digital,A/D)转换,能够完成这种转换的电路称为模/数转换器(Analog Digital Converter,ADC)。数字信号转换为模拟信号的过程称为数/模(Digital to Analog,D/A)转换,能够完成这种转换的电路称为数/模转换器(Digital Analog Converter,DAC)。

ADC 和 DAC 在信号采集和处理过程中起着桥梁纽带的作用,即模拟世界与数字世界的一个接口。

8.2 D/A 转换器

D/A 转换器的输入数字信号是二进制数字量,输出模拟信号则是与输入数字量成正比的电压或电流。二进制数字量是用二进制代码组合而成的,对于有权代码,每位代码都有固定的权值。为了将数字量转换为模拟量,就要把每位代码按其权值转换为相应的模拟量,再将这些模拟量相加,就可以得到与数字量成正比的总模拟量。

D/A 转换器的类型很多,常见的有权电阻网络 D/A 转换器、倒 T 形电阻网络 D/A 转换器、权电流型 D/A 转换器、权电容网络 D/A 转换器等几种类型。这里以权电阻网络 D/A 转换器和倒 T 形电阻网络 D/A 转换器为例,介绍其电路组成和工作原理。

8.2.1 权电阻网络 D/A 转换器

一个 n 位二进制数用 $d_{n-1}d_{n-2}\cdots d_1 d_0$ 表示,从最高位(Most Significant Bit,MSB)到最低位(Least Significant Bit,LSB)的权值依次为 $2^{n-1},2^{n-2},\cdots,2^1,2^0$。

4 位权电阻网络 D/A 转换器的电路如图 8-3 所示。电路包括权电阻网络、4 个模拟开关和一个求和运算放大器 3 部分。

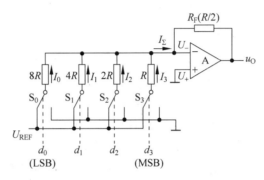

图 8-3 权电阻网络 D/A 转换器电路原理图

设有一个以二进制数码表示的 4 位数字量 $D = d_3 d_2 d_1 d_0$,模拟开关 S_3、S_2、S_1、S_0 分别用 4 位二进制代码 d_3、d_2、d_1、d_0 控制。当 $d_i = 1$ 时,开关 S_i 接参考电压 U_{REF};当 $d_i = 0$ 时,S_i 接地。当开关 S_i 接参考电压时,该支路中有电流流向求和放大器,否则该支路电流为零。各支路的总电流流到电阻 R_F 上便建立起输出电压。

由于求和运算放大器接成负反馈,为简化分析,假设运算放大器为理想的运放,故接成的电路为反相求和运算电路(注意,U_- 并没有接地,只是电位与"地"相等,称为"虚地"),若取电阻 $R_F = R/2$,则

$$u_O = -R_F I_\Sigma$$
$$= -R_F(I_3 + I_2 + I_1 + I_0)$$
$$= -\frac{R}{2}(I_3 + I_2 + I_1 + I_0) \tag{8-1}$$

由于运放的反相端"虚地",即 $U_- \approx 0$,所以各支路电流分别为

$$I_3 = \frac{U_{REF}}{R}d_3$$

$$I_2 = \frac{U_{REF}}{2R}d_2$$

$$I_1 = \frac{U_{REF}}{4R}d_1 = \frac{U_{REF}}{2^2 R}d_1$$

$$I_0 = \frac{U_{REF}}{8R}d_0 = \frac{U_{REF}}{2^3 R}d_0 \tag{8-2}$$

将式(8-2)代入式(8-1)得

$$u_O = -\frac{U_{REF}}{2^4}(d_3 2^3 + d_2 2^2 + d_1 2^1 + d_0 2^0)$$

$$= -\frac{U_{REF}}{2^4}\sum_{i=0}^{3}(d_i \times 2^i) \tag{8-3}$$

式(8-3)可以扩展到 n 位权电阻网络 D/A 转换器,当电阻 $R_F = R/2$ 时,输出电压可写成

$$u_O = -\frac{U_{REF}}{2^n}(d_{n-1}2^{n-1} + d_{n-2}2^{n-2} + \cdots + d_1 2^1 + d_0 2^0)$$

$$= -\frac{U_{REF}}{2^n}\sum_{i=0}^{n-1}(d_i \times 2^i)$$

$$= -\frac{U_{REF}}{2^n}D_n \tag{8-4}$$

式中,D_n 为 n 位二进制数的等值十进制数。式(8-4)说明,输出的模拟电压和输入的数字量成正比,能够进行数字量到模拟量的转换。

由于这里电阻的数值是按照二进制不同的位权值进行匹配的,所以叫作权电阻网络。

在权电阻网络 D/A 转换器中,数字量的各位同时转换,称为并行数/模转换,转换的速度较快。但这种转换器的位数越多,需要的权电阻越多,而且各个电阻的阻值差也越大,这样在制造集成电路时就非常困难。因此,权电阻 D/A 转换器用得很少,但它的转换思路却很有用处。

8.2.2 倒 T 形电阻网络 D/A 转换器

图 8-4 所示为 4 位倒 T 形电阻网络 D/A 转换器的基本电路原理图。电路由 3 部分组成,即模拟开关 $S_0 \sim S_3$、呈倒 T 形的电阻网络、由运算放大器 A 构成的求和电路。这种电路克服了权电阻网络 D/A 转换器中电阻值相差太大的缺点。

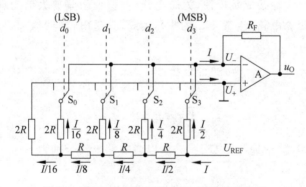

图 8-4 倒 T 形电阻网络 D/A 转换器原理图

S_i 由输入数码 d_i 控制,当 $d_i = 1$ 时,S_i 接到求和运算放大器反相输入端,I_i 流入求和电路;当 $d_i = 0$ 时,S_i 将电阻 2R 接地,I_i 不流入求和电路。

所以,无论 S_i 处于何种位置,与 S_i 相连的 2R 电阻均接"地"(地或虚地),因此,流经 2R 电阻的电流与开关位置无关,为确定值。

计算倒 T 形电阻网络中各支路电流时,其电阻网路的等效电路如图 8-5 所示。

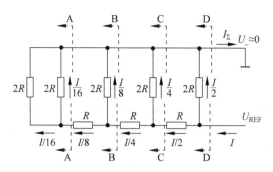

图 8-5 倒 T 形电阻网络支路电流等效电路

在图 8-5 中,不论从 AA、BB、CC、DD 哪个端口向左看,其等效电阻都是 R。所以,从参考电压 U_{REF} 流入倒 T 形电阻网络的总电流是 $I = U_{REF}/R$,且每经过一个节点,电流被分流一半。因此,流过每个支路的电流(从数字量最高位 MSB 到最低位 LSB)分别为 $I/2$、$I/4$、$I/8$、$I/16$。于是

$$I_{\Sigma} = \frac{I}{2}d_3 + \frac{I}{4}d_2 + \frac{I}{8}d_1 + \frac{I}{16}d_0$$

$$= \frac{U_{REF}}{R}\left(\frac{d_0}{2^4} + \frac{d_1}{2^3} + \frac{d_2}{2^2} + \frac{d_3}{2^1}\right) = \frac{U_{REF}}{2^4 R}\sum_{i=0}^{3}(d_i \times 2^i) \tag{8-5}$$

在求和运算放大器的反馈电阻 $R_F = R$ 的条件下,输出电压为

$$u_O = -I_{\Sigma}R_F = -\frac{U_{REF}}{2^4}\sum_{i=0}^{3} 2^i \times d_i \tag{8-6}$$

对于 n 位输入的倒 T 形电阻网络 D/A 转换器,在求和运算放大器的反馈电阻 $R_F = R$ 时,其输出的模拟电压与输入数字量之间的一般关系式为

$$u_O = -\frac{U_{REF}}{2^n}\sum_{i=0}^{n-1}(d_i \times 2^i) = -\frac{U_{REF}}{2^n}D_n \tag{8-7}$$

对于在图 8-4 电路中输入的每一个二进制数,均能在其输出端得到与之成正比的模拟电压 u_O。

AD7520 是十位 CMOS D/A 转换器,采用倒 T 形电阻网络。模拟开关是 CMOS 型的,也同时集成在芯片上。

图 8-6 是 AD7520 的电路图,输入是 10 位二进制数,AD7520 在使用的时候需要外加运算放大器。运放的反馈电阻有两种选择方式,可以使用内设的反馈电阻 R,也可以在输出 u_O 和 I_{out1} 之间另加电阻。

倒 T 形电阻网络各支路的电流是恒定不变的,在开关的状态变化时,无需电流建立时间,所以转换速度高,在数/模转换器中广泛采用。

8.2.3 D/A 转换器的主要技术指标

描述 D/A 转换器性能的技术指标有很多,这里介绍几种主要的技术指标。

1. 转换精度

转换精度是指 D/A 转换器的实际输出值与理论输出值之差。在 D/A 转换器中,通常用分辨率和转换误差来描述。

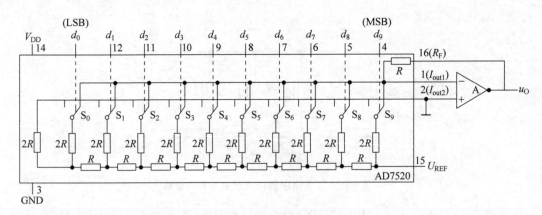

图 8-6　AD7520 电路图

分辨率表示 D/A 转换器在理论上可以达到的精度。用于表征 D/A 转换器对输入微小变化量的敏感程度,定义为 D/A 转换器能够分辨出来的最小输出电压 U_{LSB} 与最大输出电压 U_{FSR} 之比。最小输出电压 U_{LSB} 是指输入的数字代码只有最低有效位为 **1**,其余各位都是 **0** 时的输出电压,又称最小分辨电压;最大输出电压 U_{FSR} 是指输入的数字代码各有效位全为 **1** 时的输出电压,又称最大满量程输出电压。n 位 D/A 转换器的分辨率可表示为

$$分辨率 = \frac{U_{LSB}}{U_{FSR}} = \frac{1}{2^n - 1} \tag{8-8}$$

式(8-8)说明,D/A 转换器的位数 n 越多,分辨率的数值越小,分辨能力越高。例如,10 位 D/A 转换器的分辨率为

$$\frac{U_{LSB}}{U_{FSR}} = \frac{1}{2^{10} - 1} = \frac{1}{1023} \approx 0.001$$

如果输出模拟电压满量程为 10V,那么,10 位 D/A 转换器能够分辨的最小电压为

$$U_{LSB} = \frac{1}{2^n - 1} U_{FSR} = \frac{1}{2^{10} - 1} \times 10 = 0.01V = 10mV$$

转换误差表示实际的 D/A 转换特性和理想转换特性之间的最大偏差,又称绝对精度。转换误差常用满量程 FSR(Full Scale Range)的百分数表示,也可以用最低有效位 LSB 的倍数表示。例如,给出的转换误差为 LSB/2,就表示输出模拟电压的转换误差等于输入为 **00…01** 时的输出电压的 $1/2$。

转换误差是一个综合指标,包括比例系数误差、漂移误差、非线性误差等。

【提示】　转换误差与位数有关,位数越多,LSB 愈小,精度则愈高。

【例 8-1】　要求某 D/A 转换器输出的最小分辨电压 U_{LSB} 约为 5mV,最大满量程输出电压 U_{FSR} 为 10V,试求该电路输入二进制数字量的位数应是多少?

解:由式(8-8)可知

$$U_{LSB} = \frac{1}{2^n - 1} U_{FSR} = \frac{1}{2^n - 1} \times 10 = 0.005V$$

所以

$$2^n - 1 = \frac{U_{FSR}}{U_{LSB}} = \frac{10}{0.005} = 2000$$

即,$n \approx 11$。所以,该电路输入二进制数字量的位数应是 11。

2. 转换速度

D/A 转换器的转换速度通常用建立时间 t_{set} 来描述。建立时间是指从输入数值量发生变化开始,到输出电压进入与稳态值相差 $\pm\frac{1}{2}$LSB 范围内所需的时间。D/A 转换器中存在电阻网络、模拟开关等非理想器件,各种寄生参数及开关延迟等都会限制转换速度。实际上,建立时间的长短不仅与 D/A 转换器本身的转换速度有关,还与数字量的变化范围有关。输入数字量从全 **0** 变到全 **1**(或从全 **1** 变到全 **0**)时,建立时间是最长的,称为满量程变化建立时间。而一般产品手册上给出的正是满量程变化建立时间。

目前,在内部只含有解码网络和模拟开关的单片集成 D/A 转换器中,$t_{set} \leqslant 0.1\mu s$;在内部包含运算放大器的集成 D/A 转换器中,最短的建立时间在 $1.5\mu s$ 左右。

【提示】　一般情况下,位数越多,转换时间越长,即精度与速度是相互矛盾的。

8.3　A/D 转换器

8.3.1　A/D 转换的一般过程

A/D 转换的目的是将模拟信号转换成数字信号。在 A/D 转换器中,因为输入的模拟信号在时间上是连续的,而输出的数字信号在时间上是离散的,所以要实现 A/D 转换,一般需要通过采样、保持、量化和编码这 4 个步骤才能完成。

1. 采样和保持

采样是模拟信号进行周期地抽取样值的过程,又称为抽样或取样,是将时间上连续变化的模拟信号转换为时间上离散的模拟信号,即将时间上连续变化的模拟信号转换为一系列等间隔的脉冲。脉冲的幅值取决于当时模拟量的大小。其过程如图 8-7 所示。

在图 8-7 中,$u_1(t)$ 为模拟输入信号,$s(t)$ 为采样脉冲,$u_O(t)$ 为采样后的输出信号。

采样电路实质上是一个受采样脉冲控制的电子开关,如图 8-7(a)所示。采样开关受采样脉冲 $s(t)$ 控制。在采样脉冲 $s(t)$ 作用的周期 τ 内,采样开关闭合接通,使输出信号等于输入信号,即 $u_O(t)=u_1(t)$;而在 $T_s-\tau$ 期间,采样开关断开,使输出信号为 0,即 $u_O(t)=0$。因此,每经过一个采样周期,在输出端便得到输入信号的一个采样值。$s(t)$ 按照一定频率 f_s 变化时,输入的模拟信号就被采样为一系列的采样值

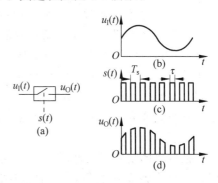

图 8-7　采样过程

脉冲。当然,采样频率 f_s 越高,在时间一定的情况下,采样到的采样值脉冲越多,因此,输出脉冲的包络线就越接近于输入的模拟信号。

为了能正确无误地用采样信号 $u_O(t)$ 来表示输入模拟信号 $u_1(t)$,保证不失真地从采样信号中将原来的模拟信号恢复出来,采样信号必须有足够高的频率。

可以证明,采样频率必须不小于输入模拟信号最高频率分量的两倍,即

$$f_s \geqslant 2f_{max} \tag{8-9}$$

式中,f_s 为采样频率,f_{max} 为输入信号 $u_1(t)$ 的最高频率分量的频率。式(8-9)就是采样

定理。

采样频率提高后,留给每次转换的时间也相应地缩短了,这就要求转换电路必须具备更快的工作速度。因此,不能无限制地提高采样频率,通常 $f_s = (3 \sim 5) f_{max}$。

由于 A/D 转换器把采样信号转换成相应的数字信号都需要一定的时间,因此,在每次采样结束后,应保持采样电压值在一段时间内不变,直到下一次采样开始。所以,在采样电路之后必须加保持电路。

如图 8-8(a)所示的是一种常见的采样-保持电路。其中,增强型 NMOS 管作为电子开关,受采样脉冲 $s(t)$ 的控制;C 为存储样值的电容;运算放大器构成电压跟随器。

电路的工作过程如下:当采样脉冲 $s(t)$ 为高电平时,NMOS 管导通,$u_1(t)$ 为存储电容 C 迅速充电,使电容 C 上的电压跟上输入电压 $u_1(t)$ 变化。在 τ 期间,电容 C 上的电压等于 $u_1(t)$;当 $s(t)$ 为低电平时,NMOS 管截止,电容 C 上的充电电压在此期间保持不变,一直保持到下一个采样脉冲的到来,保持时间为 $(T_s - \tau)$。电压跟随器的输出电压 $u_O(t)$ 始终跟随存储电容 C 上的电压变化,波形如图 8-8(b)所示。

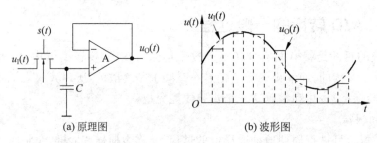

(a) 原理图　　　　　　　　　(b) 波形图

图 8-8　采样-保持电路的基本形式

2. 量化与编码

数字信号不仅在时间上是离散的,而且在幅值上也不是连续的。这就是说,任何一个数字量的大小都可以用某个规定的最小数量单位的整倍数来表示。但是,模拟信号经采样-保持电路后,得到的输出信号是阶梯形信号,阶梯幅值仍然是连续变化的,仍然属于模拟信号。因此,在进行 A/D 转换时,还必须将采样-保持电路的输出电压按某种近似方法,用一个最小单位的整数倍表示出来,这一转化过程称为量化。所规定的最小数量单位叫作量化单位,用 △ 表示。显然,数字信号最低有效位(LSB)中的 **1** 表示的数量大小就等于 △。

把量化的结果用代码(可以是二进制代码,也可以是其他进制代码)表示出来,称为编码。这个代码就是 A/D 转换的输出结果。量化的方法有两种:一种是只舍不入法;另一种是有舍有入法。

只舍不入法是:取最小量化单位 $\Delta = U_m / 2^n$,其中 U_m 为输入模拟电压的最大值,n 为输出数字代码的位数。将 $0 \sim \Delta$ 的模拟电压归并到 0Δ,把 $\Delta \sim 2\Delta$ 的模拟电压归并到 1Δ,依此类推。

例如,要求将 $0 \sim 1V$ 的模拟电压信号转换成 3 位二进制代码。若采用只舍不入的量化方式,则 $\Delta = \dfrac{1}{2^3} V = \dfrac{1}{8} V$,并规定凡数值在 $0 \sim \dfrac{1}{8} V$ 的模拟电压归并到 0Δ,用 **000** 表示;$\dfrac{1}{8} V \sim \dfrac{2}{8} V$ 的模拟电压归并到 1Δ,用 **001** 表示,以此类推,如图 8-9(a)所示。从图中不难看出,这

种量化方法可能带来的最大量化误差为 Δ,即 $\frac{1}{8}$V。

只舍不入法简单易行,但量化误差比较大。为了减小量化误差,通常采用另一种量化编码方法,即有舍有入法。

有舍有入法是:将不足半个量化单位的部分舍去,将等于或大于半个量化单位的部分按一个量化单位处理。如取最小量化单位 $\Delta = 2U_m/(2^{n+1}-1)$,将 $0\sim\frac{\Delta}{2}$ 的模拟电压归并到 0Δ,把 $\frac{\Delta}{2}\sim\frac{3\Delta}{2}$ 的模拟电压归并到 1Δ,依此类推。这种方法产生的最大量化误差为 $\frac{\Delta}{2}$。

例如,要求用有舍有入法,将 $0\sim1$V 的模拟电压信号转换成 3 位二进制代码。取量化单位 $\Delta = \frac{2}{15}$V,并将 $0\sim\frac{1}{15}$V 的模拟电压归并到 0Δ,用 **000** 表示;把 $\frac{1}{15}$V$\sim\frac{3}{15}$V 以内的模拟电压归并到 1Δ,用 **001** 表示,以此类推,如图 8-9(b)所示。这时,最大量化误差为 $\frac{\Delta}{2}=\frac{1}{15}$V。因为此时是把每个输出二进制代码所表示的模拟电压值规定为它所对应的模拟电压范围的中间值,最大量化误差自然不会超过 $\frac{\Delta}{2}$。

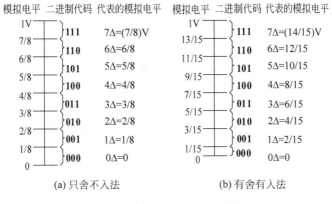

图 8-9 划分量化电平的两种方法

8.3.2 并联比较型 A/D 转换器

并联比较型 A/D 转换器是一种直接型 A/D 转换器。图 8-10 为 3 位并联比较型 A/D 转换器的电路原理图,它由电压比较器、寄存器和代码转换器(优先编码器)3 部分组成。输入 u_I 为 $0\sim U_{REF}$ 的模拟电压,输出是 3 位二进制数码 d_2、d_1、d_0。

在图 8-10 所示电路中,电压比较器前面的 8 个电阻组成串联分压电路,对参考电压 U_{REF} 进行分压,电路的最小量化单位为 $\Delta = \frac{2}{15}U_{REF}$,得到 $\frac{1}{15}U_{REF}\sim\frac{13}{15}U_{REF}$ 7 个比较电平,分别作为 7 个电压比较器 $C_1\sim C_7$ 的反相输入端参考电压,与同时输入到比较器同相输入端的模拟电压 u_I 相比较。输入电压 u_I 的大小决定比较器的输出状态,当输入电压 u_I 小于参考电压时,比较器输出为 **0**;当输入电压 u_I 大于参考电压时,比较器输出为 **1**。

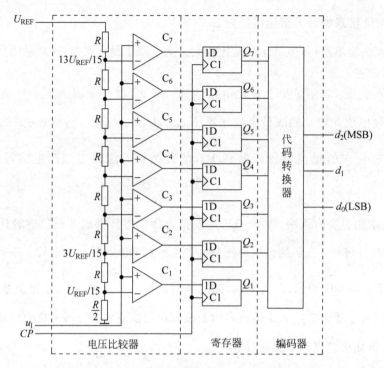

图 8-10 3 位并联比较型 A/D 转换器电路原理图

若输入电压 $0 \leqslant u_1 < \frac{1}{15}U_{REF}$，则所有比较器的输出全为低电平，$CP$ 上升沿到来后，寄存器中所有的触发器都被置为 **0** 状态，代码转换器的输出结果为 **000**。

若输入电压 $\frac{1}{15}U_{REF} \leqslant u_1 < \frac{3}{15}U_{REF}$，则只有 C_1 输出为高电平，CP 上升沿到来后，寄存器中触发器 $Q_1 = \mathbf{1}$，其余触发器都被置为 **0** 状态，代码转换器的输出结果为 **001**。

若输入电压 $\frac{3}{15}U_{REF} \leqslant u_1 < \frac{5}{15}U_{REF}$，则只有 C_1、C_2 输出为高电平，CP 上升沿到来后，寄存器中触发器 $Q_1 = Q_2 = \mathbf{1}$，其余触发器都被置为 **0** 状态，代码转换器的输出结果为 **010**。

以此类推，可以得到 3 位并联比较型 A/D 转换器的代码转换表，如表 8-1 所示。

表 8-1 3 位并联比较型 A/D 转换器代码转换表

输入模拟电压	寄存器状态 (代码转换器输入)							数字量输出 (代码转换器输出)		
u_1	Q_7	Q_6	Q_5	Q_4	Q_3	Q_2	Q_1	d_2	d_1	d_0
$\left(0 \sim \frac{1}{15}\right)U_{REF}$	**0**	**0**	**0**	**0**	**0**	**0**	**0**	**0**	**0**	**0**
$\left(\frac{1}{15} \sim \frac{3}{15}\right)U_{REF}$	**0**	**0**	**0**	**0**	**0**	**0**	**1**	**0**	**0**	**1**
$\left(\frac{3}{15} \sim \frac{5}{15}\right)U_{REF}$	**0**	**0**	**0**	**0**	**0**	**1**	**1**	**0**	**1**	**0**
$\left(\frac{5}{15} \sim \frac{7}{15}\right)U_{REF}$	**0**	**0**	**0**	**0**	**1**	**1**	**1**	**0**	**1**	**1**

续表

输入模拟电压	寄存器状态 (代码转换器输入)							数字量输出 (代码转换器输出)		
u_1	Q_7	Q_6	Q_5	Q_4	Q_3	Q_2	Q_1	d_2	d_1	d_0
$\left(\frac{7}{15}\sim\frac{9}{15}\right)U_{\text{REF}}$	0	0	0	1	1	1	1	1	0	0
$\left(\frac{9}{15}\sim\frac{11}{15}\right)U_{\text{REF}}$	0	0	1	1	1	1	1	1	0	1
$\left(\frac{11}{15}\sim\frac{13}{15}\right)U_{\text{REF}}$	0	1	1	1	1	1	1	1	1	0
$\left(\frac{13}{15}\sim1\right)U_{\text{REF}}$	1	1	1	1	1	1	1	1	1	1

由表 8-1 可以写出代码转换器的输出逻辑表达式

$$\begin{cases} d_2 = Q_4 \\ d_1 = Q_6 + \bar{Q}_4 Q_2 = Q_6 + \overline{\bar{Q}_4 + \bar{Q}_2} \\ d_0 = Q_7 + \bar{Q}_6 Q_5 + \bar{Q}_4 Q_3 + \bar{Q}_2 Q_1 = Q_7 + \overline{\bar{Q}_5 + Q_6} + \overline{\bar{Q}_3 + Q_4} + \overline{\bar{Q}_1 + Q_2} \end{cases} \tag{8-10}$$

由式(8-10)可以画出代码转换电路的逻辑图,如图 8-11 所示。

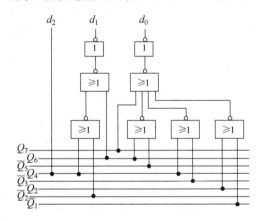

图 8-11 代码转换器逻辑图

并联比较型 A/D 转换器的转换时间只受比较器、触发器和代码转换器的延时时间限制,而此延时时间通常很短,可以忽略不计。因此,并联比较型 A/D 转换器的转换速度很快。

这种 A/D 转换器的精度取决于量化电平的划分,划分越细,精度越高。但是,划分越细,使用的元器件越多。随着精度的提高,元器件的数目按几何级数增长。一个 n 位 A/D 转换器所用的比较器和触发器的个数为 $2^n - 1$,例如 10 位并联比较型 A/D 转换器需要 $2^{10} - 1 = 1023$ 个比较器和 1023 个触发器。由于位数越多电路越复杂,因此,要制成分辨率较高的集成并联比较型 A/D 转换器是较困难的。

【提示】 并联比较型 A/D 转换器适用于高转换速度、低分辨率的场合。

8.3.3 逐次逼近型 A/D 转换器

逐次逼近型 A/D 转换器也是一种常用的 A/D 转换器,在其转换过程中,量化和编码是同时实现的,故属于直接型 A/D 转换器。

逐次逼近型 A/D 转换器的工作过程与用天平称一个物体的质量相似。在天平称重的过程中,先放一个最重的砝码与被称物体的质量进行比较,如果砝码比物体轻,则保留该砝码;如果砝码比物体重,则去掉,换上一个次质量的砝码,再与被称物体的质量进行比较。由物体的质量是否大于砝码的质量决定第二个砝码的保留或去掉,依此类推,一直加到最轻的一个砝码为止。将所有留下的砝码质量相加,就得到了物体的质量。仿照这个思路,逐次逼近型 A/D 转换器将输入的模拟信号与不同的参考电压作多次比较,使转换所得的数字量在数值上逐次逼近输入的模拟量。

逐次逼近型 A/D 转换器的电路结构如图 8-12 所示。电路包括电压比较器、D/A 转换器(DAC)、逐次逼近寄存器、控制逻辑、时钟脉冲源和数字输出几个部分。

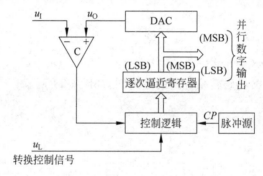

图 8-12 逐次逼近型 A/D 转换器电路结构图

转换开始前,先将寄存器清零。因此,加给 D/A 转换器(DAC)的数字量也是全 0。

转换控制信号 $u_L = 1$ 时开始转换,第一个时钟信号 CP 将寄存器的最高位置成 1,使寄存器的输出为 $1000\cdots00$。这个数字量被送入 D/A 转换器转换成相应的模拟电压 u_O,并送到比较器与输入信号 u_I 进行比较。如果 $u_O < u_I$,说明这个数不够大,这个 1 应予保留,则最高位为 1;如果 $u_O > u_I$,说明这个数过大,这个 1 应去掉,则最高位为 0。按同样的方法,在第二个 CP 作用下,将寄存器的次高位置 1,如果最高位的 1 保留,则此时将 $1100\cdots00$ 送入 D/A 转换器进行转换,并将转换结果与 u_I 进行比较,以确定这一位的 1 是否应保留。这样逐位比较下去,直到最低位比较完为止。这时,寄存器里所存的数码就是所求的输出数字量。

下面再结合图 8-13 所示的 3 位逐次逼近型 A/D 转换器,具体说明逐次比较的过程。该转换器由电压比较器 C(当 $u_O \le u_I$ 时,比较器的输出 $u=0$;当 $u_O > u_I$ 时,$u=1$),3 位 D/A 转换器 DAC,3 个触发器 FF_A、FF_B、FF_C 组成的三位数码寄存器,触发器 $FF_1 \sim FF_5$ 和门电路 $G_1 \sim G_9$ 组成的控制逻辑电路等组成。

转换开始前,先将数码寄存器 FF_A、FF_B、FF_C 置零,同时将 $FF_1 \sim FF_5$ 组成的环行移位寄存器置成 $Q_1Q_2Q_3Q_4Q_5 = 10000$ 状态。转换控制信号 u_L 变成高电平后,转换开始。

第一个 CP 到来时,由于初态 $Q_1Q_2Q_3Q_4Q_5 = 10000$,使 FF_A 置 1,而 FF_B、FF_C 保持 0 状

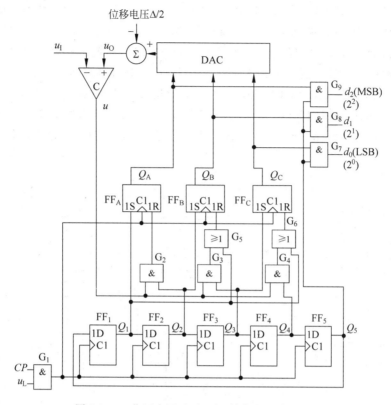

图 8-13 3 位逐次逼近型 A/D 转换器电路原理图

态不变。这时,数码寄存器的状态 $Q_A Q_B Q_C = 100$ 加到 D/A 转换器的输入端,并在 D/A 转换器的输出端得到相应的模拟电压 u_O。u_O 送到电压比较器与输入电压 u_I 进行比较。若 $u_O \leqslant u_I$,则比较器的输出 $u = 0$;若 $u_O > u_I$,则 $u = 1$。环行移位寄存器中的数码向右移 1 位,使其状态为 $Q_1 Q_2 Q_3 Q_4 Q_5 = 01000$。

第二个 CP 到来时,由于初态 $Q_1 Q_2 Q_3 Q_4 Q_5 = 01000$,使 FF_B 置 1,FF_C 保持 0 状态不变。而 FF_A 状态与 u 有关,若原来的 $u = 0$,则 FF_A 保留 1 状态;反之,若原来的 $u = 1$,则 FF_A 被置 0。同时,环行移位寄存器中的数码向右移 1 位,$Q_1 Q_2 Q_3 Q_4 Q_5 = 00100$。

第三个 CP 到来时,由于初态 $Q_1 Q_2 Q_3 Q_4 Q_5 = 00100$,使 FF_C 置 1。而 FF_B 状态与 u 有关,若原来的 $u = 0$,则 FF_B 保留 1 状态;反之若原来的 $u = 1$,则 FF_B 被置 0。同时,环行移位寄存器中的数码向右移 1 位,$Q_1 Q_2 Q_3 Q_4 Q_5 = 00010$。

第四个 CP 到来时,同样,根据 u 的状态确定 FF_C 的 1 状态是否保留。这时,FF_A、FF_B、FF_C 的状态就是所要转换的结果。同时,环行移位寄存器中的数码向右移 1 位,$Q_1 Q_2 Q_3 Q_4 Q_5 = 00001$。由于 $Q_5 = 1$,因此,FF_A、FF_B、FF_C 的状态通过门 G_9、G_8、G_7 输出。

第五个 CP 到达后,环行移位寄存器中的数码右移 1 位,使电路返回到初始状态 $Q_1 Q_2 Q_3 Q_4 Q_5 = 10000$。由于 $Q_5 = 0$,门 G_7、G_8、G_9 重新被封锁,转换输出的数码信号随之消失。

【提示】 位移电压是为减小量化误差而设置的。

可见,3 位逐次逼近型 A/D 转换器完成一次转换需要 5 个 CP 信号周期的时间。如果

是 n 位输出的 A/D 转换器,完成一次转换所需要的时间则为 $n+2$ 个 CP 信号周期的时间。因此,位数越少,CP 脉冲频率越高,转换速度越快。

逐次逼近型 A/D 转换器的寄存器位数越多,u 越接近 u_1,输出的数字信号就越精确,是使用最为广泛的一种转换器。它的转换速度快、精度高(精确度可达 0.005%)。

ADC0809 是采用 CMOS 工艺制成的八位单片集成 A/D 转换器,内部电路采用逐次逼近型结构,其内部结构框图如图 8-14 所示。ADC0809 内部由八路模拟开关、地址锁存器和译码器、比较器、电阻网络、开关树形 DAC、逐次逼近寄存器、定时与控制电路、三态输出锁存器等组成。

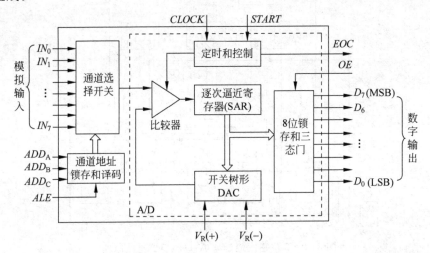

图 8-14 ADC0809 内部结构框图

图 8-14 中虚线框内为 0809 的核心部分。ADC0809 芯片有 28 个引脚,其中 $IN_0 \sim IN_7$ 为八路模拟电压输入端,可以对 8 路模拟信号进行转换,但某一时刻只能选择一路进行转换。ADD_A、ADD_B、ADD_C 为模拟输入通道的地址选择线,它的状态译码与八个模拟电压输入通道一一对应。ALE 为地址锁存允许信号,高电平有效。$START$ 为脉冲输入信号启动端,其上升沿使内部寄存器清零,下降沿开始进行模/数转换。$CLOCK$ 为时钟脉冲输入端,控制时序电路工作。$D_0 \sim D_7$ 为数据输出端,D_0 为最低位,D_7 为最高位。OE 为输出允许,高电平有效。$V_R(+)$ 和 $V_R(-)$ 为电阻网络参考电压正端和负端。

8.3.4　双积分型 A/D 转换器

双积分型 A/D 转换器是一种间接型 A/D 转换器,其转换原理是将输入的模拟电压 u_1 转换成与其成正比的时间 T,然后在这个时间 T 里对固定频率的时钟脉冲计数,计数的结果就是正比于输入模拟电压的数字量。

图 8-15 是双积分型 A/D 转换器的电路原理图。它由积分器、比较器、计数器、控制逻辑和时钟信号源组成。其中,控制逻辑电路由一个 n 位计数器、附加触发器 FF_A、模拟开关 S_1 和 S_2 的驱动电路 L_1 和 L_2、控制门 G 组成。图 8-16 是这个电路的电压波形图。其工作原理如下:

转换开始前,由于转换控制信号 $u_L = 0$,因而计数器和附加触发器均被置为 0,同时开关 S_2 闭合,使积分电容 C 充分放电。

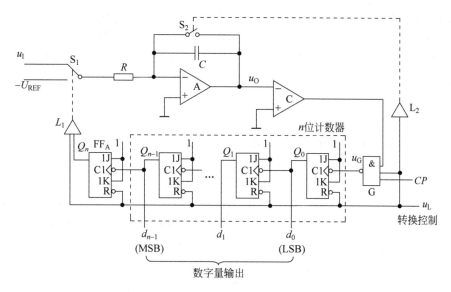

图 8-15 双积分型 A/D 转换器电路原理图

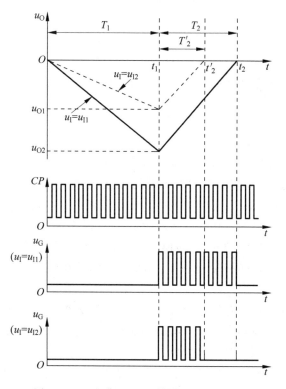

图 8-16 双积分型 A/D 转换器的工作波形

当 $u_L = 1$ 时开始转换,转换操作分两步进行。

第一步,将开关 S_1 接至输入信号 u_I 一侧,积分器开始对 u_I 进行固定时间 T_1 的积分,积分结束时积分器的输出电压为

$$u_O(t_1) = \frac{1}{C} \int_0^{T_1} -\frac{u_I}{R} dt = -\frac{T_1}{RC} u_I \tag{8-11}$$

由式(8-11)可知,在 T_1 固定的条件下,积分输出电压 u_O 与输入电压 u_I 成正比。

因为积分过程中积分器的输出为负电压,所以比较器的输出电压为高电平,将"与"门 G 打开,n 位计数器对 u_G 端脉冲计数。当计数器计满 2^n 个脉冲后,计数器自动返回全 **0** 状态,同时给 FF_A 一个进位信号,使 FF_A 置 **1**,于是 S_1 转接到 $-U_{REF}$ 侧,第一次积分结束。第一次积分的时间为 T_1,则

$$T_1 = 2^n T_{CP} \tag{8-12}$$

式中,T_{CP} 是时钟信号 CP 脉冲的周期。所以,积分器的输出电压为

$$u_O(t_1) = -\frac{T_1}{RC}u_1 = -\frac{2^n T_{CP}}{RC}u_1 \tag{8-13}$$

第二步,开关 S_1 转接到基准电压 $-U_{REF}$ 侧,积分器向相反方向积分,计数器又开始从 0 计数。经过时间 T_2 后,积分器输出电压上升到 0,比较器的输出为低电平,将门 G 封锁,停止计数,至此转换结束。积分器的输出电压为

$$u_O = \frac{1}{C}\int_0^{T_2} \frac{U_{REF}}{R}dt - \frac{T_1}{RC}u_1 = 0 \tag{8-14}$$

$$\frac{T_2}{RC}U_{REF} = \frac{T_1}{RC}u_1 \tag{8-15}$$

所以

$$T_2 = \frac{T_1}{U_{REF}}u_1 = \frac{2^n T_{CP}}{U_{REF}}u_1 \tag{8-16}$$

可见,反向积分到 $u_O = 0$ 的这段时间,T_2 与输入信号 u_1 成正比。在 T_2 时间内,计数器所计的脉冲数为

$$D = \frac{T_2}{T_{CP}} = \frac{2^n}{U_{REF}}u_1 \tag{8-17}$$

从图 8-16 所示的电压波形图可以直观地看到这个结论的正确性,当 u_1 取两个不同的数值 u_{11} 和 u_{12} 时,反向积分 T_2 和 T_2' 也是不同的,而且时间的长短与 u_1 的大小成正比。由于 CP 是固定频率脉冲,所以在 T_2 和 T_2' 的时间里,所记录的脉冲数也必然与 u_1 成正比。

双积分型 A/D 转换器的工作性能比较稳定,因为转换过程中进行的两次积分使用的是同一积分器,因而积分时间常数相同,转换结果与 R、C 的参数无关。此外,转换结果与时钟信号的周期无关,只要每次转换过程中 T_{CP} 不变,那么时钟周期在长时间里发生缓慢的变化也不会带来转换误差。

双积分型 A/D 转换器具有较强的抗干扰能力。因为在 T_1 时间内采样的是输入电压的平均值,再加上积分器本身对交流噪声有较强的抑制能力,特别是在积分时间等于电网工频的整数倍时,能有效地抑制工频干扰。

工作速度低是双积分型 A/D 转换器的主要缺点。每完成一次转换,时间在 $2T_1$ 以上,如果再加上转换前的准备时间和输出转换结果的时间,则完成一次转换所需的时间还要更长一些,其转换速度一般都在每秒几十次以内。尽管如此,因其优点突出,在对转换速度要求不高的场合,该转换器仍得到了广泛的应用。

【例 8-2】 在双积分型 A/D 转换器中,若计数器为八位二进制计数器,时钟脉冲 CP 的频率 $f_C = 10\text{kHz}$,$-U_{REF} = -10\text{V}$。

(1)计算第一次积分的时间;

(2) 计算 $u_1 = 3.75\text{V}$ 时，转换完成后计数器的状态；

(3) 计算 $u_1 = 2.5\text{V}$ 时，转换完成后计数器的状态。

解：(1) 第一次积分时间 $T_1 = 2^n T_{CP}$，所以，$T_1 = 2^8 \cdot \dfrac{1}{f_C} = 256 \times \dfrac{1}{10}\text{ms} = 25.6\text{ms}$。

(2) 因为 $D = \dfrac{T_2}{T_{CP}} = \dfrac{2^n}{U_{REF}} u_1$，所以当 $u_1 = 3.75\text{V}$ 时，转换完成后，计数器的状态为

$$D = \frac{3.75}{10} \times 2^8 = 0.375 \times 256 = 96$$

转换成二进制数为 **01100000**。

(3) 当 $u_1 = 2.5\text{V}$ 时，转换完成后，计数器的状态为

$$D = \frac{2.5}{10} \times 2^8 = 0.25 \times 256 = 64$$

转换成二进制数为 **01000000**。

8.3.5 A/D 转换器的主要技术指标

与 D/A 转换器一样，A/D 转换器的主要技术指标是转换精度和转换速度。

1. 转换精度

单片集成 A/D 转换器采用分辨率和转换误差来描述转换精度。

A/D 转换器的分辨率是以输出二进制（或十进制）的位数表示的，它说明 A/D 转换器对输入信号的分辨能力。从理论上分析，若 A/D 转换器有 n 位数字量输出，那么它可以把满量程输入的模拟电压划分成 2^n 个等分，即能区别的最小输入模拟电压值为满量程的 $1/2^n$。在满量程电压值确定的情况下，输出的位数越多，量化单位越小，分辨率越高。

例如，当八位 A/D 转换器的输入信号最大值为 5V 时，则能区分的输入信号最小电压值为

$$\frac{1}{2^8} \times 5 = 0.019\,53\text{V} = 19.53\text{mV}$$

对十二位 A/D 转换器，能区分的输入信号最小电压值为 1.22mV。

A/D 转换器的转换误差通常给出的是输出的最大误差值，以相对误差的形式给出。A/D 转换器实际输出的数字量与理论上应输出数字量之间的差值，常用最低有效位的倍数表示。例如，给出相对误差 $\leqslant \pm (1/2)\text{LSB}$，则说明实际输出的数字量和理论上应得到的输出数字量之间的误差不大于最低有效位的半个字。

2. 转换速度

A/D 转换器的转换速度常用转换时间来表示。转换时间是指从转换控制信号到来开始，到输出端得到稳定的数字量输出为止所需的时间。转换时间越短，则转换速度越高。转换速度（转换时间）与转换器类型有很大关系，不同类型转换器的转换速度差别很大。

从前面的分析可看出，双积分型 A/D 转换器的转换速度最慢，需几百毫秒；逐次逼近型 A/D 转换器的转换速度较快，需几十微秒。在实际应用中，选用 A/D 转换器应从系统数据总的位数、精度要求、输入模拟信号的范围及输入信号的极性等方面综合考虑。

*8.4 利用 Multisim 分析 D/A 和 A/D 转换电路

本节利用 Multisim 13.0 分析 D/A 和 A/D 转换电路。

8.4.1 D/A 转换器的仿真分析

1. 倒 T 形电阻网络 D/A 转换器仿真分析

在 Multisim 13.0 中构建四位倒 T 形电阻网络 D/A 转换器仿真电路,如图 8-17 所示。

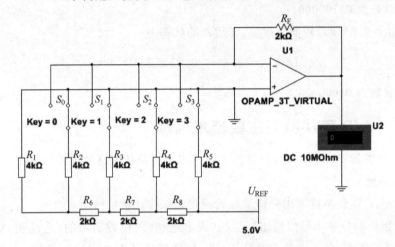

图 8-17 四位倒 T 形电阻网络 D/A 转换器的仿真电路

打开元件工具栏的模拟器件库,在弹出对话框的 Group 栏中选择 Analog,在 Family 栏中选取 ANALOG-VIRTUAL 系列,在 Component 栏中选择虚拟理想集成运算放大器 OPAMP_3T_VIRTUAL;从元件工具栏的基本元件库中找出电阻、单刀双掷开关;从元件工具栏的电源/信号源库中找出电压源及接地端;从元件工具栏的指示元件库中找出数字电压表。也可以使用快捷键 Ctrl+W 调出选用元件对话框,再找出相应的元件。

双击单刀双掷开关的图形符号,在弹出对话框的 Key for Switch 右侧下拉列表中分别选取 3、2、1、0 符号作为各开关的控制键,表示 $d_3 \sim d_0$ 为输入数字量,单击 OK 按钮退出。

单击仿真开关后,通过控制键使输入数字量 $d_3 d_2 d_1 d_0$ 分别为 **0000~1111**,用数字电压表分别测试转换后的模拟电压量,结果如表 8-2 所示。

表 8-2 倒 T 形电阻网络 D/A 转换器测试表

d_3	d_2	d_1	d_0	u_O/V
0	0	0	0	−4.687p
0	0	0	1	−0.312
0	0	1	0	−0.625
0	0	1	1	−0.937
0	1	0	0	−1.250
0	1	0	1	−1.562

续表

d_3	d_2	d_1	d_0	u_O/V
0	1	1	0	-1.875
0	1	1	1	-2.187
1	0	0	0	-2.500
1	0	0	1	-2.812
1	0	1	0	-3.125
1	0	1	1	-3.437
1	1	0	0	-3.750
1	1	0	1	-4.062
1	1	1	0	-4.375
1	1	1	1	-4.687

2. VDAC8 的仿真分析

VDAC8 是虚拟集成八位电压型 D/A 转换器,其中,$D_7 \sim D_0$ 为八位数字量输入端,Output 为模拟电压输出端;$V_{\mathrm{ref+}}$ 为参考电压"＋"输入端;$V_{\mathrm{ref-}}$ 为参考电压"－"输入端。

VDADC8 将输入数字量转换成与其大小成正比的模拟电压,转换关系式为

$$u_O = \frac{V_{\mathrm{ref+}} - V_{\mathrm{ref-}}}{256} \times D \tag{8-18}$$

式(8-18)中,D 为输入二进制数字量对应的十进制数。

在 Multisim 13.0 中构建如图 8-18 所示的仿真电路。单击元件工具栏的混合元件库,在弹出对话框的 Group 栏中选择 Mixed,在 Family 栏中选取 A DC_DAC 系列,在 Component 栏中找出 VDAC 并将其选中。单刀双掷开关、电压源及接地端、数字电压表等可以按照图 8-17 中方法选出,基准电压选为 10V。

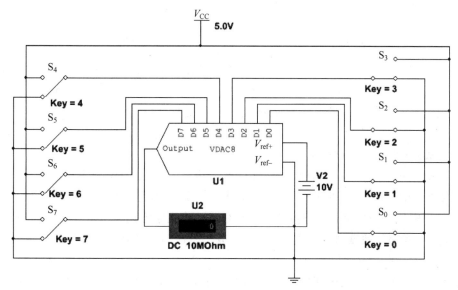

图 8-18　VDAC8 集成 8 位电压型 DAC 仿真电路

单击仿真开关后,通过控制开关键 $S_0 \sim S_7$ 使输入数字量 $D_7 D_6 D_5 D_4 D_3 D_2 D_1 D_0$ 分别为 **00000000~11111111**,用数字电压表分别测试转换后的模拟电压量为 0~10V,与式(8-18)理论计算结果一致。

8.4.2 A/D 转换器的仿真分析

1. 并联比较型 A/D 转换器的仿真分析

在 Multisim 13.0 中构建三位并联比较型 A/D 转换器仿真电路,如图 8-19 所示。从模拟器件库中找出虚拟理想集成运算放大器 COMPARATOR-VIRTUAL;从 TTL 库中找出 D 触发器 74LS374N 和编码器 74LS148N;从电源/信号源库中找出正弦信号源、脉冲信号源、电压源及接地端;从基本元件库中找出电阻;从指示元件库中找出指示灯,并在 Component 栏中选择颜色。

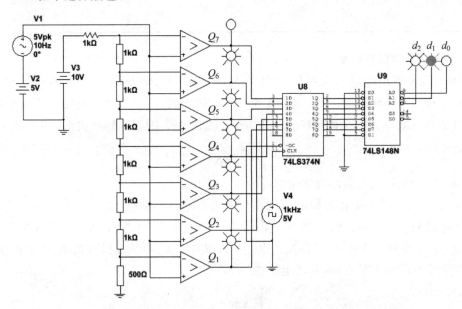

图 8-19 三位并联比较型 A/D 转换器的仿真电路

输入模拟信号为 $u_1 = 5V \pm 5V = 0 \sim 10V$。正弦信号源的频率设置为 10Hz,时钟脉冲信号源的频率设置为 1kHz,符合取样定理的要求。

单击仿真开关后,输入模拟电压 u_1 按正弦规律变化,可以观察到电压比较器输出状态指示灯和输出数字量指示灯的变化情况。

2. 集成八位 ADC 仿真分析

在 Multisim 13.0 中构建虚拟集成八位 ADC 仿真电路,如图 8-20 所示。从混合元件库中找出八位 ADC,共阴极 LED 数码显示器选 DCD-HEX 类型中的某一种颜色,其他元件可以按图 8-19 中的方法找出。从虚拟仪器工具栏中找出数字万用表 XMM1。

双击可变电阻可改变滑动端上、下部分阻值与总电阻值的比例,EOC 是表示转换结束的指示灯。

单击仿真开关后,改变可变电阻 R_1 活动端的位置,即可改变输入模拟电压的大小,在 D/A 转换器的输出端 LED 数码显示器上可观察到十六进制数字量的变化。

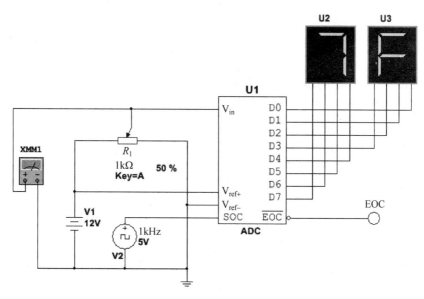

图 8-20 虚拟集成八位 ADC 仿真电路

本章小结

本章介绍了数/模和模/数转换电路的原理及应用,主要讲述了如下内容。

(1)随着计算机等数字系统的广泛应用,D/A 转换器和 A/D 转换器已成为现代数字系统中重要的组成部分,应用也日益广泛。

(2)在数/模转换电路部分主要讲述了权电阻网络 D/A 转换器和倒 T 形电阻网络 D/A 转换器。

权电阻网络 D/A 转换器中,数字量的各位同时转换,转换的速度较快,但位数越多,需要的权电阻越多,电阻的阻值差也越大,制造起来非常困难。

由于倒 T 形电阻网络 D/A 转换器中电阻网络各支路电流恒定不变,开关状态变化时,无需电流建立时间,转换速度快,性能好,且只要求两种阻值的电阻,适合于集成工艺制造,在集成 D/A 转换器中得到了广泛的应用。

(3)在模/数转换电路部分主要讲述了并联比较型 A/D 转换器、逐次逼近型 A/D 转换器及双积分型 A/D 转换器。

并联比较型 A/D 转换器的转换时间只受比较器、触发器和优先编码器的延时时间限制,而延时时间通常很短,可以忽略不计。因此并联比较型 A/D 转换器的转换速度很快。

逐次逼近型 A/D 转换器使用最为广泛,它的转换速度快、精度高且价格适宜。

双积分型 A/D 转换器具有较强的抗干扰能力,在对转换速度要求不高的场合,该转换器仍得到广泛应用。

习题

1. 填空题

(1) 理想的 D/A 转换器的转换特性应是使输出模拟量与输入数字量成_____。D/A 转换器的转换精度是指输出的实际值和理论值_____。

(2) 八位 D/A 转换器的分辨率是_____。

(3) 倒 T 形电阻网络 D/A 转换器由_____、_____、_____及_____组成。

(4) 将模拟量转换为数字量,采用_____转换器,将数字量转换为模拟量,采用_____转换器。

(5) A/D 转换通常要经过 4 个步骤来完成,分别是_____、_____、_____和_____。

(6) A/D 转换器的量化单位为 Δ,用有舍有入法对采样值量化,其量化误差为_____。

(7) D/A 转换器的分辨率越高,分辨_____的能力越强;A/D 转换器的分辨率越高,分辨_____的能力越强。

(8) A/D 转换过程中,量化误差是指_____,量化误差是_____消除的。

2. 选择题

(1) 权电阻网络 D/A 转换器最小输出电压是_____。

    A. $\frac{1}{2}U_{LSB}$ B. U_{LSB} C. U_{MSB} D. $\frac{1}{2}U_{MSB}$

(2) 十位倒 T 形电阻网络 D/A 转换器中,参考电压 U_{REF} 提供的电流为_____。

    A. $\frac{U_{REF}}{2^{10}R}$ B. $\frac{U_{REF}}{2 \times 2^{10}R}$ C. $\frac{U_{REF}}{R}$ D. $\frac{U_{REF}}{(\Sigma 2^i)R}$

(3) 在 D/A 转换器中,当输入为全 **0** 时,输出电压等于_____。

    A. 电源电压   B. 0   C. 参考电压   D. 2 倍的电源电压

(4) 一个无符号八位数字量输入的 DAC,其分辨率为_____位。

    A. 1   B. 3   C. 4   D. 8

(5) 在 A/D 转换器中,输出数字量与输入的模拟电压之间是_____关系。

    A. 正比   B. 反比   C. 无   D. 相等

(6) 为使采样输出信号不失真地代表输入模拟信号,采样频率 f_s 和输入模拟信号的最高频率 f_{Imax} 的关系是_____。

    A. $f_s \geqslant f_{Imax}$ B. $f_s \leqslant f_{Imax}$ C. $f_s \geqslant 2f_{Imax}$ D. $f_s \leqslant 2f_{Imax}$

(7) 双积分型 ADC 的缺点是_____。

    A. 转换速度慢   B. 转换时间不定

    C. 对元件要求较高   D. 电路复杂

(8) 下列不属于直接型 A/D 转换器的是_____。

    A. 并行 A/D 转换器   B. 双积分 A/D 转换器

    C. 计数器 A/D 转换器   D. 逐次逼近型 A/D 转换器

(9) 某 A/D 转换器的输入电压为 0 ~10V 模拟电压,输出为八位二进制数字信号。则该模/数转换器能分辨的最小模拟电压为_____。

  A. 0V   B. 0.1V   C. 2V   D. 51V

  (10) 以下四种转换器_____是 A/D 转换器且转换速度最高。

  A. 并行比较型 B. 逐次逼近型 C. 双积分型 D. 施密特触发器

  3. 在十位倒 T 形电阻网络 D/A 转换器中,已知 $R=10\mathrm{k}\Omega$, $R_\mathrm{F}=5\mathrm{k}\Omega$, $U_{\mathrm{REF}}=-10\mathrm{V}$, 试求当数字量为 **0110111001** 时的输出模拟电压。

  4. 已知某 D/A 转换器输入十位二进制数,最大满量程输出电压为 5V,试求分辨率和最小分辨电压。

  5. 在 AD7520 电路中,若 $U_{\mathrm{REF}}=10\mathrm{V}$,输入十位二进制数为 **1011010101**,试求:

  (1) 当 $R=10\mathrm{k}\Omega$ 时,其输出模拟电流为何值?

  (2) 当 $R_\mathrm{F}=R=10\mathrm{k}\Omega$ 时,外接运放 A 后,输出电压应为何值?

  6. 如图 8-21 所示电路为由 AD7520 和计数器 74LS161 组成的波形发生电路。已知 $U_{\mathrm{REF}}=-10\mathrm{V}$,试画出输出电压 u_O 的波形,并标出波形图上各点电压的幅度。

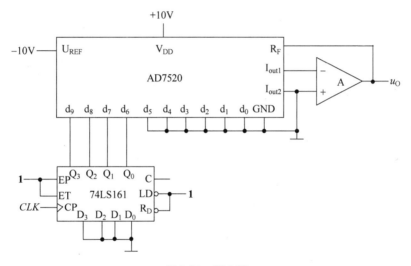

图 8-21 题 6 图

  7. 由 AD7520 和运算放大器构成的增益可编程放大器如图 8-22 所示,电压放大倍数 $A_u=\dfrac{u_\mathrm{O}}{u_\mathrm{I}}$ 由输入数字量来设定。试写出电压放大倍数的计算公式。

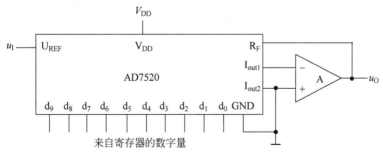

图 8-22 题 7 图

8. 有一 A/D 转换器，$u_{Imax}=10V$，$n=4$，试分别求出采用只舍不入和有舍有入法量化方式时的量化单位 Δ。如果 $u_I=6.82V$，则转换后的数字量分别为多少？

9. 在图 8-15 所示双积分 A/D 转换器中，若计数器为十位二进制计数器，时钟频率为 1MHz，$U_{REF}=6V$。

(1) 试计算该双积分 A/D 转换器的最大转换时间 T；

(2) 若已知计数器计数值 $D=(396)_{10}$，求对应的输入模拟电压 u_I 的值。

10. 在 3 位逐次逼近型 A/D 转换器中，若 $U_{REF}=10V$，$u_I=8.26V$，求输出的数字量。

11. 已知在逐次逼近型 A/D 转换器中的十位 D/A 转换器的最大输出电压 $u_{Omax}=14.322V$，时钟频率 $f_C=1MHz$。当输入电压 $u_I=9.45V$ 时，求电路此时转换输出的数字状态及完成转换所需要的时间。

12. 利用 Multisim 分析权电阻网络 D/A 转换器。

13. 利用 Multisim 分析虚拟集成十六位电压型 D/A 转换器 VDAC16。

14. 利用 Multisim 分析虚拟集成十六位 A/D 转换器 VADC16。

部分习题参考答案

第 1 章

3. (1) $(106.25)_{10} = (6A.4)_{16}$；

   (2) $(468.375)_{10} = (1D4.6)_{16}$；

   (3) $(3.3125)_{10} = (3.5)_{16}$；

   (4) $(0.3125)_{10} = (0.5)_{16}$。

4. (1) $(11011.1010)_2 = (33.5)_8 = (1B.A)_{16}$；

   (2) $(1011110.1)_2 = (136.4)_8 = (5E.8)_{16}$；

   (3) $(111000.1011)_2 = (70.54)_8 = (38.B)_{16}$；

   (4) $(11011.1001)_2 = (33.44)_8 = (1B.9)_{16}$。

5. (1) 11111100.0100；

   (2) 100010.110101；

   (3) 21.75；

   (4) 43.3125。

6. (1) $26.8 = (00100110.1000)_{8421码}$；

   (2) $98.3 = (11001011.0110)_{余3码}$；

   (3) $010100010, 010100011$；

   (4) $23 = (00110010)_{格雷码}$。

7. (1) 原码、反码、补码均为 0011011；

   (2) 原码、反码、补码均为 0001101；

   (3) 原码为 1111011，反码为 1000100，补码为 1000101；

   (4) 原码为 1001011，反码为 1110100，补码为 1110101。

8. (1) 010111；

   (2) 000011；

   (3) 111101；

   (4) 101001。

10. (1) $Y' = [(A+\overline{B})C+D]E+F, \overline{Y} = [(\overline{A}+B)\overline{C}+\overline{D}]\overline{E}+\overline{F}$；

    (2) $Y' = (A+B)(\overline{A}C+B(D+\overline{E})), \overline{Y} = (\overline{A}+\overline{B})(A\overline{C}+\overline{B}(\overline{D}+E))$；

    (3) $Y' = A(B+C)+\overline{C}+D, \overline{Y} = \overline{A}+C+\overline{D}$；

(4) $Y' = (A+\bar{D})(\bar{A}+\bar{C})(\bar{B}+\bar{C}+D)C$, $\bar{Y}=AB\bar{C}D$。

11. $Y_1 = \bar{A}+\bar{B}$; $Y_2 = A\bar{B}C+B\bar{C}$。

13. $Y = \sum(0,1,2,7)$。

14. $Y = \sum(1,2,5,7,8,11,12,14,15)$。

15. (a) $Y = \sum(0,2,5)$; (b) $Y = \sum(7,10,12)$。

16. (1) $Y = \overline{\overline{AB} \cdot \overline{BC} \cdot \overline{AC}}$;

(2) $Y = \overline{\overline{\overline{A\bar{B}} \cdot \overline{\bar{A}B} \cdot C} \cdot BC}$;

(3) $Y = \overline{\overline{\bar{A}\bar{B}\bar{C}} \cdot \overline{\bar{A}\bar{B}C} \cdot \overline{\bar{A}B\bar{C}} \cdot \overline{A\bar{B}\bar{C}} \cdot \overline{ABC}}$。

17. (1) $Y = \overline{\bar{A}+B+\bar{C}} + \overline{\bar{B}+C}$;

(2) $Y = \overline{\overline{A+C} + \overline{\bar{A}+B+\bar{C}} + \overline{\bar{A}+\bar{B}+C}}$。

18. (1) $Y = \sum(0,1,2,3,4,5,6,7,9,13,14,15)$;

(2) $Y = \sum(3,4,5,6,7)$;

(3) $Y = \sum(3,6,7,11,12,13,14,15)$;

(4) $Y = \sum(2,3,4,5,6)$。

19. (1) $Y = \prod(0,1,7)$;

(2) $Y = \prod(0,2,6)$;

(3) $Y = \prod(0,3,4,6,7)$;

(4) $Y = \prod(0,4,8,9,12,13)$。

20. (1) $A+CD+E$;

(2) $B\bar{C}+\bar{B}\bar{D}$;

(3) $Y=\mathbf{1}$;

(4) $Y=B+AC$;

(5) $Y=\bar{B}C+AC$;

(6) $Y=B+D+\bar{A}\bar{C}$;

(7) $Y=\mathbf{0}$;

(8) $Y=A+C+EF$;

(9) $Y=A+\bar{B}+C+D$。

21. (1) $Y=B+D$;

(2) $Y=\bar{B}+C+D$;

(3) $Y=\bar{A}\bar{B}+AB+\bar{C}D$;

(4) $Y=\bar{A}\bar{B}\bar{C}+\bar{A}CD+ABD+B\bar{C}\bar{D}$;

(5) $Y=\bar{B}C+C\bar{D}$;

(6) $Y=AC+CD$;

(7) $Y=A+\bar{D}$;

(8) $Y=1$。

22. (1) $Y=B\bar{C}+AB+B\bar{D}$ ；

    (2) $Y=\bar{A}+BD$；

    (3) $Y=\bar{B}+AC+AD$；

    (4) $Y=B+C$；

    (5) $Y=A\bar{C}+\bar{B}\bar{D}$；

    (6) $Y=\bar{B}\bar{D}+BD+\bar{A}B\bar{C}$。

23. (1) $Y=(\bar{B}+\bar{D})(B+D)$；

    (2) $Y=\bar{D}$。

第 2 章

3. $F_1=AB$；$F_2=CD$；$F_3=AB+CD$；$F=\overline{AB+CD}$。

4. $Y_1=A\cdot B\cdot C$；

   $Y_2=A+B+C$。

5. $Y=A+B$；$Y=A\cdot B$。

6. (a) $Y=A\cdot B$；

   (b) $Y=A+B$。

8. $0.68\text{k}\Omega<R_\text{L}<5\text{k}\Omega$。

9. (a) $Y=\overline{A+B+C}$；

   (b) $Y=A\cdot B\cdot C$。

10. Y_1 高电平；Y_2 高阻态；Y_3 低电平；Y_4 高电平；Y_5 低电平；Y_6 低电平。

11. $F=\overline{AB+BC}$。

12. (a) 低电平有效的三态门；

    (b) 高电平有效的三态非门。

13. $S=A\oplus B$。

14. (a) $Y_1=\overline{ABCDE}$；

    (b) $Y_2=\overline{A+B+C+D+E}$；

    (c) $Y_3=\overline{AB\bar{C}+\overline{DEF}}$；

    (d) $Y_4=\overline{A+B+C\cdot D+E+F}$。

15. (3)不能,(1)、(2)、(4)、(5)可以。

第 3 章

3. 三人表决器。

4. 全加器

5. 对 9 补电路,输入输出之和总为 9。

6. 输入"不一致"判断电路。

7. $Y=\overline{\overline{ABC}\cdot\overline{ABD}\cdot\overline{ACD}\cdot\overline{BCD}}$

8. $X=\bar{A}B\bar{C}+A\bar{B}\bar{C}+ABC$；$Y=C+AB$。

9. $Y=A+\bar{B}C+\bar{D}=\overline{\overline{A+\bar{B}C+\bar{D}}}=\overline{\bar{A}\ \overline{\bar{B}C}D}$。

10. $Y_4=\overline{\bar{A}\ \overline{BC}\ \overline{BD}}$；$Y_3=\bar{B}\oplus\overline{CD}$；$Y_2=C\oplus\bar{D}$；$Y_1=\bar{D}$。

11. $Y_3=A_3$；$Y_2=A_3\oplus A_2$；$Y_1=A_2\oplus A_1$；$Y_0=A_1\oplus A_0$。

12. 可能存在竞争冒险现象。

13. 存在逻辑险象。加冗余项 $B\bar{C}$，逻辑式变为 $Y=\bar{A}\ \bar{C}+AB+B\bar{C}=\overline{\overline{\bar{A}\ \bar{C}}\cdot\overline{AB}\cdot\overline{B\bar{C}}}$。

14. 存在竞争冒险现象。加冗余项 $AB\bar{D}$，得 $F=\bar{A}B\bar{C}+B\bar{C}D+AC+AB\bar{D}$。

15. $Y_1=\sum(5,7)=\overline{\bar{m}_5\ \bar{m}_7}$；

$Y_2=\sum(1,3,4,7)=\overline{\bar{m}_1\ \bar{m}_3\ \bar{m}_4\ \bar{m}_7}$；

$Y_3=\sum(0,4,6)=\overline{\bar{m}_0\ \bar{m}_4\ \bar{m}_6}$。

16. $Y=\sum(3,5,6,7)=\overline{\bar{m}_3\ \bar{m}_5\ \bar{m}_6\ \bar{m}_7}$。

18. $ABCD$ 和 **0011** 作为加数和被加数接入。

20. 检测 8421BCD 码。

21. $Z=NQ\bar{P}+\bar{N}\ QP$。

22. 两个 3 位二进制数相等的比较。

23. $A_1=A,A_0=B$；$1D_0=C$、$1D_1=\bar{C}$、$1D_2=\bar{C}$、$1D_3=C$；

$2D_0=C$、$2D_1=1$、$2D_2=0$、$2D_3=C$。

24. $A_2=A,A_1=B,A_0=C$；

$D_0=D_3=D_5=D_6=D_7=1,D_1=D_2=D_4=0$。

25. $A=A_2,B=A_1,C=A_0$；

$D_0=D_5=0,D_2=\bar{D},D_3=D_6=D_7=1,D_1=D_4=D$。

26. $A_1=A,A_0=B$；$D_0=D_3=C,D_1=D_2=\bar{C}$。

第 4 章

4. $Q^{n+1}=S+\bar{R}Q,SR=0$。

12. $J=K=A\odot B$；$Q^{n+1}=(A\odot B)\oplus Q$。

13. $W=D$；$Z=D$。

15. $Q_1^{n+1}=\bar{Q}_1$；$Q_2^{n+1}=A\oplus Q_1\oplus Q_2$。

第 5 章

3. 输出方程：$Y=\overline{xQ_0Q_1}$

驱动方程：$\begin{cases}J_0=\bar{Q}_1,K_0=\overline{x\bar{Q}_1}\\J_1=Q_0,K_1=1\end{cases}$　　状态方程：$\begin{cases}Q_0^{n+1}=\bar{Q}_1(\bar{Q}_0+xQ_0)\\Q_1^{n+1}=Q_0\bar{Q}_1\end{cases}$

4. 输出方程：$Y=\overline{x\bar{Q}_0Q_1}$

驱动方程：$\begin{cases}D_0=x\\D_1=Q_0\end{cases}$　　状态方程：$\begin{cases}Q_0^{n+1}=x\\Q_1^{n+1}=Q_0\end{cases}$

5. 输出方程：$Y = Q_2 Q_1$

驱动方程：$\begin{cases} J_0 = 1, K_0 = Q_2 Q_1 \\ J_1 = Q_0, K_1 = 1 \\ J_2 = Q_1, K_2 = Q_1 \end{cases}$ 状态方程：$\begin{cases} Q_0^{n+1} = \overline{Q}_0 + \overline{Q_2 Q_1} Q_0 \\ Q_1^{n+1} = Q_0 \overline{Q}_1 \\ Q_2^{n+1} = Q_2 \oplus Q_1 \end{cases}$

同步五进制计数器。

6. 同步六进制计数器。

7. 串行输入/串行输出全加器。

8. 能自启动的六进制计数器。

9. **111** 序列检测器。

10. 具有自启动功能的异步五进制加法计数器。

11. 具有自启动功能的异步七进制加法计数器。

13. 用 A 代替 S_0、S_3、S_4、S_5、S_6，B 代替 S_1，C 代替 S_2。

19. $M = \mathbf{0}$ 时，为八进制计数器；$M = \mathbf{1}$ 时，为六进制计数器。

20. Y 与 CP 的频率比为 $1 : 63$。

21. 四输出顺序脉冲发生器。

22. $Y = 10001001$。

第 6 章

3. $F_0 = W_3 = AB$

$F_1 = W_1 + W_2 + W_3 = \overline{A}B + A\overline{B} + AB = A + B$

$F_2 = \overline{A}B + A\overline{B} = A \oplus B$

$F_3 = W_0 + W_1 + W_2 = \overline{A}\,\overline{B} + \overline{A}B + A\overline{B} = \overline{A} + \overline{B} = \overline{AB}$

实现了输入变量 A、B 的四种逻辑运算："与""或""异或"和"与非"。

5. (1) 16

(3) $\begin{cases} D_0 = A_2 \overline{A}_1 + A_2 A_1 \\ D_1 = \overline{A}_2 \overline{A}_1 + \overline{A}_2 A_1 \\ D_2 = A_2 \overline{A}_1 + \overline{A}_2 A_1 + A_2 A_1 \\ D_3 = \overline{A}_2 \overline{A}_1 + \overline{A}_2 A_1 + A_2 A_1 \end{cases}$ 化简结果为 $\begin{cases} D_0 = A_2 \\ D_1 = \overline{A}_2 \\ D_2 = A_1 + A_2 \\ D_3 = A_1 + \overline{A}_2 \end{cases}$

14. $Y_0 = \overline{A}C\overline{D} + ABC$；$Y_1 = A\overline{B} + \overline{A}B$；$Y_2 = BD + ACD$；$Y_3 = ABCD + \overline{A}\,\overline{B}C\overline{D}$。

第 7 章

4. (1) $U_{T+} = 8\text{V}$、$U_{T-} = 4\text{V}$、$\Delta U_T = 4\text{V}$；

(2) $U_{T+} = 5\text{V}$、$U_{T-} = 2.5\text{V}$、$\Delta U_T = 2.5\text{V}$。

5. (1) $U_{T+} = 10\text{V}$、$U_{T-} = 5\text{V}$、$\Delta U_T = 5\text{V}$。

6. $C = 10\mu\text{F}$。

7. (1) $t_W = 1.485\text{ms}$；

(3) $U_{\text{ILmax}} = 3\text{V}$。

10. $f = 1.143\text{kHz}$，$q = 0.6$。

11. $R_1 = R_2 = 3.575 \text{k}\Omega$。

12. $t_W = 11$ 秒。

13. $f \approx 700 \text{Hz}$。

第 8 章

3. $u_O = 2.15 \text{V}$。

4. $0.1\%, 5 \text{mV}$。

5. (1) 0.708mA；(2) -7.08V。

6. $d_9 = 1$ 时，$u_O = 5 \text{V}$；$d_8 = 1$ 时，$u_O = 2.5 \text{V}$；$d_7 = 1$ 时，$u_O = 1.25 \text{V}$；$d_6 = 1$ 时，$u_O = 0.625 \text{V}$。

7. $A_u = -\dfrac{D_n}{2^{10}}$。

8. 只舍不入法：$\Delta = 0.625 \text{V}, u_O = \mathbf{1010}$。有舍有入法：$\Delta = 0.645 \text{V}, u_O = \mathbf{1010}$。

9. (1) $T = 2.048 \text{ms}$；(2) $u_1 = 2.32 \text{V}$。

10. **110**。

11. **1010100011**，$t = 12\mu\text{s}$。

参 考 文 献

[1]　鲜继清,刘焕淋,蒋青,等.通信技术基础[M].北京:机械工业出版社,2009.

[2]　寇戈,蒋立平.模拟电路与数字电路[M].北京:电子工业出版社,2008.

[3]　臧春华,等.综合电子系统设计与实践[M].北京:北京航空航天大学出版社,2009.

[4]　郭锁利,等.基于Multisim 9的电子系统设计仿真与综合应用[M].北京:人民邮电出版社,2008.

[5]　王玉龙.数字逻辑实用教程[M].北京:清华大学出版社,2002.

[6]　马明涛,邬春明.数字电子技术[M].西安:西安电子科技大学出版社,2011.

[7]　阎石.数字电子技术基础[M].5版.北京:高等教育出版社,2006.

[8]　邬春明.模拟电子与数字逻辑[M].北京:北京大学出版社,2013.

[9]　郭永贞.数字逻辑[M].南京:东南大学出版社,2003.

[10]　张雪平.数字电子技术基础[M].北京:清华大学出版社,2011.

[11]　余孟尝.数字电子技术基础简明教程[M].3版.北京:高等教育出版社,2006.

[12]　任骏原,腾香,李金山.数字逻辑电路Multisim仿真技术[M].北京:电子工业出版社,2013.

[13]　邹虹.数字电路与逻辑设计[M].北京:人民邮电出版社,2008.

[14]　刘可文.数字电子电路与逻辑设计[M].北京:科学出版社,2013.

[15]　高吉祥,丁文霞.数字电子技术[M].2版.北京:电子工业出版社,2008.

[16]　谢芳森.数字与逻辑电路[M].北京:电子工业出版社,2005.

[17]　白静.数字电路与逻辑设计[M].西安:西安电子科技大学出版社,2009.

[18]　王兢,王洪玉.数字电路与系统[M].北京:电子工业出版社,2007.

[19]　姚娅川,吴培明.数字电子技术[M].重庆:重庆大学出版社,2006.

[20]　胡晓光.数字电子技术基础[M].北京:高等教育出版社,2010

[21]　唐竞新.数字电子电路解题指南[M].北京:清华大学出版社,2007.

[22]　朱明程,董而令.可编程逻辑器件原理及应用[M].西安:西安电子科技大学出版社,2004.

图书资源支持

感谢您一直以来对清华版图书的支持和爱护。为了配合本书的使用，本书提供配套的资源，有需求的读者请扫描下方的"清华电子"微信公众号二维码，在图书专区下载，也可以拨打电话或发送电子邮件咨询。

如果您在使用本书的过程中遇到了什么问题，或者有相关图书出版计划，也请您发邮件告诉我们，以便我们更好地为您服务。

我们的联系方式：

教学交流、课程交流

地　　址：北京市海淀区双清路学研大厦 A 座 701

邮　　编：100084

电　　话：010－62770175－4608

清华电子

资源下载：http://www.tup.com.cn

客服邮箱：tupjsj@vip.163.com

QQ：2301891038（请写明您的单位和姓名）

扫一扫，获取最新目录

用微信扫一扫右边的二维码，即可关注清华大学出版社公众号"清华电子"。